100 INVENTOS

100 INVENTOS

MIGUEL ÁNGEL SABADELL

Pinolia

Primera edición: mayo de 2022

www.editorialpinolia.es
editorial@editorialpinolia.es

Diseño y maquetación: Andrés Pérez Muñoz

Diseño cubierta: Lucía de Persia

Depósito Legal: M-10276-2022
ISBN: 978-84-18965-32-6

Impresión y Encuadernación: QP Quality Print Gestión y Producción Gráfica S. L.

Printed in Spain. - Impreso en España

Si la suerte se pone de nuestro lado, la ciencia logrará tener una vacuna contra la Covid-19 en un tiempo récord, algo inimaginable hace solo una década. Más que fortuna es la consecuencia de nuestra evolución como especie. Somos las únicas criaturas de la naturaleza que se preguntan por su origen, su evolución y su devenir, y que llevan a cabo descubrimientos e inventos encaminados a mejorar su calidad de vida, a encontrar el sentido de su existencia y a desentrañar los misterios del cosmos. Inventar, crear, innovar, abstraer, razonar, imaginar... Es lo que hemos venido haciendo desde que surgimos como género Homo hace 2,8 millones de años. Entonces ya fabricábamos útiles de piedra (hace 3,3 millones de años también lo hacían otros homínidos), y entre 1,8 millones y 800 000 años atrás comenzamos a dominar el fuego. Desde ese momento, el ritmo de inventos y hallazgos no ha hecho más que crecer de forma casi exponencial. Pero ¿cuáles de ellos han moldeado a la humanidad? El astrofísico y divulgador científico Miguel Ángel Sabadell ha seleccionado un centenar de invenciones y descubrimientos en diferentes áreas del conocimiento que supusieron una auténtica ruptura con el modo de vida que se había mantenido hasta ese momento y que afectaron a la humanidad en su conjunto.

Enrique Coperías
Periodista científico y escritor

ASC

Índice

火籠箭

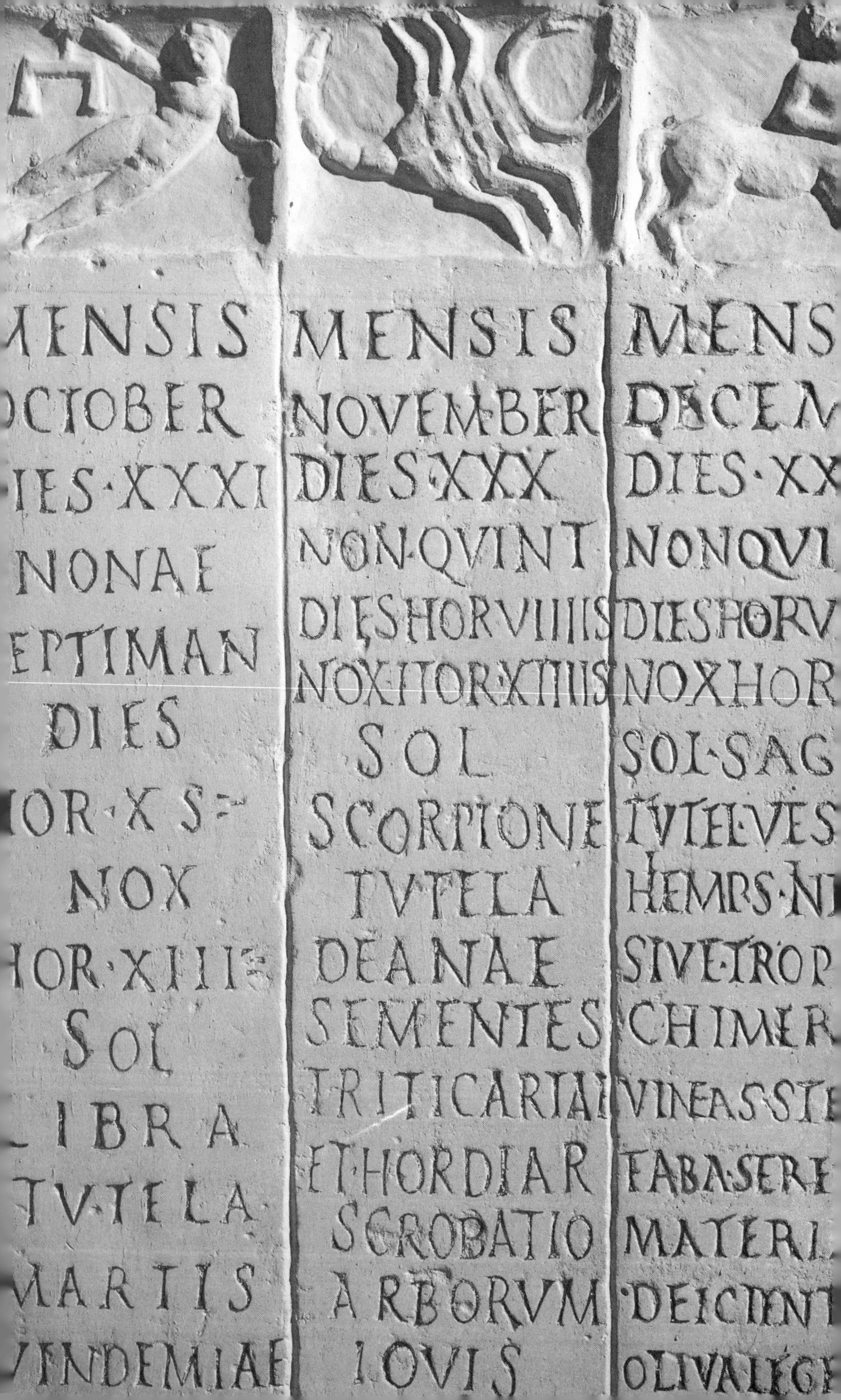
MENSIS
OCTOBER
DIES·XXXI
NONAE
SEPTIMAN
DIES
HOR·X S
NOX
HOR·XIII
SOL
LIBRA
TVTELA
MARTIS
VINDEMIAE
MENSIS
NOVEMBER
DIES·XXX
NON·QVINT
DIES·HOR·VIIIIS
NOX·HOR·XIIIIS
SOL
SCORPIONE
TVTELA
DEANAE
SEMENTES
TRITICARIAE
ET·HORDIAR
SCROBATIO
ARBORVM
IOVIS
MENS
DECEM
DIES·XX
NON·QVI
DIES·HOR·V
NOX·HOR
SOL·SAG
TVTEL·VES
HIEMPS·N
SIVE·TROP
CHIMER
VINEAS·STE
FABA·SERI
MATERI
DEICIVNT
OLIVA·LEG

Ciencia

ALBUM

1. La destilación

El proceso de separar líquidos, que hoy es fundamental para la química, ya se conocía en diversos lugares del mundo hace veintitrés siglos.

Si queremos separar dos sustancias líquidas que previamente hemos mezclado, debemos aprender a destilar. Los seres humanos aprendimos a hacerlo bien pronto: en tablillas acadias fechadas en torno a 1200 a. C. podemos encontrar descripciones de procesos de perfumería, lo que demuestra que ya en la antigua Mesopotamia conocían una forma presumiblemente rudimentaria de destilación.

No hay duda de que, con el paso del tiempo, el proceso se fue perfeccionando, y hacia el año 200 ya se conocía el agua destilada: el más célebre de los comentaristas griegos de las obras de Aristóteles, Alejandro de Afrodisias, también conocido como el Exégeta, describió cómo hacerlo en uno de sus libros. Por aquella época tenemos pruebas de que se conocía la destilación en lugares tan alejados entre sí como Egipto, la India y China.

En la doble página anterior, calendario en piedra del siglo II hallado en el Campo Marzio de Roma. A la izquierda, el termómetro, atribuido a Galileo, se basa en la idea de que la temperatura cambia la densidad de los líquidos.

Ibn Hayyan, conocido como Geber (c. 722-c. 815), fue un alquimista hispanoárabe a quien se ha considerado el padre de la química. En sus experimentos utilizaba instrumental como el alambique.

Pero los que llevaron este proceso a otro nivel fueron los alquimistas musulmanes, de quienes hemos tomado el nombre del aparato que se emplea en la destilación, el alambique, aunque no fueron ellos quienes lo inventaron. Se conservan esquemas de destiladores en los trabajos de dos alquimistas griegos: Cleopatra, *la Alquimista* –de la que solo conocemos su seudónimo y que vivió entre los siglos III y IV– y su compatriota y coetáneo Zósimo de Panápolis, que escribió uno de los libros más antiguos sobre alquimia de los que tenemos noticia. Zósimo atribuye la invención del alambique a la primera verdadera alquimista, María, *la Judía*. De ella solo sabemos que vivió en Alejandría en torno al siglo I y conservamos algunos fragmentos de sus libros porque son citados por autores posteriores. Sobre todo aparecen en *El diálogo de María y Aros sobre el magisterio* de Hermes, un extracto de sus obras realizado por un autor cristiano desconocido.

A mediados del siglo IX la alquimia árabe comenzó a destacar y, de entre todos sus practicantes, brilla con luz propia Ŷabir ibn Hayyan, considerado como el fundador de la química. Prolífico escritor, se le atribuyen cerca de tres mil artículos y libros, y su trabajo demuestra el valor que daba a la experimentación: «Lo primero y esencial en química es que debes realizar un trabajo práctico y hacer experimentos, ya que el que no lleva a cabo trabajos prácticos ni experimentos nunca alcanzará el menor dominio.» A Ibn Hayyan –cuyo nombre se latinizó como Geber– también se le atribuye el uso de más de veinte tipos de equipos que hoy son básicos en cualquier laboratorio de química, como el alambique y la retorta empleados en la destilación, al igual que la descripción de muchos procesos químicos ahora comunes, caso de la cristalización.

2. El calendario moderno

Pensamos que nuestro tiempo se rige por los astros... pero incluso en nuestro calendario actual influyen creencias y decimales.

Aunque el ciclo de las estaciones es evidente, diseñar un calendario que permita preverlo no resulta nada fácil. Solo se pueden usar tres medidas regulares para contabilizar el paso del tiempo: una es el ciclo de noche y día; otra, el ciclo de las estaciones (que asimilamos al año solar); y la tercera, las fases de la luna. En este caso, resulta sencillo contar los veintinueve días que hay entre dos lunas llenas, y quizá por eso los primeros calendarios fueron lunares. El problema es que un año solar no tiene un número entero de meses lunares, y eso complica las cosas.

Los egipcios fueron los primeros en darse cuenta de que realmente se necesitaba un calendario que estuviera en sincronía con las estaciones, de forma que todos los años cayeran

ALBUM

El papa Gregorio XIII, quien ordenó *saltar* diez días de 1582 y ajustar el calendario a las celebraciones católicas.

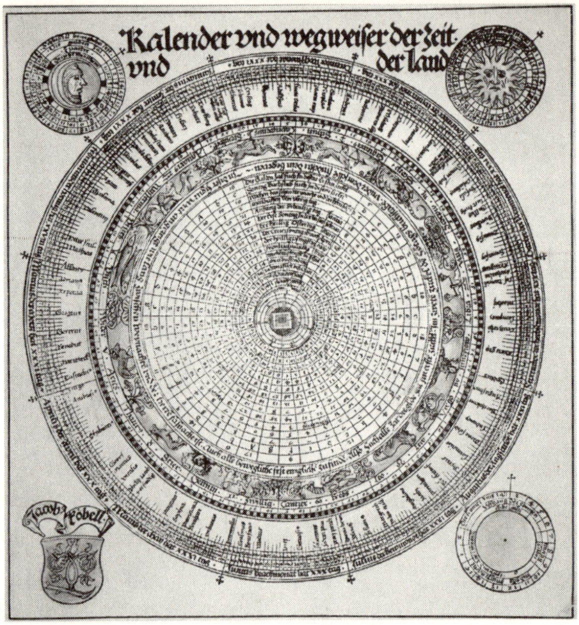

AGE

Un calendario romano juliano de 1520

siempre en la misma fecha, y eso implicaba diseñar un calendario basado en el sol. No sabemos muy bien cómo lo hicieron, pero ya hace seis mil años calcularon que el año solar duraba 365 jornadas y un cuarto de día, y crearon un calendario de doce meses de treinta días cada uno, con el añadido de cinco días adicionales –llamados epagómenos por los griegos– dedicados a los dioses. Pero ese cuarto de día que dejaron sin contabilizar les iba a pasar factura: a medida que pasaban los años, los meses egipcios iban perdiendo sincronía con las estaciones, y el invierno llegó en tiempo de verano.

Los romanos también fueron conscientes de este problema. Su calendario también mostraba imprecisión hasta tal punto que en 46 a. C. Julio César, aconsejado por el astrónomo Sosígenes, decretó que ese año, para que las estaciones volvieran a ocupar las fechas correctas, tendría 445 días y que al año siguiente entraría en vigor una reforma del calendario, que desde entonces se llamaría juliano. Eso supondría que los meses tendrían 30 o 31 días y cada cuatro años se añadiría uno más, «repetido el sexto día antes del primer día del mes de marzo», intercalado entre el 23 y el 24 de febrero. Pero a pesar de esta reforma, este calendario seguía presentando algunos problemas. De entrada, era once minutos y medio más largo que el año solar y

AGE

El *nilómetro* medía la claridad y el nivel del agua del río durante la temporada de inundaciones.

con el paso de los siglos esta pequeña diferencia empezó a notarse: para 1582 el día del equinoccio de primavera, el 21 de marzo, estaba desplazado diez días, al 11 de marzo.

Entonces entró en acción Gregorio XIII, el papa que será eternamente recordado por su oración de acción de gracias de 1572 tras la matanza de hugonotes, que sucedió el día de San Bartolomé en París. Diez años después de la masacre, en 1582, Gregorio XIII ordenó que tras el 4 de octubre siguiera el 15 del mismo mes, con lo que al año siguiente el equinoccio de primavera caería cuando debía ser, el 21 de marzo. Esta fecha era –y es– muy importante para la Iglesia, pues el equinoccio de primavera define la celebración más importante de la cristiandad: el aniversario de la muerte y resurrección de Jesús.

Para impedir que este desfase volviera a suceder, el nuevo calendario, llamado gregoriano, suprimió el día bisiesto en los años que terminaran en centenas a menos que fuesen divisibles por cuatrocientos. Pero con la Iglesia (católica) hemos topado, y la Europa protestante se negó a aceptar esta reforma por venir de Roma; no se convencieron de la necesidad de ese cambio hasta el tardío año de 1752. Durante 170 años, los europeos convivieron con dos calendarios.

Cuando Gregorio XIII decidió quitar esos diez días de 1572 hubo muchas protestas. Bastantes ciudadanos se negaron a aceptar que sus vidas fueran acortadas por derecho papal, y los trabajadores exigieron su paga completa en el mes reducido, pero, como podía esperarse, sus empleadores se negaron.

El primer calendario solar, según el Nilo

Los egipcios fueron los primeros en descubrir la duración del año solar y en definirlo de un modo práctico. Desarrollaron un calendario que satisfizo las necesidades cotidianas de sus habitantes, que venían marcadas por quien decidía el ritmo de la vida: el Nilo. El primitivo calendario egipcio era un nilómetro, un simple palo vertical donde cada año se marcaba el nivel de las aguas. Ahí comenzó todo: bastaba con observar unos años el ciclo del Nilo para darse cuenta de que no se ajustaba a las fases de la Luna. Así que diseñaron un año de doce meses con treinta jornadas, más otros cinco días: acababa de nacer el año del Nilo, que los egipcios comenzaron a utilizar en 4241 a. C.

El inicio del año lo fijaron respecto a otro cuerpo celeste: la estrella más brillante del firmamento, Sirio. Cuando esta aparecía por el horizonte al tiempo que el Sol se ponía (lo que en astronomía se llama el levantamiento helíaco), comenzaba el nuevo año y los cinco epagomenales eran días de fiesta que celebraban el nacimiento de sus dioses.

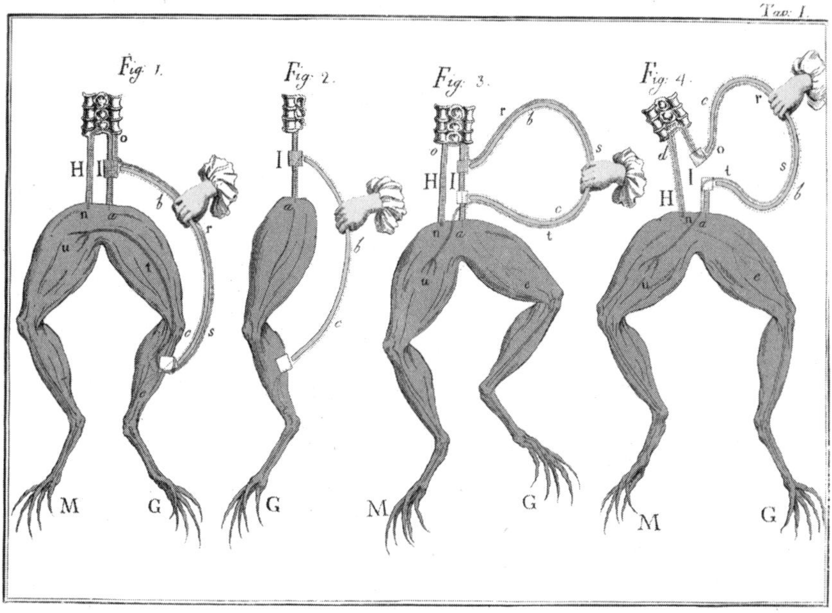

SHUTTERSTOCK

En el siglo XVIII, Luigi Galvani descubrió que las ancas de una rana diseccionada se movían si recibían una chispa de electricidad.

3. La electricidad

Mucho antes de que existiera algún conocimiento sobre ella, los egipcios sabían de un pez del Nilo que daba un doloroso cosquilleo.

La electricidad era conocida desde los tiempos del antiguo Egipto gracias a un animal: el pez gato eléctrico, también conocido como «el trueno del Nilo». Este siluro es capaz de producir una electrocución de más de 350 V. Por su parte, Tales de Mileto experimentó con la electricidad estática creada al frotar el ámbar con un trozo de lana hacia el 600 a. C. Pero el griego la confundió con otro fenómeno misterioso ligado a una peculiar roca, el magnetismo.

Durante siglos, la electricidad no dejó de ser una curiosidad hasta que en 1600 el médico de la reina Isabel, William Gilbert, publicó *De Magnete*, el primer tratado puramente experimental de la ciencia moderna. Gilbert vio que el efecto creado por la magnetita y el que se produce con el ámbar eran totalmente diferentes, y bautizó a este último con la voz griega con la que se designa este trozo de resina fosilizado:

El físico danés Oersted demostró en 1820 la conexión entre electricidad y magnetismo, lo que abrió el camino a una fiebre investigadora en la física.

elektron. Pero el primer uso de la palabra electricidad se debe al erudito inglés e inveterado melancólico Thomas Browne, que la introdujo en su obra de 1646, *Pseudodoxia Epidemica*, en la que combatía los errores y supersticiones de su tiempo.

Los siglos siguientes vieron numerosas investigaciones que intentaban determinar las propiedades del fenómeno por parte de personajes tan ilustres como el burgomaestre de Magdeburgo Otto von Guericke –que construyó el primer generador electrostático, aunque no fue consciente de ello–, el químico inglés Robert Boyle –que determinó que la repulsión eléctrica se verificaba incluso en el vacío– o las no menos famosas experiencias de Benjamin Franklin con su cometa. Este estaba tan fascinado por la electricidad que vendió gran parte de sus riquezas para poder seguir realizando sus investigaciones.

A finales del siglo XVIII, Luigi Galvani observó que una pata de rana diseccionada se contraía cuando se la colocaba en una mesa cerca de un generador electrostático –la denominó electricidad animal–, algo que llamó la atención de Alessandro Volta, lo que le llevó a inventar la primera batería eléctrica (pila voltaica) que lograba mantener un flujo constante de corriente. Su invento abrió el camino a investigaciones que permitieron descomponer el agua en sus elementos gracias al paso de la corriente eléctrica. Así, Humphry Davy y su joven ayudante Michael Faraday descompusieron el agua en hidrógeno y oxígeno y obtuvieron sodio y cloro. Sin embargo, este proceso de descomposición eléctrica y la causa de la migración de sus productos hacia los polos de la pila crearon una animada controversia. La moraleja era que las reacciones químicas producían electricidad y la electricidad producía reacciones

AGE

Benjamin Franklin comprobó la utilidad de sus teorías sobre la electricidad y los metales gracias a los pararrayos.

químicas, pero no se pasaba de ahí.

Hasta 1819 se creyó que magnetismo y electricidad eran dos fenómenos completamente diferentes. Fue durante el invierno de principios de ese año cuando un profesor de Física de la Universidad de Copenhague llamado Hans Christian Oersted observó durante una conferencia pública sobre magnetismo que, al aproximar una brújula a un hilo que conducía electricidad, la aguja cambiaba de dirección y dejaba de apuntar al norte. Este y otros descubrimientos hicieron pensar al francés André-Marie Ampère que si la corriente eléctrica se comportaba como un imán era porque, de algún modo, debía ser un imán. Ampère también demostró que dos hilos que transportan corriente eléctrica se repelían o se atraían lo mismo que dos imanes. En los años siguientes trabajó duramente para obtener una teoría matemática que diera cuenta de los resultados que se habían obtenido hasta entonces. En 1825 publicó su gran obra, *Mémoire sur la théorie mathématique des phénomènes électrodynamiques uniquement déduite de l'experience*, un trabajo que ha sido considerado los *Principia* de la electrodinámica.

En 1831 Michael Faraday era director del laboratorio de la Royal Institution y demostró, en una serie de ingeniosos y brillantes experimentos, que se podía inducir una corriente eléctrica en una bobina de cobre mediante un imán. El detalle crítico para poder hacerlo, y que Faraday casi descubrió por casualidad, fue que la corriente solo se producía si se movía el imán en presencia del hilo. Si dejaba quieto el imán junto al hilo no se medía nada: este simple hecho es lo que se encuentra detrás de cualquier aparato que enchufamos. Con estos descubrimientos se demostró que magnetismo y electricidad no eran sino aspectos de un mismo fenómeno.

La gran síntesis vino de un escocés, James Clerk Maxwell, que llegó a la conclusión de que todos los tipos de electricidad conocidos hasta entonces (estática, galvánica, termoeléctrica...) eran la misma; que la electricidad no era una sustancia, y que la luz, la electricidad y el magnetismo estaban relacionados. Después de dos décadas de intenso trabajo, consiguió culminar el gran artículo *A Dynamical Theory of the Electromagnetic Field*, que dividió en siete partes y lo presentó en una reunión de la Royal Society en diciembre de 1864. En él describía lo que denominó «la teoría electromagnética de la luz». Así empezaba el artículo: «La teoría que propongo podría llamarse una teoría del campo electromagnético, porque tiene que ver con el espacio situado en la vecindad de lo cuerpos eléctricos y magnéticos, y puede llamarse una teoría dinámica porque supone que en el espacio hay materia en movimiento, que es la que produce los fenómenos electromagnéticos observados».

Como suele suceder cuando se presenta una gran teoría adelantada a su tiempo, nadie le hizo mucho caso ni entendió que se encontraba ante una verdadera revolución científica.

4. La fisión nuclear

La posibilidad de generar cambios en el núcleo de los átomos a partir del neutrón estimuló la investigación hacia su división.

El descubrimiento del neutrón en 1932, la partícula sin carga eléctrica que forma parte del núcleo atómico, abrió una nueva etapa en la síntesis de nuevos elementos químicos. Al ser eléctricamente neutro, puede entrar libremente en el núcleo atómico y provocar cambios, posibilidad que fue investigada por el físico italiano Fermi en 1934. Que esto permitiera producir nuevos elementos químicos espoleó a los científicos alemanes Otto Hahn y Fritz Strassmann, del Instituto de Química Káiser Guillermo en Berlín, a bombardear átomos de uranio con neutrones lentos. En sus experimentos descubrieron que había algo que no sabían explicar, y es en este momento cuando en-

En una central nuclear, el calor generado por el reactor se transfiere, en forma de agua caliente presurizada, a un circuito de agua independiente que produce vapor para impulsar turbinas y generar electricidad.

tró en juego una antigua colega de ambos, Lise Meitner, que había empezado a trabajar con Hahn en 1907 sin sueldo y a escondidas, pues en la Universidad de Berlín no gustaba ver a mujeres merodeando por los laboratorios. En 1938 Meitner vivía en Estocolmo, debido a que, pese a ser protestante, era de origen judío y había tenido que huir, como tantos otros, de la Alemania nazi. Trabajaba en el laboratorio del físico Manne Siegbahn, en el Departamento de Física del Instituto Nobel de la Academia de Ciencias Sueca, donde la ignoraron por completo (solo su intercambio epistolar con Hahn y Strassmann y con el padre de la teoría cuántica Niels Bohr la mantenía en el mundo de la ciencia).

El 10 de noviembre de 1938 Hahn, que había ido A Copenhague a dar una conferencia, se reunió con ella, Bohr y Otto Frisch (sobri-

AGE

Lise Meitner y Otto Hahn trabajaron juntos en la división del átomo en 1938. Solo él recibió el Premio Nóbel.

no de Meitner, de quien heredó la pasión por la física) porque ciertos resultados no le convencían: al bombardear uranio con neutrones parecía haber obtenido torio y radio. Estos datos no convencieron a Meitner que le urgió a repetir de nuevo el experimento. Para ella, era imposible que hubiera aparecido radio. Hahn repitió el experimento y el 19 de diciembre escribió a Meitner afirmando que el radio que decía haber encontrado se comportaba químicamente como bario. Hahn no podía aceptar que fuera bario porque ningún proceso conocido producía un núcleo con una diferencia de masas tan grande con el antecesor, y la existente entre el uranio y el bario era de un 40 %. ¿Cómo se había podido formar bario a partir de uranio?

Se acercaba la Navidad y Hahn y Strassmann no esperaron la respuesta de Meitner y enviaron sus resultados a la revista *Naturwissenschaften* el 22 de diciembre. Para Meitner, lo que había en juego era un fenómeno nuevo. Junto con Frisch dedicó las Navidades a articular una teoría que explicara el modo en que el núcleo de un átomo podía dividirse en otros más pequeños y por qué se liberaba tal cantidad de energía. Cuando se lo contaron a Bohr, este se golpeó la frente con la mano y dijo: «¡Qué tontos hemos sido!». Tenían ante sí un nuevo fenómeno que necesitaba de un nombre. Frisch habló con el biólogo William Arnold y le preguntó cómo se decía en biología cuando una célula se dividía en dos: fisión, fue su respuesta.

El 7 de enero de 1939 Bohr debía viajar a Estados Unidos para asistir a un congreso en la Universidad de Princeton. Quedó con Meitner y Frisch en que no mencionaría nada de su descubrimiento hasta que estuviera publicado y estos lo enviaron a la revista *Nature* el 16 de enero de 1939 (apareció publicado al mes siguiente). Pero, en el viaje en barco hacia Estados Unidos, Bohr le comentó a un colega el nuevo fenómeno de la fisión nuclear y olvidó decirle que era algo confidencial. Este colega lo contó cuando en una reunión informal le preguntaron si sabía de algo nuevo. Cuando Bohr se enteró, avergonzado, envió una nota a *Nature* defendiendo la prioridad de Meitner y Frisch, algo que molestó mucho a Hahn, pues en la nota no los mencionaba ni a él ni a Strassmann. La fisión nuclear ya era un hecho científico.

Años después, la Real Academia de Ciencias de Suecia anunció que Hahn recibiría el Premio Nobel de Química de 1944 por su descubrimiento de la fisión de los núcleos atómicos pesados, y olvidó a quienes realmente supieron lo que estaba pasando: Meitner y Frisch.

AGE

Nace la bomba atómica

El 16 de julio de 1945 a las 5:30 de la mañana, en una esquina del campo de tiro de la Fuerza Aérea en Alamogordo, el físico Julius Robert Oppenheimer acaba de dar la orden de hacer detonar la primera bomba atómica de la historia. El general Farrell, ayudante del general Groves –el responsable del proyecto Manhattan–, lo relató así: «Toda la región se encontraba bañada en una luz devoradora... Al cabo de treinta segundos se produjo la explosión, la presión del aire golpeó contundentemente los seres y las cosas y, casi inmediatamente, se oyó un rugido persistente y lúgubre, semejante a un anuncio de la llegada del juicio final». Este fue el resultado de algo más de dos años de trabajo en el laboratorio de Los Álamos, en Nuevo México.

Además de la bomba que acaba de estallar, se habían construido otras dos: una de aspecto redondeado que fue apodada *Fat Man* (Hombre Gordo) y otra de aspecto larguirucho y delgado que le valió el sobrenombre de *Little Boy* (Niñito).

Nada más realizarse la prueba experimental, varios B-29 partieron de la base de Roswell en dirección al Pacífico con ellas a bordo. A las 2:45 del día 6 de agosto, uno de los bombarderos llamado *Enola Gay*, que había sido adaptado para transportar a *Little Boy*, despegaba de la isla de Tinian, cerca de Guam, en las islas Marianas. Su destino: Hiroshima.

5. La geometría

Si hay una rama de las matemáticas que describe con precisión el modo en que percibimos la realidad es esta que Euclides compiló.

Los habitantes del antiguo Egipto se imaginaban la Tierra con forma de huevo, y pensaban que aquella era protegida de noche por la Luna, un gran pájaro blanco. Homero entendía nuestro planeta como un disco redondo rodeado por el río Océano, algo que le hacía mucha gracia a Heródoto, que consideraba evidente pensar que nuestro planeta estaba rodeado por un desierto. Para Esquilo, la Tierra era un bien proporcionado paralelogramo. Por el contrario, los aztecas creían que vivíamos en un cuadrado. De hecho, el universo entero se reducía a cinco cuadrados, uno central y los otros cuatro en cada uno de sus lados, que contenían los cuatro puntos cardinales. Para otros pueblos, el universo era una rueda, o incluso un tetraedro.

Discos, huevos, cuadrados… Todas ellas son formas, y el estudio de las formas corresponde a la geometría. Junto con la aritmética –el arte de sumar y restar–, posiblemente no haya una rama de las matemáticas más cercana a la realidad que percibimos.

La geometría puede verse allá donde miremos: desde la concha de algunos moluscos hasta el rosetón de la portada de la catedral de Chartres, desde las parcelas y las cortinas de cultivo de un pueblo de la meseta castellana hasta el cristal de sal común. Sin la geometría, resulta imposible establecer algo tan simple y a la vez tan necesario como es la extensión de una tierra de labranza. Mal que nos pese, echaremos mano de la geometría que nos enseñaron en la escuela y multiplicaremos el largo por el ancho.

La Geometría –con 'g' mayúscula– nació hace 2300 años en la entonces próspera y floreciente ciudad de Alejandría. La dinastía macedonia de los Ptolomeos había construido un templo dedicado a

AGE

Rafael representó a Euclides enseñando geometría a un grupo de estudiantes en el famoso fresco *La escuela de Atenas* que adorna las paredes del Palacio Apostólico del Vaticano.

las musas –el *Museion* o Museo–, famoso por su gran biblioteca que contenía miles de pergaminos traídos de todas partes. Fue allí donde Euclides escribió uno de los textos más famosos de la historia de las matemáticas: *Elementos*. Compuesto por trece libros, este tratado es importante por dos motivos: uno, porque recopila todo lo que hasta entonces se sabía sobre la geometría; y dos, porque lo hizo de una manera que quedaría por siempre como método de trabajo en las matemáticas. A partir de unos pocos postulados, que se aceptan sin demostración, ya que resultan a todas luces evidentes, se deducen todas las consecuencias posibles, todos los teoremas. De hecho, Euclides partió de solo cinco postulados, y con ellos construyó lo que conocemos como geometría.

De Euclides sabemos muy poco. Se cree que nació hacia 325 a. C., aunque tanto el lugar en el que vino al mundo como las circunstancias de su muerte nos son por completo desconocidas, pero se piensa que murió en torno a 270 a. C. en Alejandría. Algunas fuentes medievales mencionan que nació en Mégara, pero eso es un error, pues se refieren a otro Euclides, un filósofo socrático del siglo V a. C. En raras ocasiones otros matemáticos de la Antigüedad lo mencionan

GETTY

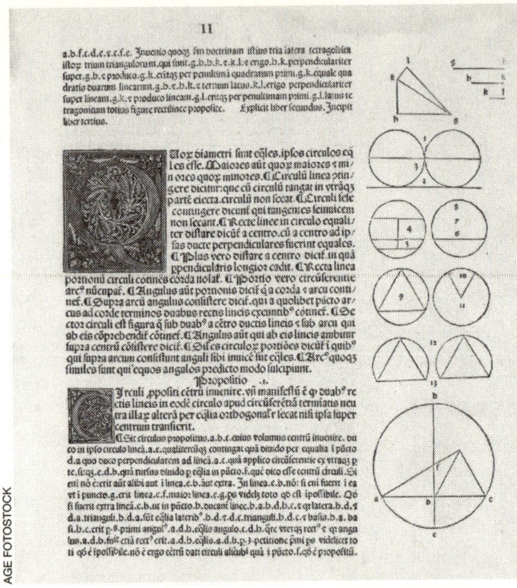

AGE FOTOSTOCK

A la izquierda, portada de la primera edición en inglés de *Los elementos*, de Euclides, en 1570. A la derecha, una página con diagramas de la primera edición impresa –publicada en Venecia en 1482– con texto en latín, que corresponde a la parte final de la proposición 14 del Libro II, y los comentarios iniciales y la proposición 1 del Libro III.

por su nombre, y desde Arquímedes se le conocía como el autor de *Elementos*. Las primeras referencias nos llegan del matemático Proclus hacia 450, casi siete siglos después, en su Comentario sobre Euclides, que es la fuente de referencia sobre la geometría en la antigua Grecia.

Según cuenta, Euclides vivió en tiempos de Ptolomeo I, que reinó en Egipto entre 325 y 285 a. C., y menciona una conversación –posiblemente apócrifa– entre el matemático y su rey: «Ptolomeo le preguntó una vez si no había un camino más corto hacia la geometría que no fuera sus *Elementos*, a lo que contestó que no había un camino real a la geometría». También menciona que era más viejo que Arquímedes y Eratóstenes. No es mucho más lo que sabemos del autor de un libro que se dice que es el más traducido, publicado y estudiado del mundo occidental, sin contar la Biblia.

6. La insulina

Desde finales del siglo XIX, los científicos han investigado el modo de mejorar la vida de los diabéticos gracias a esta hormona.

En 1889, Josef von Mering y Oskar Minkowski estaban estudiando la función del páncreas durante la digestión y para ello habían extirpado esta glándula a un perro. Entregados a su investigación, esta les sorprendió con un giro inesperado cuando uno de sus ayudantes les señaló algo que le parecía peculiar: había una gran cantidad de moscas alrededor de la orina del can. Intrigados por que los dípteros se arremolinaban alrededor del charco de orina, Von Mering y Minkowski la analizaron. La causa era bien simple: estaba cargada de glucosa. Y la existencia de este azúcar en la orina es un indicador habitual de la diabetes.

Los dos médicos alemanes se dieron cuenta de un detalle: que el perro no tuviera páncreas sugería cierta relación entre esta víscera y

Las primeras insulinas que aparecieron en el mercado eran de origen animal y causaban reacciones adversas en algunos pacientes.

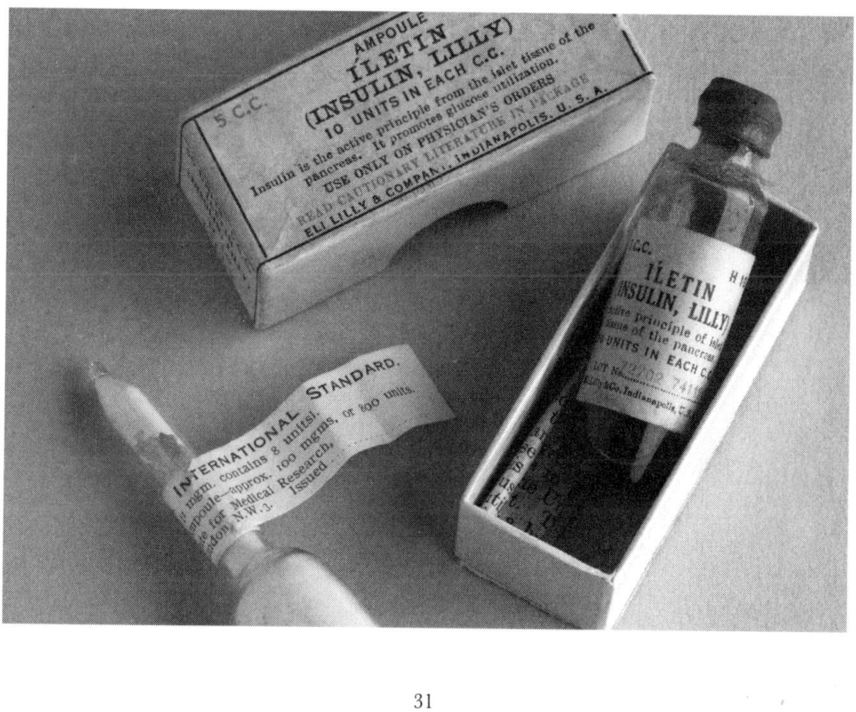

GETTY

Arriba, John J.R. Macleod, médico escocés que en 1923 compartió el Nobel de Medicina con el canadiense Frederick Banting por lograr extraer insulina terapéutica de animales.

la diabetes. La investigación subsiguiente demostró que el páncreas produce una secreción que controla el uso orgánico del azúcar, y la ausencia de esta secreción ocasiona defectos en el metabolismo de la glucosa que aparecen como signos de la diabetes. El siguiente paso fue, obviamente, aislar esta sustancia fundamental, bautizada con el nombre de insulina en 1916 por el fisiólogo inglés Edward Albert Sharpey-Schafer.

Muchos lo intentaron y fracasaron. En octubre de 1920, el cirujano canadiense Frederick Banting llegó al convencimiento de que la mejor forma de obtener un extracto puro de insulina era provocar una atrofia del páncreas, eso sí, dejando intactos sus islotes de Langerhans, las fábricas de insulina y el glucagón. Así apuntó en su cuaderno de trabajo: «Ligar los conductos pancreáticos del perro. Mantener a los perros vivos hasta que los acinos degeneren liberando los islotes. Intentar aislar la secreción interna de estos y aliviar la glucosuria [nivel elevado de glucosa en la orina]».

En la primavera de 1921, Banting explicó su idea a John James R. Macleod, catedrático de Fisiología de la Universidad de Toronto (Canadá). Este no estaba muy convencido de la propuesta, pero hizo lo que debe hacer un científico: comprobar si esa idea podía funcionar independientemente de lo que uno pudiera creer. Le ofreció a Banting un laboratorio y dos ayudantes, Charles Best y Clark Noble. Pero Banting solo necesitaba uno, así que dejaron que la suerte decidiera: lanzaron una moneda al aire y ganó Best. El 31 de julio de 1921 Banting y Best aislaron la secreción de los islotes de Langerhans y se la inyectaron a otro perro al que previamente le habían extirpado el páncreas: en una hora los niveles de azúcar en la sangre descendieron un 40 %.

Unos meses después, Banting y Best presentaron sus resultados a Macleod pero este les sugirió que los repitieran con un diseño experimental mejorado. Estos segundos resultados también fueron exitosos, pero tenían el inconveniente de que la extracción de la insulina canina les llevaba varias semanas. Banting pensó que se ganaría tiempo si echaban mano del páncreas de fetos de ternera: para diciembre incluso habían logrado extraer insulina del páncreas de una vaca adulta.

El 11 de enero de 1922 suministraron la primera inyección de insulina de la historia a un adolescente de catorce años, Leonard Thompson. Por desgracia, el proceso de purificación no había sido demasiado bueno, lo que provocó en el muchacho una serie de reacciones alérgicas tan graves que se canceló el tratamiento. Los doce días siguientes fueron una carrera contrarreloj para obtener un extracto aceptable extraído del páncreas de un buey. El 23 de enero le inyectaron una segunda dosis al joven Leonard y esta vez funcionó sin casi reacciones adversas. Gracias a la insulina, Leonard sobrevivió trece años a la que hasta entonces era considerada una enfermedad fatal: la diabetes de tipo 1.

El gran éxito de la ingeniería genética

Durante los sesenta años posteriores a la primera inyección de insulina de la historia, esta se obtenía de vacas y cerdos. El problema que seguía mostrando era el mismo que en un principio: las impurezas que contenía y que provocaban problemas alérgicos, como erupciones cutáneas. En 1963, la insulina pasó otra vez a la historia por ser la primera proteína que se sintetizó in vitro. Fue logrado casi simultáneamente por dos equipos de investigadores: uno en Alemania, liderado por Helmut Zahn en la Universidad Técnica de Aquisgrán, y otro en Estados Unidos, de la mano de Panayotis G. Katsoyannis, en la Universidad de Pittsburgh.

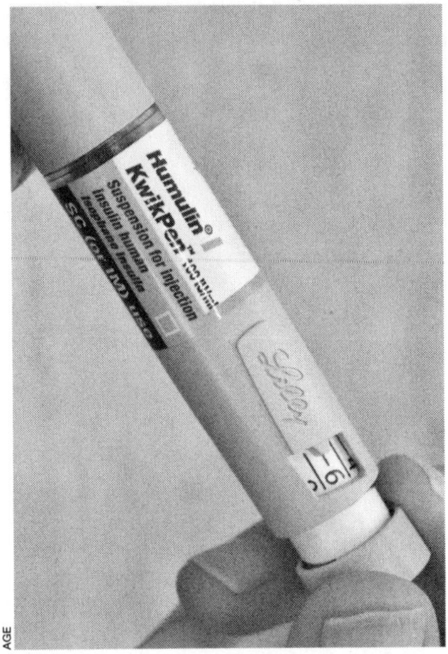

AGE

Pluma de inyección de Humulina, la primera insulina humana sintetizada por Genentech en 1978.

Pero no sería hasta 1978 cuando, gracias al desarrollo de la ingeniería genética, y en particular la técnica del ADN recombinante, Arthur Riggs y Keiichi Itakura, del Beckman Research Institute, y Herbert Boyer, de Genentech (filial de la multinacional Roche), consiguieron sintetizar la insulina usando técnicas biotecnológicas. Así se convirtió en la primera proteína obtenida de este modo.

Para ello, utilizaron la bacteria-modelo de la investigación biológica, la *Escherichia coli*. Colaron en su genoma el gen que codifica la insulina en los humanos mediante el vector pBR322, un plásmido –anillo de ADN no infeccioso que se replica de forma autónoma en el interior de las células– que había creado en 1977, en un laboratorio de la Universidad de California en San Francisco, el mexicano Francisco Bolívar Zapata. El resultado fue una insulina humana barata, potente y segura, sin los problemas de alergias de sus homólogas animales. Comercializada como Humulina, fue la primera proteína recombinante aprobada como medicamento.

7. El microscopio

El utensilio que permite ver lo más pequeño tiene una historia similar a la del telescopio y ha generado el mismo interés.

Los microscopios compuestos nacieron casi a la par que el telescopio: si una combinación de lentes era capaz de acercar los objetos lejanos, nada impedía que otra pudiera hacer visible lo minúsculo. Uno de esos primitivos microscopios se lo debemos a Cornelius Drebbel, un inventor holandés al que a veces le suelen llamar el Edison de su época. Hacia 1620, cuando estaba al servicio del duque de Buckingham, le mostró su microscopio hecho con dos lentes

AGE

Modelo a tamaño real del microscopio
del neerlandés Antonie van Leeuwenhoek.

convexas. No debió entusiasmar mucho al noble; al menos no tanto como otra de sus invenciones: el submarino, que diseñó para la Armada inglesa ese mismo año.

Tampoco es de extrañar que los mismos nombres que estuvieron implicados en la invención del telescopio se encuentren también aquí, incluso repitiendo las mismas cosas. Ahí tenemos a Johannes Zachariassen, que dijo que su padre Zacharias Janssen había inventado el microscopio –lo mismo dijo respecto al telescopio– en 1590. También está Hans Lippershey, el primero en patentar el telescopio y quien también se arrogó la paternidad del aparato. Hay quien apunta a Galileo como inventor, pero lo que hizo fue mejorar el que había visto de Drebbel en Roma, en 1624 (como ya había hecho con el telescopio). Lo llamó *occhiolino*, 'pequeño ojo', pero al año siguiente el médico papal Giovanni Faber lo rebautizó con el nombre de microscopio (del griego 'mirar lo pequeño') en una reunión de la Academia Nacional de los Linces de Roma (igual que pasó con el telescopio). Y es que incluso la historia de la ciencia a veces se repite...

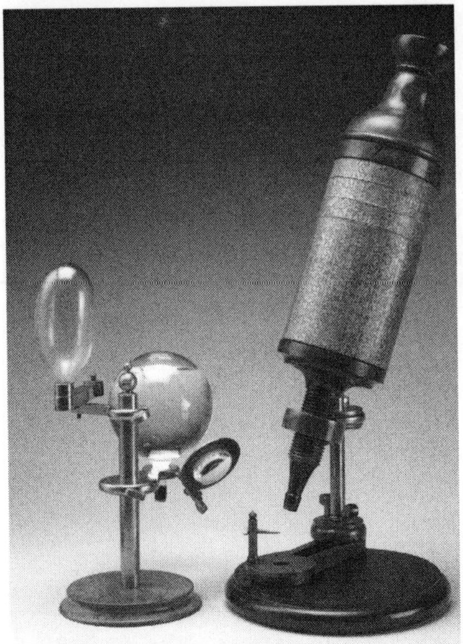

AGE

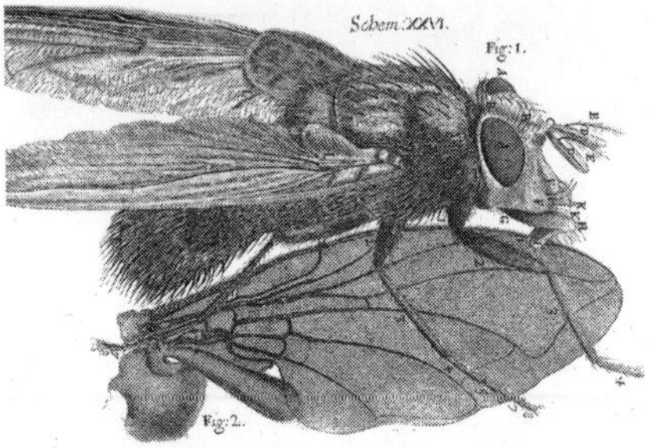

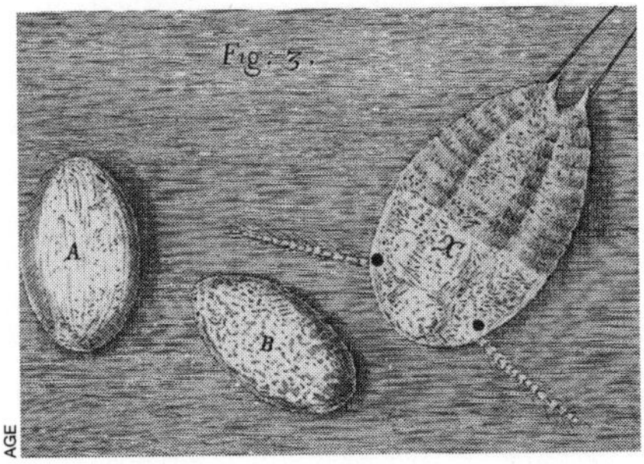

AGE

Arriba, a la izquierda, una reconstrucción a tamaño real del microscopio utilizado por el científico inglés Robert Hooke (1635-1703) en las observaciones que le permitieron publicar *Micrographia*, obra en la que presentó ilustraciones tan avanzadas para la época como las de las imágenes de la derecha.

Pero el paralelismo entre ambos instrumentos no termina aquí. Si el telescopio revolucionó nuestra posición en el universo, el microscopio hizo lo propio con la forma de entender la vida. El primero en describir con detalle un tejido orgánico fue el presbítero y astrónomo Giovanni Battista Odierna en su libro de 1644 El ojo de la mosca. Pero el verdadero *best seller*, de hecho el primero en la historia de la literatura científica, fue *Micrographia*, sobre todo debido a sus espectaculares ilustraciones de insectos y plantas vistos al microscopio. Es en este libro en el que aparece por primera vez la palabra célula. Su autor fue un brillante científico inglés –además de arrogante, orgulloso y pendenciero–, llamado Robert Hooke, que ha pasado a la historia como el que enunció la ley más corta de la física: *ut tensio, sic vis*, lo que quiere decir que la extensión es proporcional a la fuerza, y viene a explicar la elasticidad de un muelle.

Pero quien llevó la microscopía a otro nivel fue el neerlandés Antonie van Leeuwenhoek, un hombre de negocios reconvertido en científico. El considerado padre de la microbiología era una persona habilidosa y constante como pocas: se construyó un microscopio con una óptica tan buena que consiguió llegar a los trescientos aumentos. Apasionado observador de lo más pequeño, el 9 de octubre de 1676 informaba del hallazgo de la existencia de microorganismos, las bacterias, lo que doscientos años más tarde abriría las puertas a uno de los fundamentos de la medicina moderna: la microbiología.

Al año siguiente, Leeuwenhoek hacía otro gran descubrimiento: el espermatozoide humano. Lo detectó cuando observó la eyaculación de un paciente con gonorrea que un estudiante de medicina le llevó para examinarla. Leeuwenhoek descubrió unos diminutos animales con cola, y, sorprendido, hizo lo propio con su propio semen para confirmar su existencia. Como en el caso de las bacterias, tuvieron que pasar dos siglos para que fuéramos conscientes de lo que ese descubrimiento significaba.

8. El plástico

Insustituible en nuestras vidas, este material se desarrolló debido a la dificultad que suponía producir grandes cantidades de marfil.

A mediados del siglo XIX una gran cantidad de cazadores blancos recorrían África aniquilando elefantes. La razón para semejante esquilmación era una mezcla de diversión y negocio: el mercado de marfil en Europa y América se había triplicado en treinta años. Inglaterra importaba medio millón de kilos de marfil al año. Si un colmillo de elefante pesa del orden de los 30 kilos, solo para cubrir las necesidades anuales inglesas debían exterminarse más de 8300 elefantes.

El marfil no era un material estratégico necesario para la supervivencia de la industria británica, sino que más bien era vital para adornar las casas del Imperio británico y jugar al billar. Las mejores bolas de billar se fabricaban con el corazón de los mejores colmillos de elefante. La escasez de estos proboscidios en África era una mala noticia para los jugadores de billar. El Imperio británico no podía detenerse por culpa de unos pocos elefantes.

En 1869 los fabricantes de bolas de billar Phelan y Collander ofrecieron un premio de 10 000 dólares a quien encontrase

AGE

AGE

A la derecha, Alexander Parkes, inventor de la parkesina.
A la izquierda, fábrica de nitrocelulosa, compuesto altamente inflamable que acabó siendo el ingrediente principal de la pólvora moderna y de las primeras fibras y plásticos artificiales.

un sustituto del marfil. La oferta llamó la atención de un par de hermanos impresores de Nueva York, John e Isaiah Hyatt. Para empezar, compraron una patente inglesa de 1862 a nombre del químico Alexander Parkes. Era la de un material llamado parkesina, que, en esencia, era nitrocelulosa tratada con ácido nítrico y un solvente: fue el primer plástico de la historia. Parkes había presentado su invento en la Exposición Universal de Londres de 1862, donde le dieron la medalla de oro. Debido al éxito, Parkes se lanzó de lleno a producir objetos con su parkesina: empuñaduras para navajas, botones, dientes artificiales, joyeros... Poco duró la aventura, pues su empresa, situada en el popular barrio de Hackney en Londres, entró en bancarrota en 1868.

Con la patente de Parkes, los hermanos Hyatt se pusieron a trabajar. Tras varios fracasos acabaron obteniendo un material que era indistinguible del marfil original. Fácil de modelar, duro, uniforme y resistente al agua, a aceites y a ácidos, tenía el aspecto, con el tratamiento adecuado, del marfil, del coral, del ámbar, del ónice y hasta del mármol. Isaiah lo bautizó con el nombre de celuloide.

En 1958, el doctor McCabe, del Instituto Nacional del Corazón (EE. UU.) muestra un corazón hecho de cloruro de polivinilo o PVC.

Pero la historia de este nuevo material no estaría completa si no nos remontásemos a 1833, cuando un químico francés llamado Henri Braconnot dedicaba parte de su tiempo a experimentos de química vegetal o, dicho de otro modo, a jugar con ácido nítrico y patatas. Poco tiempo después, un profesor de la Universidad de Basilea llamado Christian Schönbein realizaba el mismo tipo de experimento, pero sustituyendo las patatas por algodón hidrófilo y añadiendo ácido sulfúrico. El resultado final fue un nuevo tipo de arma: el algodón explosivo o nitrato de celulosa, que se hizo las delicias de los militares, pues era tres veces más potente que la pólvora y no producía ni humo ni el destello típico del disparo, por lo que el enemigo no podía ver de dónde venía.

También tenía sus aplicaciones civiles: mezclado con éter se usó como antiséptico; si se mezclaba con alcanfor, se calentaba, y si se le retorcía un poco, aparecía el celuloide de los Hyatt. Estos hermanos se dieron cuenta de que tenían una mina entre manos, pues su celuloide podía sustituir al marfil en todas sus aplicaciones. Por ejemplo, como dientes falsos para los dentistas. Debido al alcanfor, este marfil artificial tenía un olor penetrante, lo que aprovecharon para publicitarlo como un diente que olía a limpio. Claro que también tenía sus inconvenientes: como experimentó Schönbein, en cierta ocasión uno de estos dientes explotó.

Y LLEGÓ EL PVC

El descubrimiento del cloruro de polivinilo o PVC fue pura serendipia, y por dos ocasiones: la primera vez en manos del químico francés Henri Victor Regnault, en 1835; la segunda, en las del alemán Eugen Baumann, en 1872. En ambos casos apareció después de dejar expuesto a la luz del sol el cloruro de vinilo (un gas dulce e incoloro, inestable a altas temperaturas y que se incendia fácilmente), que dejaba un sólido blanco. No sabemos muy bien por qué, pero ninguno de los dos científicos solicitó una patente. Quien sí lo hizo fue otro alemán, Friedrich Klatte, en 1913, cuando inventó un nuevo método de polimerización (el proceso por el que a partir de moléculas pequeñas se construyen otras más grandes) del cloruro de vinilo con la luz solar.

A pesar de patentar el proceso no vio en el PVC ningún propósito realmente útil, quizá porque era muy difícil de trabajar. Hubo que esperar a 1926 cuando Waldo Semon, que había sido contratado por la B. F. Goodrich Company en Estados Unidos para desarrollar un sustituto sintético para el caucho natural –cada vez más caro–, inventó el cloruro de polivinilo plastificado, que patentó con el título «Composición sintética similar al caucho y el método de fabricación del mismo. Método de preparación de productos de haluro de polivinilo».

Los primeros productos de vinilo que produjo Semon fueron pelotas de golf y tacones, además de revestimientos resistentes al agua para telas. La demanda se disparó durante la Segunda Guerra Mundial cuando el PVC empezó a utilizarse como aislante del cableado en los buques militares. Hoy, el PVC es el tercer plástico de mayor venta en el mundo, después del polietileno y el polipropileno.

9. Los rayos X

Röntgen regaló a la ciencia su hallazgo, que tanto ha ayudado al diagnóstico y al diseño de terapias gracias a las radiografías.

A mediados del siglo XIX, los científicos estaban entusiasmados con las descargas eléctricas que se producían en lo que podríamos considerar el antepasado de los anuncios de neón: un tubo de vidrio cerrado de unos 90 cm de largo en cuyos extremos se habían soldado unos electrodos metálicos conectados a una corriente de alto voltaje. En condiciones normales, el aire es mal conductor de la electricidad, pero, si se reduce la presión lo suficiente mediante la extracción de un volumen significativo de aire y se aplica un voltaje eléctrico, se vuelve conductor. Lo que se observa es una descarga eléctrica, un rayo de luz brillante que viaja desde el terminal negativo hasta el positivo. Si se extrae más aire y se baja la presión a una milésima parte de la normal, los rayos desaparecen y una luminosidad mortecina llena el tubo. En la década de 1870, el excelente químico y físico experimental William Crookes estudió este tubo de descargas y lo perfeccionó. Creó así lo que empezó a conocerse como el tubo de Crookes.

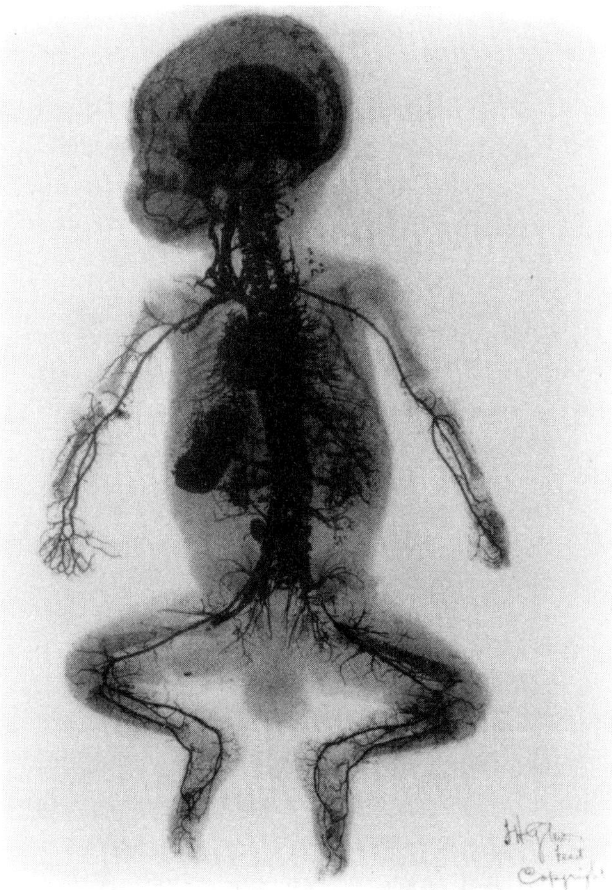

IMÁGENES: AGE

Imagen de la primera radiografía de arterias de la historia. Fue realizada en 1899 en el hospital Saint Thomas de Londres inyectando mercurio en el cadáver de un niño.

La única complicación tecnológica real era extraer el aire del tubo. Una vez hecho y sellado el tubo, se aplicaba la corriente eléctrica y una fantasmagórica luminosidad inundaba la habitación. El fenómeno era tan fascinante e inexplicable que dejaba con la boca abierta a expertos y legos, y en la Inglaterra decimonónica se convirtió en un experimento clásico de aquellos científicos que se ganaban la vida recorriendo las ciudades y dando conferencias populares.

Este era el campo de trabajo del físico Wilhelm Conrad Röntgen en su laboratorio de la Universidad de Wurzburgo (Alemania): estudiar las propiedades de las descargas en diferentes tipos de tubos de vacío. Y fue entre noviembre y diciembre de 1895 cuando el callado, tímido y solitario físico descubrió algo que iba a revolucionar

Ilustración de una toma de radiografías (1898).

la medicina. Por desgracia, no sabemos muy bien qué sucedió en aquellas semanas cruciales, pues Röntgen mandó quemar todas sus notas a su muerte. No obstante, podemos hacernos una idea más o menos aproximada.

A principios de noviembre estaba experimentando con uno de los tubos de descarga al que había añadido una fina ventana de aluminio para permitir que los rayos catódicos salieran del tubo, pues deseaba saber qué sucedía con ellos fuera de este. Para apantallar la fluorescencia que se producía dentro del tubo lo cubrió todo con un trozo de cartón negro. Pero entonces algo extraordinario sucedió: al ponerlo en funcionamiento Röntgen observó sorprendido cómo aparecía un brillo en una pantalla fluorescente cercana. Dispuesto a comprobar tan peculiar observación, en la tarde del 8 de noviembre de 1895, Röntgen cubrió totalmente el tubo con cartón negro asegurándose de que era totalmente opaco: apagó la luz y puso en marcha el tubo, y vio un tenue brillo en un banco de ensayos del laboratorio. Encendió y apagó el tubo repetidamente y la tenue luminosidad seguía apareciendo: provenía de una placa fluorescente que había colocado conscientemente lejos del tubo. Röntgen empezó a sospechar que se trataba de algún tipo nuevo de rayo. En las semanas siguientes no salió de su laboratorio intentando comprender las propiedades de lo que llamó rayos X. Un día, cuando estaba probando la capacidad de diferentes materiales para detener estos rayos, vio su propio esqueleto parpadeando en la pantalla fluorescente de platinocianuro de bario. En ese momento decidió llevar toda su investigación en secreto, sin mencionar a nadie lo que había descubierto. Según confesó al poco tiempo a un amigo, solo le dijo a su mujer «que estaba haciendo algo que haría que la gente, cuando se enterara, dijera: “Röntgen ha perdido la cabeza”».

AGE

Wilhelm Conrad Röntgen, fotografiado hacia 1895.

Seis semanas después decidió tomar la primera radiografía de la historia. El conejillo de Indias fue la mano de su esposa, Anna Bertha. Cuando ella vio su esqueleto, exclamó: «¡He visto mi muerte!».

El artículo original, Sobre un nuevo tipo de rayos, junto con la radiografía de la mano de su mujer, se publicó el 28 de diciembre de 1895 en la revista *Actas de la Sociedad Físico-Médica de Wurzburgo*. El 4 de enero de 1896 hizo su primera presentación pública ante esa sociedad, con radiografía de un asistente incluida, y al día siguiente un periódico austriaco lo mostró al mundo.

La locura se desató: todos querían tener su retrato de huesos, se publicaron poemas y los rayos X aparecieron en tiras cómicas, cuentos cortos y mensajes publicitarios. Los detectives privados se publicitaban diciendo que usaban los dispositivos Röntgen para seguir a cónyuges infieles, e incluso apareció ropa interior de plomo para evitar las indiscretas gafas de rayos X. En Estados Unidos, Thomas Edison estaba entre los que se mostraban ansiosos por perfeccionar el descubrimiento de Röntgen: su objetivo era construir una lámpara de rayos X para uso doméstico, pero nunca lo consiguió. Quien vio muy pronto la utilidad de este descubrimiento fue la clase médica.

El primer uso de rayos X en condiciones clínicas fue realizado por John Hall-Edwards en Inglaterra el 11 de enero de 1896, cuando radiografió una aguja clavada en una mano. Y el 14 de febrero de 1896 este médico de Birmingham también fue el primero en usar los rayos X en una operación quirúrgica. Semanas más tarde, el director del Departamento de Fisiología de la Academia Militar de Medicina de San Petersburgo, Ivan Romanovich Tarkhanov, irradió ranas e insectos con rayos X y llegó a la conclusión de que «no solo fotografían, sino que también afectan a la materia viva». Sus investigaciones demostraron que influían en el sistema nervioso central, en el corazón y en el desarrollo embrionario: acababa de nacer la radiobiología. En junio de 1896 ya se utilizaban los rayos X para localizar balas en los heridos en el campo de batalla. Röntgen nunca pidió patente alguna sobre sus rayos X, porque consideró que todo el mundo debía beneficiarse de su trabajo. Su altruismo tuvo un costo personal considerable: en el momento de su muerte en 1923, Röntgen estaba en bancarrota debido a la inflación que se produjo tras la Primera Guerra Mundial.

10. El refrigerador

Cuando el joven físico francés Carnot diseñó su máquina de ciclo cerrado, no imaginaba cómo cambiaría los hogares del siglo XX.

En 1824 aparecía un pequeño librito que iba a revolucionar la forma de ver el mundo. Se titulaba *Reflexiones sobre la fuerza motriz del fuego y sobre las máquinas adecuadas para desarrollar esa fuerza*. Su autor fue el hijo de un ministro de Defensa de Napoleón y tío de un futuro presidente de la República, Nicolas Léonard Sadi Carnot. Había intentado publicarlo en la revista científica más influyente de la época, los *Anales de Física*, pero su director lo había rechazado, por lo que no le quedó más remedio que publicarlo con su dinero. En esta obra, Carnot estudiaba el rendimiento de la máquina de vapor, pero lo que nunca alcanzó a imaginar fue la revolución intelectual que iba a provocar, una transformación mayor que la propiciada por Newton, ya que con el francés acababa de nacer la ciencia de la termodinámica. Por desgracia,

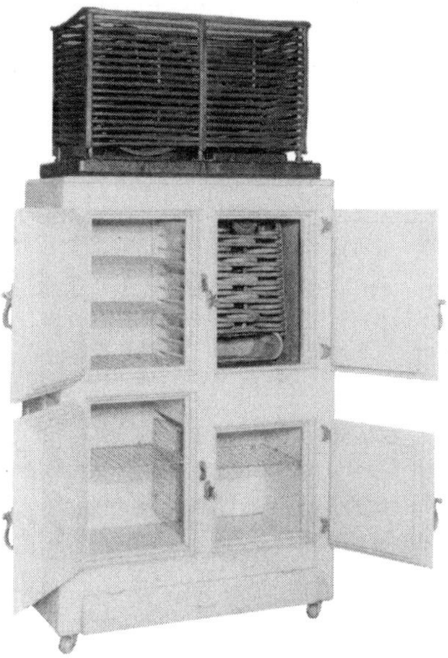
CORDON

Primer refrigerador mecánico refrigerado por aire, de 1913.

este libro –uno de los textos más importantes de la historia de la ciencia– no provocó la menor repercusión entre los científicos de su época y tuvimos que esperar un cuarto de siglo a que sus ideas fueran tenidas en cuenta.

A Carnot no le interesaba lograr una mejora técnica de la máquina de vapor, sino ver cómo sacarle el máximo partido a cualquier máquina térmica. Trataba de diseñar una máquina ideal, una idealización abstracta de las máquinas reales, que hoy se conoce como el ciclo de Carnot. Consiste en un dispositivo compuesto por un cilindro provisto de un pistón, en cuyo interior se encuentra encerrado un gas, y dos fuentes de calor: una caliente y otra fría, que proporcionan la diferencia de temperatura necesaria para que la máquina pueda trabajar.

El ciclo consta de cuatro etapas. En la primera, ponemos en contacto el cilindro con la fuente caliente. Entonces el gas contenido en su interior absorbe calor, se dilata y mueve el pistón. Ahora viene la idea genial de Carnot: interrumpir el contacto con la fuente caliente antes de que el pistón llegue al final de su recorrido. En este momento se mete el dispositivo en el interior de un termo, esto es, se mantiene aislado de forma que el calor no salga al exterior. Cuando el pistón llega al final del recorrido, colocamos el émbolo en el refrigerador, el gas se enfría, baja su presión y el pistón comienza el descenso. Antes de que termine la compresión, volvemos a meterlo en el termo y dejamos que el pistón finalice su recorrido de forma que, si la sincronización es correcta, el gas del interior recupera su estado inicial. Hemos cerrado el ciclo.

Si lo consideramos como un todo, el gas no ha modificado su estado, pues se ha quedado como al principio, pero la fuente caliente ha suministrado una cierta cantidad de calor y la fuente fría se ha llevado otra cantidad distinta. La diferencia entre ambas se ha invertido en

AGE

En los años 30, General Electric diseñó un modelo de frigorífico plano, sin el monitor superior.

mover el pistón, en realizar un trabajo. Es evidente que cuanto mayor temperatura tenga la fuente caliente mayor será la expansión del gas y con más facilidad se moverá el cilindro. Lo mismo ocurrirá con la fuente fría: si la tenemos a una temperatura muy baja la máquina funcionará mejor. Aquí, la fuente fría es de extraordinaria importancia, pues sin ella no habría diferencia de temperatura y sería un ciclo estéril; la fuente caliente provocaría el movimiento del pistón, pero ese mismo trabajo tendríamos que realizarlo nosotros para hacerlo descender. Lo que Carnot demostró es cómo realizar un trabajo gracias al intercambio de calor.

La consecuencia más importante de todo esto es que se puede deducir una ley general para las máquinas térmicas: el rendimiento de cualquier ciclo cerrado –el gas retorna a su estado inicial– y reversible –puede recorrerse en un sentido o en el contrario– es independiente del proceso utilizado y depende exclusivamente del calor intercambiado. Reversible es la palabra mágica: Carnot se dio cuenta de que su ciclo podía funcionar como un refrigerador extrayendo calor de la fuente fría y cediéndoselo a la caliente.

Curiosamente la idea de un mecanismo de refrigeración artificial apareció muchos años antes del trabajo fundamental de Carnot. En 1755, el químico y médico escocés William Cullen diseñó el primer proceso de refrigeración artificial de la historia que consistía en una bomba de vacío aplicada sobre un contenedor de éter etílico, un líquido incoloro, muy inflamable y de sabor acre. Cullen hizo un vacío parcial en el recipiente con la bomba, lo que bajó el punto de ebullición del éter, que se puso a hervir absorbiendo el calor de alrededor y creando una pequeña cantidad de hielo. Pero no fue más allá de esta demostración. Desde entonces diversos inventores fueron perfeccionando el diseño de Cullen. Uno de ellos fue el ingeniero y empresario norteamericano Oliver Evans, un apasionado de la máquina de vapor. A pesar de su escasa comprensión de los principios físicos que había tras ella, vio con mucha más claridad que sus coetáneos el potencial que escondía. En una nota al final de su libro *Guía del ingeniero de vapor*, Evans señaló, sin saberlo, lo que Cullen había comprobado años atrás, e incluyó el primer diseño detallado y teóricamente coherente para fabricar un refrigerador de compresión de vapor, e identificó todos los componentes principales de un ciclo de refrigeración. Corría el año 1805.

En 1816 se asoció con otro inventor, Jacob Perkins, para mejorar los diseños que incluían una máquina de vapor de alta presión experimental, pero que no era práctica para la tecnología de fabricación de la época. Sí la usaron en otra invención, la pistola de vapor, una ametralladora automática con una velocidad de disparo de mil balas por minuto. Un arma que rechazó el duque de Wellington por ser demasiado destructiva.

Años más tarde, Perkins, empleando los principios originales de Evans, desarrolló y construyó una máquina refrigeradora por compresión de vapor en ciclo cerrado que patentó el 14 de agosto de 1835. Por desgracia, no tuvo éxito comercial. Quien sí lo cosechó fue Frederick William Wolf Jr., que en 1913 lanzó el Domelre (DOMestic Electric REfrigerator), el primer frigorífico eléctrico comercial de la historia que montaba el refrigerador sobre una fresquera.

11. La revolución verde

La investigación de variedades de cereales más resistentes con la mecanización del campo produjeron la transformación agraria.

El término revolución verde se refiere al cambio en la forma de cultivar la tierra que comenzó en México en la década de 1940 y que consiguió aumentar la producción vegetal como no se había visto nunca antes.

El responsable fue un ingeniero agrónomo texano, Norman Borlaug, que en 1944 visitó México con el fin de investigar nuevas variedades de trigo de alto rendimiento y resistentes a enfermedades.

CORDON

GETTY

A la derecha, Norman Borlaug.. A la izquierda, En los años sesenta del siglo XX, la revolución verde salvó de una feroz hambruna a los habitantes de la India.

Para ello utilizó el clásico método de ensayo, prueba y error. Así, uniendo el resultado de su investigación con la introducción de una mecanización del campo a gran escala, México se hizo autosuficiente en trigo en 1956, y en la década de 1960 fue capaz de producir más del que necesitaban sus ciudadanos, por lo que se convirtió por primera vez en su historia en país exportador de este cereal. Todo un logro, habida cuenta de que, antes del trabajo de Borlaug, México importaba casi la mitad de sus necesidades de trigo. Semejante triunfo hizo que los principios de la revolución verde se expandieran por el mundo, mientras las fundaciones norteamericanas Rockefeller y Ford impulsaban la investigación de estas nuevas técnicas de agricultura intensiva.

En la década de 1950 era evidente que Asia se iba a enfrentar a una crisis alimentaria inminente. El arroz representaba el 80 % de las calorías consumidas en la región, y solo se necesitaba proyectar el crecimiento de la población y compararlo con la producción de arroz para calcular que, en pocos años, no habría suficiente para todos. La situación era preocupante: a principios de los sesenta la India estaba al borde de la hambruna. Borlaug y la Fundación Ford

La incorporación obligada de los principios de la revolución verde en Indonesia provocó plagas que asolaron los cultivos en Bali.

diseñaron todo un programa de investigación con científicos del país, y fruto de ello fue el desarrollo de una nueva variedad de arroz: la IR8. Esta producía más grano por planta cuando se cultivaba con riego y fertilizantes. Si con la variedad habitual en la India solo era esperable un máximo de una tonelada y media al año de arroz por hectárea, el rendimiento de la cepa IR8 era de diez toneladas por hectárea. Esta unión de una cepa de alto rendimiento de Indonesia con una robusta variedad enana de China dio resultados sorprendentes; nunca en la historia del mundo había sucedido que la producción de arroz se duplicara en un único paso. Lo mismo sucedió en Filipinas, que pasó de producir tres millones de toneladas de arroz a siete en tan solo dos décadas, y, siguiendo los pasos de México, se convirtió en exportador de arroz por primera vez en su historia.

No hay duda de que la revolución verde salvó millones de vidas, aunque no triunfó en todo el mundo. De hecho, hubo lugares en los que provocó todo lo contrario a lo que pretendía. Ese fue el caso de Bali.

A los pies del monte Agung se encuentran centenares de hectáreas de terrazas de cultivo de arroz perfiladas por palmeras que crecen a lo largo de las zanjas de riego. Se trata de un complejo sistema de irrigación que componen túneles, compuertas, tajaderas, canales y acueductos que, desde las montañas hasta el océano, reparten el agua por los cultivos. Este complejo sistema lo mantiene una red de templos del agua desde los cuales los sacerdotes controlan el sistema agrícola que conforma los cimientos de la cultura balinesa. En la segunda mitad del siglo XX solo han sufrido dos hambrunas. La primera vez fue en 1963, cuando el Agung entró en erupción y cubrió la isla con una capa de cenizas. La segunda ocurrió en los setenta, cuando llegó la revolución verde. El empeño del Gobierno balinés por introducir el sistema de producción agrícola que triunfaba en medio mundo terminó en fracaso: una plaga tras otra acabó con los cultivos. El Gobierno balinés admitió su error y restauró el viejo sistema. Dicho de otro modo: el método tradicional, ensayado durante siglos en la isla, dio sopas con ondas a los científicos de la revolución verde.

Pero su verdadero fracaso es África, a pesar de los numerosos intentos por introducir los exitosos proyectos mexicanos e indios. En ello han influido diversos tipos de factores: por un lado, las volátiles condiciones políticas, una corrupción generalizada y una casi total ausencia de voluntad por parte de los Gobiernos africanos. A ello hay que sumar aspectos ambientales habituales en gran parte del continente, como la escasa disponibilidad de agua para riego o la gran diversidad de pendientes y tipos de suelo en un área determinada. Todo esto hace que África sea el continente en el que falló la revolución verde.

12. El sistema métrico decimal

Hizo falta una revolución para que buena parte del mundo occidental unificara sus medidas... y aún quedan peculiaridades.

La historia comienza en el siglo XVII en el país del que menos lo esperaríamos: Inglaterra. Fue entonces cuando John Wilkins, pastor anglicano y uno de los fundadores de la Royal Society, abogó por un sistema decimal de unidades. Por aquella época, Europa era un galimatías de formas de medir, incluso dentro de los propios países. Así, en España existía la yugada, que era la cantidad de tierra que araba

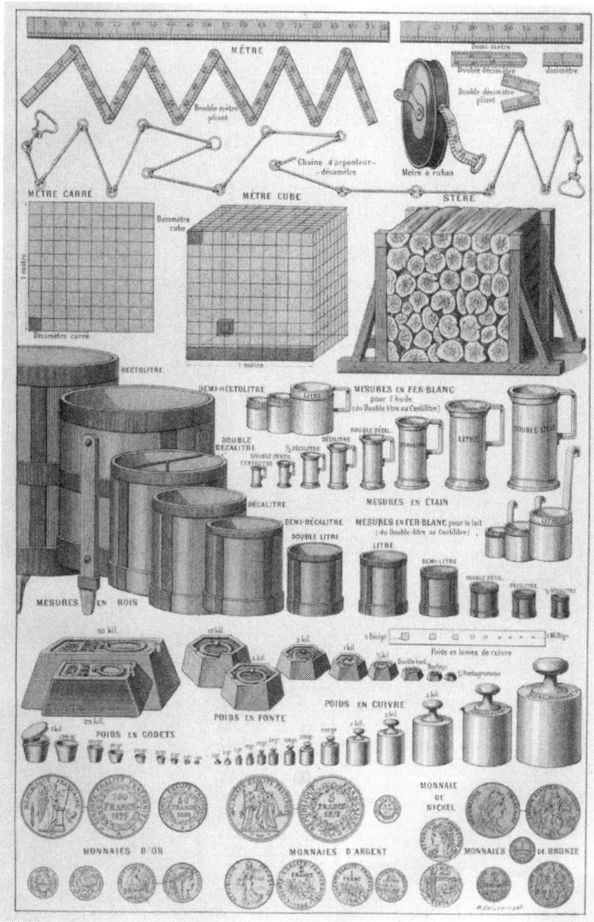

AGE

Aplicaciones del sistema decimal a dimensiones, pesos y valor monetario.

una pareja de bueyes desde que sale el sol hasta que se pone. Wilkins pensó que debían sustituirse medidas tan arbitrarias y complejas por un sistema de medidas racional, único y basado en la mejor ciencia disponible. Así, definió la unidad de distancia como la longitud de un péndulo que tuviera un semiperiodo igual a un segundo, lo que es una medida sorprendentemente cercana a nuestro metro: 994 mm. Para Wilkins, lo realmente importante de este tipo de definiciones era que cualquier persona, estuviera donde estuviera, podría duplicar la misma unidad de medida de referencia (salvo por las sutiles variaciones locales del campo gravitatorio terrestre). Pero su idea cayó en saco roto porque para cambiar una tradición se necesita una gran agitación.

AGE

Cilindro de aleación de platino e iridio que servía como referencia del peso de un kilogramo estándar.

Eso fue lo que propició la Revolución Francesa. Eran los tiempos de la razón, y en la destrucción de los últimos vestigios feudales la ciencia jugó un papel relevante. Todos los gobiernos revolucionarios reconocieron su importancia y le dispensaron prebendas. Algunos científicos fueron ardorosos republicanos y desempeñaron cargos destacados dentro del nuevo orden, mientras que otros, como Lavoisier, a pesar de que al principio colaboraron plenamente con el levantamiento, su vinculación al antiguo régimen los convirtió en carne de guillotina.

En la construcción de la nueva sociedad, los científicos cargaron sobre sus hombros parte del cambio de la obsoleta maquinaria del Estado y de la enseñanza: en palabras del matemático Condorcet, hacer algo «para toda la gente, para todo el tiempo». Su primera medida fue la reforma de la educación: se fundó la École Normale Supérieure, la École de Médecine y la École Polytechnique, faro y guía de lo que acabaría siendo la enseñanza científica y los institutos de investigación. La segunda, reformar el sistema de unidades de pesos y medidas con la implantación del sistema métrico decimal, realizado en 1799.

La reorganización de la forma de pesar y medir se hizo *á la Wilkins*, esto es, buscando un sistema definido de forma matemática y lógica, y olvidando la tradición o la autoridad. La mejor opción era utilizar una escala decimal en la que las diferentes medidas (como metro, decímetro, centímetro) se relacionarían entre sí usando prefijos decimales. Napoleón continuó esta idea e introdujo un sistema de *mesures usuelles* (medidas habituales) en el que las unidades tradicionales francesas se redondearon a cantidades métricas; por ejemplo, la libra de peso se redondeó a 500 gramos. La derrota de Napoleón y el regreso de un cierto tradicionalismo congeló el cambio, pero no lo detuvo. El nuevo sistema métrico volvió, a pesar de las reticencias de la sociedad, quejosa por tener que abandonar unas medidas que habían estado con ella desde siempre. A mediados del siglo XIX, Francia fue completamente decimalizada, y a finales de ese mismo siglo ya se había convertido en el sistema de medidas para casi toda Europa continental, que lo usaba en los negocios y en la ciencia. El éxito fue tal que en mayo de 1875, diecisiete países de todo el mundo, incluido Estados Unidos, se adhirieron al Tratado del Metro, con el que establecían una autoridad mundial en metrología: la Oficina Internacional de Pesas y Medidas con sede en París.

A pesar de este consenso internacional, el Reino Unido no estaba por la labor. Primero, porque el nuevo sistema había sido creado por sus archienemigos los franceses y segundo, porque estaba claro que la principal potencia mundial en aquel momento, no iba a abandonar su nuevo estándar de medida, el sistema imperial, por mucho que lo dijera la comunidad internacional.

En 1965, el Gobierno tuvo que ceder a las presiones de la industria, pues le resultaba insostenible tener que usar unas medidas para el comercio interior y otras para el exterior. En la década de los setenta empezó a introducirse lo decimal en la vida de los ingleses…, aunque lentamente, porque todavía hoy siguen usando sus libras, galones y millas imperiales.

13. El telescopio

Son varios los inventores que reclaman su invención, pero lo que sí está claro es que fue Galileo el primero en apuntarlo hacia el cielo.

Aunque parezca increíble, Galileo Galilei no inventó el telescopio. Sí fue el primero en apuntarlo hacia el cielo, pero supo que existía a través de un científico francés llamado Jacques Bovedere, quien, a su vez, se hizo eco de que un óptico de Holanda lo había construido. Tradicionalmente se considera como primer inventor del telescopio a Hans Lippershey, un hombre muy hábil puliendo lentes que vivía en Midelburgo (Países Bajos). Según una vieja historia, seguramente

En la imagen se representa al neerlandés Hans Lippershey, fabricante de lentes e inventor del primer instrumento para ver a lo lejos.

AGE

En esta obra de Louis Figuier de 1870 se muestra a Galileo enseñando su telescopio al dux y a los senadores de Venecia, probablemente en 1609.

de origen apócrifo, la idea se la debemos a uno de sus hijos, que un día, jugando en la tienda de su padre, cogió dos lentes y las alineó, y al mirar a través de ellas se dio cuenta de que los objetos lejanos se le aparecían más próximos.

Verdad o leyenda, lo cierto es que el 2 de octubre de 1608 Lippershey presentó los documentos para la concesión de la patente ante los Estados Generales de los Países Bajos. El diseño consistía en un tubo con dos lentes, una de ellas fija (el objetivo) y la otra móvil (el ocular) destinada a enfocar, y tenía un poder de aumento de X3. Al invento lo llamó *kijker*, que en holandés significa 'espectador'. Pocas semanas después otro neerlandés, Jacob Metius, presentaba su propia patente. El Gobierno holandés, viendo que no podía dirimirse con facilidad la prioridad de esta invención, no se la concedió a ninguno de los dos, y eso que Metius presentó una declaración del famosísimo René Descartes en la que afirmaba ser el verdadero inventor. No sabemos qué sucedió en los meses siguientes pero Metius retiró su patente y no permitió que nadie viera su telescopio. El enfado tuvo que ser monumental, porque en

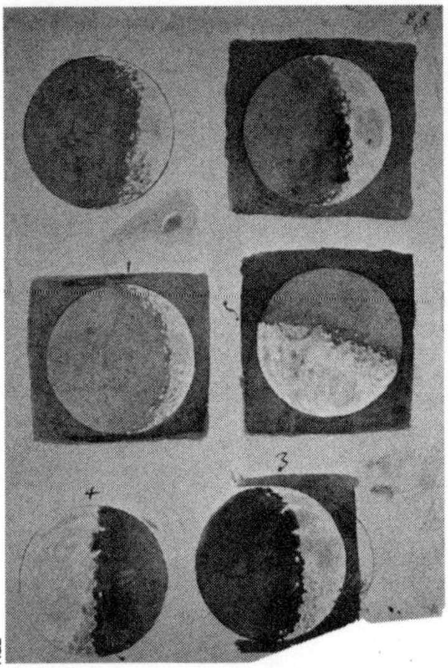

A la derecha, réplicas de los telescopios inventados por Galileo, en 1609 (arriba), e Isaac Newton, en 1668. A la izquierda, bocetos de las fases de la Luna, según las notas publicadas por Galileo tras sus observaciones con el telescopio.

su testamento ordenó que todas sus herramientas y diseños fueran destruidos para que nadie se beneficiara de ellos.

Pero el asunto no termina aquí. Zacharias Janssen, otro fabricante de lentes neerlandés y falsificador de monedas que vivía en la misma ciudad que Lippershey, entró en la contienda reclamando su parte del pastel. Para emborronar más la historia, su hijo Johannes declaró bajo juramento que Lippershey le había robado el diseño realizado por su padre en 1590.

Al final, el que sacó tajada fue Lippershey: hizo algunas modificaciones a su invento original –entre ellas, desarrolló un modelo binocular, los prismáticos– y el Gobierno de su país le pagó 900 florines por su innovación.

Curiosamente, el nombre de telescopio no fue acuñado por ninguno de sus inventores, sino por el griego Giovanni Demisiani, teólogo, químico y matemático del cardenal Gonzaga, obispo de Mantua y Tarazona. El bautizo se celebró en la Academia Nacional de los Linces de Roma el 25 de abril de 1611, cuando Galileo presentó su versión mejorada del ingenio al celebrar su nombramiento como nuevo miembro.

Sea como fuere, lo cierto es que la idea del telescopio llevaba rondando por la cabeza de muchos desde hacía tiempo. Ya en el siglo XIII, el filósofo Roger Bacon había escrito que mediante una combinación apropiada de lentes y espejos «desde una distancia increíble podremos leer las letras más minúsculas… y se harán descender al alcance de la mano el Sol, la Luna y los planetas». Sin embargo, había un impedimento tecnológico: el pulido de las lentes. Fue la aparición de métodos más perfeccionados lo que permitió el avance. Por supuesto, el telescopio en sí mismo no cambió el mundo.

El momento decisivo, lo que marcaría de forma indeleble su influencia en la historia, fue un día de 1609, cuando Galileo apuntó su recién construido telescopio al cielo: descubrió estrellas en esa banda lechosa nocturna que es la Vía Láctea, montañas en la Luna, los cuatro satélites de Júpiter y manchas en el hasta entonces inmaculado Sol. Publicó sus primeros descubrimientos astronómicos en una pequeña obra que tituló *Sidereus Nuncius* (El mensajero sideral).

14. El termómetro

El conocimiento de la dilatación de los gases ayudó, en el siglo XVI, a medir la temperatura. Definir la escala fue más complicado.

El primero en medir la temperatura de manera cuantitativa fue Galileo. Para ello, sabía que debía encontrar algún fenómeno natural con el que fuera sencillo evaluar el efecto de los cambios de temperatura y lo encontró en un viejo conocido: la dilatación de los gases. Las propiedades elásticas del aire habían sido determinadas mediante experimentos con aire comprimido en odres desde la época de los griegos. También desde antiguo se aplicaba la fuerza expansiva del vapor a diferentes artilugios, siguiendo la senda marcada en el siglo I por Herón de Alejandría en su obra cumbre *La neumática*, que había sido editada en latín durante el siglo XVI.

Galileo contaba con todos los ingredientes necesarios para diseñar el primer termómetro, y lo construyó hacia el año 1597. Tenemos noticia de él no porque aparezca descrito en alguna de sus obras, sino porque nos ha quedado el testimonio de sus contemporáneos. Consistía en un balón de cristal lleno de aire de cuya parte inferior descendía

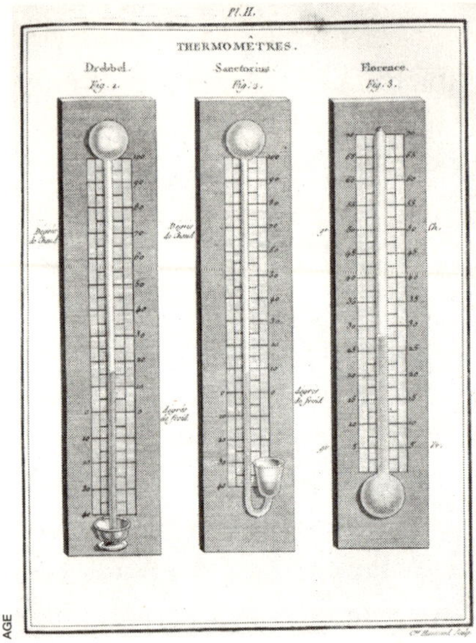

AGE

AGE

A la izquierda, grabado del *Tratado de meteorología* (1774), del sacerdote francés Cotte. Al lado, ilustración sobre el termómetro supuestamente inventado por Galileo.

un tubo parcialmente lleno de agua hasta un recipiente inferior también con agua. Si la temperatura cambiaba, el volumen ocupado por el aire también lo hacía y, por tanto, variaba la altura del líquido en el tubo. Ahora bien, su diseño adolecía de un pequeño defecto: la altura de la columna de agua depende no solo de la temperatura, sino de la presión atmosférica. Galileo desconocía este detalle. Como sabemos, hasta los experimentos de Torricelli en 1643 creer que la atmósfera pudiera ejercer algún tipo de presión era una idea absurda.

La primera descripción impresa de un termómetro data de 1612, en un comentario a Galeno del médico y fisiólogo de la Universidad de Padua Sanctorius, que lo utilizó para medir la temperatura corporal del ser humano. En 1636, Kaspar Enns publicaba un libro titulado *El taumaturgo matemático* en el que dedicaba un capítulo al termómetro de Cornelius Drebbel, un químico holandés cuyas metas científicas eran estudiar la dilatación de los gases y buscar el móvil perpetuo. Enns puso como título del capítulo «Sobre el termómetro o instrumento de Drebble mediante el cual se investigan los grados de calor y frío que se encuentran en el aire», y se trata del primer texto conocido en el que aparece la palabra termómetro. Lo describe como un tubo con un bulbo sellado en cada extremo que, para funcionar, dependía de la diferencia de temperatura del aire en cada uno de ellos.

Desde entonces, la construcción de termómetros se convirtió en un arte, sobre todo en la región italiana de la Toscana, donde los miembros de la Academia Florentina –o Academia del Experimento–, que fue constituida en Florencia en 1657, comenzaron a medir sistemáticamente la temperatura, la presión y la humedad del aire en lo que podríamos llamar una incipiente investigación meteorológica. Los maestros florentinos se construían termómetros de vidrio, sellados y rellenos de alcohol, con los que podían medir incluso cuando el agua se congelaba. Diseñadores de verdaderas obras de arte, fijaban las marcas divisorias con esmalte derretido, y su precisión era bastante loable, del orden del grado, según nuestra escala actual.

La historia de los primeros termómetros no estaría completa si no se mencionara al burgomaestre de la ciudad alemana de Magdeburgo Otto von Guericke (1602-1686). Entre sus invenciones destaca un termómetro excepcionalmente ingenioso que constaba de una esfera de latón llena de aire y un tubo en forma de U relleno de alcohol. La temperatura era señalada por un hombrecillo que colgaba de una polea y estaba conectado a una cajita que flotaba sobre el líquido por el lado abierto del tubo. Ahora bien, Von Guericke escogió una escala de temperaturas bastante ingenua. El origen, situado a media altura en el tubo, correspondía a la situación del hombrecillo cuando llegaban las primeras heladas.

El primer medidor de temperatura moderno

Nació en 1724 de las manos de un vidriero neerlandés llamado Daniel Fahrenheit. De espíritu inquisitivo, curioso y cuidadoso, fabricaba termómetros de alcohol que pronto se ganaron una excelente reputación por su exactitud. El secreto de su éxito estaba, simplemente, en marcar las divisiones con un cuidado exquisito. Realizarlas en un tubo estrecho con poco espacio entre ellas no era nada sencillo; se necesitaba a alguien esmerado y paciente para hacerlo, y Fahrenheit lo era.

Para que la distancia entre dos parejas de marcas cualesquiera fuera siempre la misma, el holandés escogió cuatro puntos fijos constantes. El cero de su escala lo eligió imitando la temperatura más baja del crudo invierno de 1709 con una mezcla de hielo, sal común y cloruro amónico; el segundo punto lo fijó introduciendo el termómetro en una mezcla de hielo y agua, y la distancia entre ambos la dividió en 32 partes. Los otros dos los introdujo para comprobar su relación: el primero fue la temperatura del cuerpo humano, que en su escala se encontraba en 98°; el segundo, la de ebullición del agua, a 212°. Esta es la que conocemos como escala Fahrenheit.

15. La dinamita

La búsqueda de un modo de evitar la inestabilidad de un producto muy peligroso dio lugar a otro más seguro, pero igualmente letal.

El 7 de mayo de 1867, el sueco Alfred Nobel patentaba un explosivo que iba a cambiar el aspecto del mundo, al revolucionar tanto el arte de la guerra como la ciencia de la construcción.

El ser humano ya estaba acostumbrado a los explosivos desde que los chinos inventaran la pólvora en el siglo IX. Este polvillo negro dominó la escena mundial hasta que en 1846 el químico italiano Ascanio Sobrero descubrió la nitroglicerina. Inicialmente la llamó piroglicerina, y en sus cartas a amigos y colegas no dejaba de advertir seriamente contra su uso: no en vano su cara estaba cubierta de cicatrices tras estallarle un tubo de ensayo mientras trabajaba en el laboratorio. Estaba tan asustado por su descubrimiento que lo mantuvo en secreto durante más de un año. Sobrero la consideraba demasiado peligrosa, y una vez confesó esto: «Cuando pienso en todas las víctimas que murieron en explosiones de nitroglicerina y los terribles estragos que causó –y que posiblemente continuarán ocurriendo en el futuro–, me siento casi avergonzado de admitir que es mi descubrimiento».

Con todo, el proceso para hacerla no es nada complicado: basta con agregar glicerina a una mezcla de ácido nítrico y ácido sulfúrico. El problema, y lo que de verdad aterrorizaba a Sobrero, es que tiene un par de molestas tendencias: impura puede explotar sin previo aviso y el más mínimo toquecito la puede hacer estallar.

En este punto entró en juego el citado Nobel, que se dedicó a buscar la forma de estabilizarla, pues veía que podía ser muy útil en el mundo de la construcción. Para ello, probó con diferentes mezclas de cemento, carbón y serrín, pero fracasó. Un día, por casualidad, se dio cuenta de que había un cierto polvillo de color claro que absorbía la nitroglicerina. Era la diatomita o tierra de diatomeas, una tierra silícea porosa que se usaba para clarificar el azúcar y que hoy se emplea como plaguicida ecológico además de abrasivo en las pastas de dientes o como aislante en calderas y altos hornos.

THE ROYAL LIBRARY/WIKIPEDIA

Las investigaciones de Alfred Nobel trataban de encontrar un modo de estabilizar la peligrosa nitroglicerina; por eso, en la inscripción de la patente de la dinamita la llamó polvo de seguridad de Nobel.

Su Dinamita número 1 contenía un 75 % de nitroglicerina y un 25 % de tierra de diatomita, y el resultado podía amasarse como la arcilla y meterse dentro de cilindros de cartón. En la solicitud de patente del 19 de septiembre de 1866 la llamó Dinamita o polvo de seguridad de Nobel. Los meses siguientes se dedicó a perfeccionar la mezcla; añadió serrín como absorbente y nitrato de sodio como agente oxidante para aumentar la resistencia del explosivo, hasta que en 1867 solicitó dos nuevas patentes. A los militares se les hizo la boca agua y no tardaron en darle uso: la primera bomba de dinamita explotó en 1870 durante la guerra franco-prusiana. El poder destructor del invento era tal que un periódico francés describió a Nobel como el inventor que «ha encontrado formas de matar a más personas más rápido que nunca».

GETTY

Civilización

GETTY

16. La escritura

Hace unos 5 500 años, nuestros tatarabuelos comenzaron a plasmar sus ideas de forma escrita, lo que puso fin a la prehistoria.

En otoño de 1835, el diplomático Henry Creswicke Rawlinson pudo ver con sus propios ojos –fue el primer occidental en hacerlo– el friso esculpido en la roca de Behistún, una montaña próxima a Kermanshah, en Irán. En él aparecía un poderoso monarca juzgando a unos cautivos. Debajo, había unas inscripciones que parecían explicar la escena. A Rawlinson le fascinaba la historia y viajó repetidamente a ese lugar para copiarlas, una tarea en la que casi se despeña.

De las tres lenguas que aparecían en la piedra solo pudo reconocer el persa aqueménida. Las otras dos eran el elamita y el babilonio, y todas se encontraban escritas en modo cuneiforme.

Entonces, la suerte se puso de su lado. La primera sección del texto contenía una lista de reyes persas idéntica a la descrita por

El fenicio –en la imagen–, que apareció en torno al 2000 a. C., fue el primer alfabeto real. Solo contenía unas dos docenas de letras, por lo que era fácil de aprender.

AGE

AGE

Henry C. Rawlinson estuvo a punto de perder la vida mientras estudiaba la inscripción de Behistún, en el actual Irán, que recoge un texto en persa, elamita y babilonio.

Heródoto. Rawlinson sabía sus nombres, con lo que los intentó hacer coincidir con las inscripciones que iban inmediatamente detrás de los símbolos más repetidos en las doscientas líneas de persa de la roca de Behistún.

En 1838, tras horas y horas de paciente estudio, pudo descifrar un mensaje que había sido plasmado veinticinco siglos antes, y con él, esta advertencia: «Tú, cuando pases en el futuro, verás esta inscripción de figuras humanas que he grabado en la roca. ¡No borres o destruyas nada! ¡Preservalas intactas en tanto que la posteridad perdure!».

Rawlinson acababa de descifrar la escritura cuneiforme del persa antiguo, una de las formas de expresión escrita más vetustas. De hecho, la escritura cuneiforme fue adoptada por acadios, elamitas, hititas, hurritas… E inspiró distintos alfabetos.

La escritura más arcaica conocida se encuentra en una tablilla cubierta de signos protocuneiformes hallada en Irak que data de 3500 a. C. ¿Apareció entonces esta técnica en Mesopotamia y de ahí se extendió por todo el mundo? En realidad, se cree que se desarrolló independientemente en Mesopotamia (entre 3500 a. C. y 3100 a. C.), Egipto (hacia 3250 a. C.), China (en 2000 a. C.) y Mesoamérica (hacia 650 a. C.).

EL ALFABETO

En el 2700 a. C., la escritura egipcia incluía veintidós jeroglíficos. Estos se usaban como guías de pronunciación para logogramas –la unidad mínima de un sistema de escritura que por sí sola representa una palabra–, escribir inflexiones gramaticales y, tiempo más tarde, para transcribir palabras prestadas y nombres extranjeros. Pero no eran un verdadero alfabeto. Algunos expertos creen que el primer sistema alfabético fue el protosinaítico, que surgió en Egipto hacia 1700 a. C. cuando los trabajadores semíticos adaptaron algunos jeroglíficos para escribir en su lengua, pero los pocos textos existentes no permiten saberlo.

El fenicio, que apareció en torno al 2000 a. C., fue el primer alfabeto real. Solo contenía unas dos docenas de letras, por lo que era fácil de aprender. Además, al ser completamente fonémico, se podía usar para escribir palabras en otros idiomas.

17. La agricultura

El tránsito de las sociedades de cazadores-recolectores a las de campesinos y granjeros sedentarios dio origen a la civilización.

Todo sucedió en algún momento hace como mucho 14 000 años, en el llamado Creciente Fértil, la región que incluye el Mediterráneo oriental –Siria, el Líbano, Jordania, Israel y Palestina–, el sureste de Turquía, Irak y el oeste de Irán. Allí es donde sitúan los arqueólogos la revolución del Neolítico, uno de los hitos de la historia humana más importantes y estudiados: el momento en que nuestros antepasados pasaron de ser nómadas y cazadores-recolectores a sedentarios y productores.

Tres cereales forman el triunvirato de fundadores de la agricultura: el trigo racimal (*Triticum turgidum*), que echa más de una espiga al final de la caña; la cebada (*Hordeum vulgare*); y el trigo alonso (*Triticun*

GETTY

Durante miles de años, nuestros ancestros usaron morteros parecidos a este, que forma parte de los utensilios incluidos en la recreación de un poblado de más de 4000 años hallado en Suecia.

monoccocum), de caña cerrada y espiga ancha, que produce mucho salvado y poca harina. Su domesticación vino acompañada de otras especies, como el guisante, la lenteja, el garbanzo, la arveja amarga y el lino.

En cada caso se ha logrado identificar la variedad silvestre original, lo que ha servido para entender las diferencias entre ellas y las domesticadas. En el caso del trigo alonso, por ejemplo, la principal distinción se encuentra en cómo se dispersan las semillas: la salvaje tiene espigas quebradizas y las espiguillas individuales se rompen al madurar; en la doméstica, las espigas son menos frágiles y solo se rompen durante la trilla. Dicho de otro modo, para que el trigo alonso domesticado sobreviva, necesita ser cosechado y sembrado. Por otro lado, la comparación del ADN de las diversas clases de trigo encontradas en todo el Creciente Fértil muestra que son básicamente la misma, lo que apunta a que la citada domesticación solo se hizo una vez.

A lo largo de los años, los arqueólogos han identificado el puñado de lugares donde pudo darse el nacimiento de la agricultura, como Tell Abu Hureyra y Tell Aswad, en Siria; Karaca Dag, en Turquía;

TISARP / UNIVERSIDAD DE TUBINGA

AGE

En el yacimiento sirio de Jerf el-Ahmar –derecha–, de 9200 a. C., han aparecido restos de primitivas prácticas agrícolas. Hace 11 500 años ya se cultivaba cebada en Chogha Golan (Irán) –izquierda–.

y Netiv Hagdud, Gilgal y Jericó, en el valle del Jordán. Todos estos enclaves tienen una antigüedad de entre unos 12 000 y 10 000 años y se encuentran situados en la zona occidental del Creciente Fértil, por lo que la agricultura podría haber tenido un único origen.

Sin embargo, en 2013 la revista *Science* publicó un artículo donde se cuestiona esta conclusión. La arqueóloga Simone Riehl, de la Universidad de Tubinga (Alemania), que había estado excavando en el yacimiento de la aldea agrícola de Chogha Golan, en las estribaciones de las montañas de Zagros, en el oeste de Irán, afirmaba que sus pobladores comenzaron a cultivar cebada, trigo y lentejas silvestres hace más de 11 500 años y que las formas domesticadas de trigo aparecieron allí hace 9800 años, casi al tiempo que en los lugares conocidos anteriormente citados.

El hallazgo de piedras de moler y morteros y de restos de vegetales carbonizados apuntan en esa dirección y han permitido establecer la antigüedad del asentamiento: Chogha Golan estuvo ocupada ininterrumpidamente desde alrededor de 11000 a. C. hasta 7700 a. C., lo cual coincide con la edad de los restos encontrados en el oeste del Creciente Fértil.

El afroamericano que salvó la agricultura sureña

En 1864 nació en una pequeña ciudad del estado de Misuri George Washington Carver –en la imagen que acompaña estas líneas–. No existe un registro exacto de la fecha, pero se sabe que sucedió hacia finales de la guerra civil norteamericana y que vino al mundo como esclavo.

A los pocos meses de nacer, unos forajidos raptaron al pequeño George y a su madre. A ella la vendieron antes de que su dueño, Moses Carver, pudiera recuperarla. Al niño pudo rescatarlo. Los Carver, quizá conmovidos, lo adoptaron. Conforme fue haciéndose mayor, dio señales de tener una gran inteligencia, pero su familia no podía darle estudios, pues en la ciudad no había escuelas para negros. Por ello, le enviaron a la capital del condado, a una con una única aula, setenta niños y un profesor.

Al terminar su formación, el joven Carver decidió ir a la universidad, pese a que no era fácil encontrar una que admitiese estudiantes negros. Al final pudo ingresar en el Simpson College, en Iowa: era el primero que se matriculaba allí. Después, lo hizo en la Universidad Agrícola de ese mismo estado y acabó de director del Departamento de Investigaciones Agrícolas del Instituto Tuskegee para negros.

Allí empezó a estudiar siete hectáreas de la que se decía era la peor tierra de Alabama. El problema del suelo sureño era que estaba agotado por los constantes cultivos de algodón y tabaco y carecía de minerales, pero Carver sabía que un suelo inútil para un determinado producto podía servir para otro. Tras una ardua lucha, consiguió que los agricultores de la zona introdujesen la rotación de cultivos y plantaran cacahuete y boniato en vez de algodón. La producción de ambos fue tan grande que las cosechas no se pudieron vender como alimento. Carver volvió entonces al laboratorio y descubrió que del cacahuete podía extraer trescientos productos sintéticos, como colorantes y jabón.

18. El saneamiento

La construcción de alcantarillas y sumideros en las ciudades evitó que muchas enfermedades se extendieran entre sus habitantes.

En el Neolítico, ya existían pozos protegidos que permitían contar con agua limpia siempre que era necesario, pero hasta 4000 a. C. no encontramos la primera instalación de saneamiento, en Babilonia. Se trata del pozo negro. No era algo que exigiera unos grandes conocimientos de arquitectura o ingeniería. Bastaba con hacer un agujero en el suelo. Sus inventores formaban parte de una civilización que dependía de la gestión del agua de los ríos Tigris y Éufrates, así que acabaron desarrollando un sistema hidráulico básico para el transporte del agua. Entonces, aplicaron sus conocimientos a la conducción de las heces a los sumideros, mediante el lavado con cubos de agua y las primeras tuberías de arcilla.

Agua limpia y saneamientos siempre han ido de la mano, y así lo demostraron las gentes del valle del Indo hacia 3000 a. C., cuando introdujeron en sus urbes tanto el suministro público de agua como el alcantarillado. En Mohenjo-Daro (Pakistán), por ejemplo, vemos los primeros edificios con letrinas conectadas a un sistema de descarga. Los ciudadanos echaban agua en ellas y las canalizaciones la conducían a un sumidero o al Indo.

En ausencia de grandes ríos donde verter las aguas residuales, estas se usaron para fertilizar los campos. Esto sucedió en la antigua Grecia. Los sistemas de alcantarillado las llevaban a las afueras de las ciudades, hacia un vertedero, y desde allí, a los campos de cultivo mediante un sistema de tuberías.

En Roma, se produjo un gran avance en este sentido. Sus ingenieros consiguieron separar las citadas aguas residuales mediante una red de alcantarillas urbanas. Por desgracia, la población continuó tirando los residuos a la calle hasta el año 100 a. C., cuando un decreto obligó a conectar todos los hogares a ese sistema.

El uso de las letrinas también se generalizó y su diseño se hizo más cómodo: se pasó de defecar en cuclillas a sentado. Asimismo, se ideó

John Snow –arriba– mostró que el cólera se debía al consumo de agua con restos de materia fecal.

cómo recuperar el agua ya utilizada en baños y baños termales para lavar las letrinas públicas.

Ahora bien, aunque los romanos tenían claro el concepto de higiene, aún estaban lejos de conocer el de desinfección. Las aguas residuales se evitaban principalmente debido a su mal olor, pero nada se sabía de su insalubridad. Para que alguien se percatara de eso tendrían que pasar casi dos mil años.

Antes, con la llegada de la Edad Media, la cultura de la limpieza desapareció de muchos lugares. Numerosas ciudades del Viejo Continente se fueron llenando de suciedad y heces, y de ese modo se propagaron distintas enfermedades, como la tuberculosis, el cólera y la viruela. Esto causó un rápido descenso en la esperanza de vida, que en algunos momentos llegó a ser menor de treinta años. La puntilla a la higiene llegó con la peste negra, que comenzó en 1348 y en apenas tres años acabó con un tercio de los europeos.

En la España musulmana, las cosas habían sido distintas. Se sabe que en Córdoba o Granada se separaban tres tipos de agua: el agua de lluvia, esencial para la vida; las aguas grises, que se originan en actividades domésticas; y las aguas residuales. La cultura árabe, que nació en un clima de sequedad extrema, valoraba la lluvia como si fuera un regalo divino, así que en sus territorios se solía conducir cuidadosamente a cisternas para su uso posterior. El agua gris doméstica se eliminaba de patios de casas a través de desagües subterráneos o tuberías en la superficie, mientras que las aguas residuales contaban con tuberías independientes que la llevaban hacia los pozos negros.

La llegada del Renacimiento y la Ilustración significó una revolución en las artes y la ciencia, pero no lo fue en lo que se refiere al asunto que estamos tratando: durante el siglo XVII, en casi todos los núcleos urbanos europeos la inmundicia y el olor eran insoportables.

AGE

Mohenjo-Daro, en el valle del Indo, contaba con alcantarillas hace 4500 años.

La defecación al aire libre era una práctica habitual, los pozos negros estaban saturados, los ciudadanos continuaban arrojando sus heces y orines a las calles, donde las alcantarillas, que en esencia eran zanjas abiertas, las llevaban a duras penas a los ríos.

Los avances en las técnicas de recolección y distribución de agua no se aplicaron al saneamiento. París es el ejemplo perfecto de aquella gran paradoja: mientras la ciudad alcanzaba los niveles más altos de pestilencia hacia 1660, se instalaban las famosas fuentes y estanques en los jardines del palacio de Versalles, que no tenía ni un mísero excusado.

La situación en Londres era similar. La metrópoli apestaba, y muchos pozos negros se filtraban en diferentes vecindarios. La introducción del retrete, que reemplazó a la bacinilla, incrementó el volumen de vertidos a los mencionados pozos, que rebosaban hacia los desagües de las calles. Estos estaban diseñados para recoger la lluvia, no las aguas residuales, con lo que estas fluían entre los edificios, junto con los desechos de fábricas y mataderos, antes de descargar en el Támesis. Para 1830, la situación se volvió insoportable. A la fetidez que emanaba de la ciudad –que culminó con el famoso episodio del

Los 350 km de túneles que integran el servicio de alcantarillado de Bruselas recogen la lluvia y las aguas residuales. Una parte está ocupado por un museo –en la foto– que permite conocer su funcionamiento.

Gran Hedor que vivió la capital inglesa en el verano de 1858– se unieron varias epidemias de cólera.

Durante una de ellas, en 1847, un médico llamado John Snow, que había dedicado su vida al estudio de las enfermedades contagiosas, llegó a la conclusión de que la causa de aquel mal era el agua potable contaminada con materiales fecales. Unos años más tarde, Louis Pasteur demostraría que los microorganismos presentes en ellas propiciaban muchas de esas enfermedades, con lo que destronó de una vez por todas la teoría del miasma, cuyos defensores sostenían que, en realidad, eran transmitidas por unos misteriosos malos aires.

Como resultado de todos esos conocimientos, se modificó la legislación, y el saneamiento pasó a ser un tema central en la política de las ciudades.

19. El dinero

El hecho de conferir un valor a los bienes y servicios y adquirirlos con monedas o documentos de pago revolucionó la economía.

El concepto de dinero ha estado entre nosotros desde que aparecieron las primeras civilizaciones. Así, hace cinco mil años ya se usaban conchas como moneda en China, y los antiguos mesopotámicos incluso desarrollaron un sistema bancario donde las personas podían depositar granos, ganado y otros objetos de valor para su custodia o comercio.

Cuestión aparte es el origen de las monedas. Estas aparecen como método de pago alrededor del siglo VII a. C., pero su invención está envuelta en el misterio. Según el historiador griego Heródoto, ocurrió en Lidia, en el oeste de Anatolia: «Hasta donde sabemos, ellos [los lidios] fueron los primeros en introducir el uso de monedas de oro y plata, y los primeros en vender productos al por menor», indica. Esas piezas, bastante toscas, estaban hechas de electro, una aleación que se da de forma natural entre el oro y, como mucho, un 44 % de plata, además de tener trazas de cobre y otros metales.

Sin embargo, según Aristóteles, las primeras monedas fueron acuñadas por Demodice de Cime, la esposa del rey Midas de Frigia. Eso sí, como sucede con los mitos, hay un problema con las fechas. Existió un verdadero rey Midas, pero vivió en el siglo VIII a. C., y, según parece, las monedas no aparecieron hasta bastante tiempo después.

Una tercera opción, defendida por numerosos numismáticos, es que las primeras monedas se acuñaron en la isla griega de Egina, por los gobernantes locales o por el rey Fidón de Argos.

De un modo u otro, se exportaron desde la citada Anatolia hasta todo el mundo. Así, Egina, Samos y Mileto fabricaron monedas para los egipcios, y cuando Lidia fue conquistada por los persas en el 546 a. C., su uso se extendió por el territorio de los vencedores. Los fenicios, por su parte, no las acuñaron hasta mediados del siglo V a. C., pero entonces se extendieron rápidamente entre los cartagineses, que las acuñaron en Sicilia. Los romanos comenzaron a hacerlo a partir del 326 a. C.

Esta moneda de electro –una aleación de oro y plata– acuñada en Lidia, en el oeste de Anatolia, entre los siglos VII y VI a. C., es una de las más antiguas existentes.

El papel moneda, por su parte, apareció por primera vez en China, durante la dinastía Tang, entre los años 618 y 907. Surgió por iniciativa de los comerciantes de té, uno de los productos más vendidos en la región. Como les preocupaba tener que transportar de un lado para otro los valiosos lingotes de plata que se usaban como pago, optaron por usar una especie de recibos, a lo que se puso el nombre de *dinero volador*. No obstante, la idea no caló demasiado, ya que cuando tenían que hacer grandes transacciones les daba más seguridad llevar consigo los mencionados lingotes.

Su uso fue abandonado durante un tiempo, pero esta forma de dinero regresó en el siglo XI, cuando se extendió igualmente en China el primer papel moneda, llamado *jiaozi*, y que, en esencia, se trataba de billetes que funcionaban como comprobantes de crédito. Unos trescientos años después, gracias a viajeros como Marco Polo, el papel moneda llegó a Europa.

No obstante, la primera emisión del mismo no se produciría hasta 1661. La llevó a cabo el Banco de Estocolmo, propiedad de un imaginativo comerciante llamado Johan Palmstruch. No era más que una entidad de depósito, pero este letón-holandés introdujo varias innovaciones. Por una parte, decidió emplear el dinero de las cuentas para financiar préstamos. No fue una buena política, porque la gente no dejaba mucho tiempo su dinero en el banco y los préstamos, obviamente, eran a largo plazo. Entonces, se le ocurrió introducir los billetes, que un ciudadano podría intercambiar cuando quisiera por

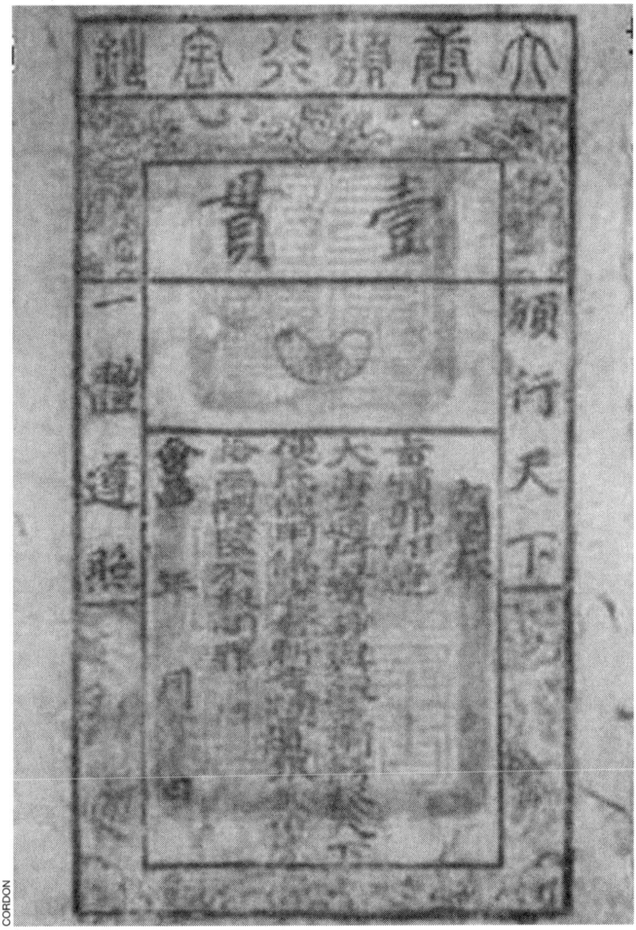

CORDON

El *dinero volador* –arriba– era fácil de transportar. Se introdujo en China durante la dinastía Tang, entre 618 y 907, y daría paso al papel moneda, que igualmente se implantaría allí en el siglo XI.

su valor en oro o plata. Aunque se hicieron muy populares, cometió un tremendo error: imprimió más de los que sus reservas podía garantizar, por lo que el banco entró en bancarrota en 1663.

En este sentido, se dio un último avance en 1782, cuando se fundó Estados Unidos. Uno de los problemas con los que tuvieron que lidiar sus primeros dirigentes era la ausencia de una moneda única. Los norteamericanos utilizaban los doblones y los llamados dólares españoles, los juanes portugueses, las libras, los chelines y los peniques británicos, los francos y las guineas francesas y muchas otras más, como los ducados, piezas de a ocho y coronas, cada una de ellas con diferentes valores en cada estado.

El hombre que puso orden en aquel revoltijo fue un aristócrata de una sola pierna, embajador de su país durante el Reinado del Terror en Francia, miembro del Congreso Continental y ayudante del ministro de Hacienda: Gouverneur Morris.

En 1782, el Congreso le pidió que realizara un informe sobre la situación de las monedas que circulaban por sus territorios. Al final de su escrito sugirió un plan de decimalización para el futuro sistema monetario estadounidense. Era algo novedoso, pues los países europeos no seguían el sistema de fraccionamiento decimal usado hoy en día.

La propuesta interesó a Thomas Jefferson, y se decidió que la moneda oficial sería ese dólar español dividido en cien centavos. Se representaría con una mezcla de las letras *P* y *S*, tomadas de la palabra hispana *pesos*, lo que dio origen al famoso símbolo que lo representa.

Los cheques y los templarios

Durante buena parte de la Edad Media no hubo lugar más seguro que los monasterios y conventos templarios. Por eso, la orden los convirtió en bancos de depósitos de dinero en efectivo, joyas y documentos importantes. A partir de 1130, la Orden del Temple empezó a usar sus propias reservas para conceder préstamos con interés. Incluso permitía dejar una cierta cantidad de dinero en un convento y, siempre que pudiera mostrarse una carta adecuada, retirar esa misma cantidad de otro diferente. Acababa de aparecer el cheque.

De ese modo, también era posible realizar los pagos de las cruzadas en Tierra Santa a través de los conventos del Temple: se depositaba una cantidad en una de sus instalaciones en Europa y se podía retirar en las que tenía en Oriente. Asimismo, en ellas se podían mantener lo que hoy llamaríamos una cuenta corriente.

En el siglo XIII, los templarios se habían convertido en banqueros tan competentes y confiables que los reyes de Francia y otros nobles guardaban sus tesoros en sus encomiendas.

GETTY

20. La democracia

Hace 2 500 años se presentó en Atenas un innovador sistema político que permitía a los ciudadanos involucrarse en el Gobierno.

Atenas estrenó el siglo V a. C. poniendo a prueba un experimento social pionero: la democracia directa. En ella, todos los ciudadanos tenían la capacidad de decidir sobre la gobernanza de la polis. Tiempo después, sus aliados y sus colonias también asumieron como propio tal sistema, pero, desde entonces, rara vez se ha vuelto a intentar implantar en otro lugar. Suiza es el único país que posee mecanismos de democracia directa a nivel de ayuntamientos, de cantones y del estado federal.

Una fórmula de este tipo suele exigir dos condiciones previas: la primera, que la comunidad sea lo suficientemente pequeña como para que los ciudadanos puedan asistir a los debates y a las votaciones; la segunda, que disfruten de una economía desahogada, lo que les permitirá tener el tiempo libre necesario como para involucrarse en la política. En la Antigüedad, tal cosa significaba que los votantes debían contar con suficientes esclavos para delegar en ellos la mayor parte del trabajo. Pero en aquella democracia ateniense no podía participar cualquiera que viviera en la polis. Para ser considerados ciudadanos, sus moradores debían ser hombres mayores de dieciocho años e hijos de padre ateniense –a partir del 451 a. C. se exigió que la madre también había de serlo–. Esto significaba que de la población total de Atenas solo el 20 % tenía derecho a voto.

La democracia directa llegó por etapas, impulsada por las reformas lanzadas por Solón en el año 594, Clístenes en el 508 y Pericles en el 462. De los tres, el más relevante y al que los historiadores consideran el padre de la democracia ateniense es el segundo de ellos.

Al final, el sistema que surgió a mediados del siglo V hacía que los ciudadanos se involucrasen en el gobierno de diferentes maneras. Todos tenían voz en el foro más alto de la nación, la *ekklesía* o asamblea, que se reunía cuatro veces al mes en la colina del Pnyx, un alcor rocoso situado en el centro de Atenas y a poca distancia de la acrópolis. Cuando había asuntos importantes por decidir, asistían

CNG / GNU

Denario romano del siglo I a. C. acuñado con la introducción del voto en una cesta.

hasta cinco mil personas, si bien no siempre era fácil reunir una gran multitud. La participación no estaba remunerada, aunque hacia el 400 a. C. se introdujo el pago por hacerlo, para compensar la pérdida de tiempo en el trabajo. Inicialmente, cualquier individuo podía dirigirse a los demás cuando el heraldo preguntaba: «¿Quién quiere hablar?». Pero no era fácil hacerlo ante tanta gente al aire libre; la mayor parte del tiempo lo hacían siempre los mismos, unos políticos semiprofesionales conocidos como *rhetores* u oradores.

Los asuntos del día, como recoger las proposiciones de ley de los ciudadanos y establecer el orden de las sesiones de la *ekklesía*, se debatían en otro organismo de quinientos miembros, el *boulé* o consejo, donde, en principio, era más fácil participar en las deliberaciones, pues los miembros se elegían cada año por sorteo. Además, en este consejo de los quinientos cada miembro servía durante un mes como uno de los cincuenta pritanos que dirigían la administración diaria de la ciudad; había diez meses en el año ateniense; cada concejal, por así decirlo, tenía un mandato mensual. El presidente del *boulé* cambiaba todos los días, nuevamente seleccionado por sorteo entre los *pritanos*.

No obstante, el formato griego no cuajó en Roma, que se organizó en torno a la democracia representativa, que es la que ha servido de modelo a las actuales.

En su célebre oración fúnebre, Pericles ensalzó las bondades de la democracia ateniense, momento que recoge esta obra de Philipp von Foltz, de 1852.

Las declaraciones de derechos

Tras conquistar la ciudad de Babilonia, en el 539 a. C., el rey persa Ciro II el Grande hizo algo totalmente inesperado: liberó a todos los esclavos, ordenó que regresaran a sus casas y, además, declaró que las personas deberían ser libres de elegir su propia religión. Hay quien considera el Cilindro de Ciro, una tableta de arcilla que contiene sus declaraciones –en la imagen que acompaña estas líneas–, lo más cercano a una primera declaración de derechos humanos en la historia. Sin embargo, muchos expertos consideran tal cosa un anacronismo.

Algo parecido ocurrió con Ashoka, que gobernó Maurya, el primer gran imperio de la India, desde el 268 hasta el 232 a. C. Después de la guerra de Kalinga contra un estado vecino –uno de los enfrentamientos más sangrientos en esta región–, Ashoka adoptó el budismo. A causa de ello abandonó su política expansionista y se embarcó en una serie de reformas humanitarias. Así, proclamó treinta y tres edictos que mandó inscribir en cuevas, muros, rocas y en los así llamados pilares de Ashoka, unas columnas repartidas por el imperio, con lo que logró hacer llegar su contenido a toda la población.

Tales edictos se refieren en su mayoría a la práctica budista –de hecho, son la primera prueba histórica tangible de la existencia de esta doctrina–. Entre todos ellos se encuentra lo que algunos han dado en llamar la Ley de la Piedad que, en esencia, dictamina lo siguiente: queda prohibida la discriminación religiosa, la crueldad contra los seres humanos y animales y la matanza de prisioneros de guerra; se procurará el cuidado de los enfermos, y si la tierra no produce remedios adecuados, el imperio los importará y no permitirá que ninguna persona quede sin apoyo familiar u oficial para así garantizar su sustento; además, en las infracciones de los subordinados solo se condenará el hecho, pero sin causar dolor al infractor. Por todo ello, este texto se suele calificar como una protodeclaración de derechos.

21. La donación de Constantino

El documento del que supuestamente emana la autoridad política de los papas y que modeló la historia europea resultó ser falso.

Puede resultar extraño descubrir que la mayor falsificación de la historia de Europa fuera uno de los inventos que más han cambiado esa historia, pero así fue. Gracias a ella, el papado pudo argumentar su derecho a gobernar sobre Roma y reclamar obediencia a ciertos territorios italianos, que serían conocidos como los Estados Pontificios, además de proclamar su superioridad ante la Iglesia de Oriente.

Todo comenzó el 12 de febrero de 1049, cuando el hijo de un conde de Alsacia fue elegido sumo pontífice y pastor supremo de la Iglesia. Adoptó el nombre de León IX. En ese momento, el nuevo papa tenía que lidiar con dos problemas que ya venían de largo. Por un lado, estaba el enfrentamiento secular entre el papado y el Sacro Imperio Romano Germánico. Hasta entonces, muchos pontífices habían sido elegidos por reyes. De hecho, el propio León IX fue designado por Enrique III en un congreso de príncipes y obispos celebrado en la ciudad de Worms, a orillas del Rin. León IX no asumió el cargo hasta que fue refrendado por el pueblo y el clero romanos. Con ello quería decir que no se iba a considerar papa hasta que fuera elegido por la propia Iglesia. Pero los emperadores siempre lo habían tenido claro: ellos eran la cabeza visible de la misma y, por lo tanto, tenían más autoridad que el papado. En ese momento, Enrique III era un encendido defensor de esta doctrina.

Todo acabaría explotando en el año 1075 –el asunto se conocería como la Querella de las Investiduras–, cuando el papa Gregorio VII emitió un *Dictatus papae* donde afirmaba la absoluta supremacía del sumo pontífice: sería este el que nombrara obispos, príncipes y emperadores. Además, estableció el principio de infalibilidad de la Iglesia e impuso el voto de castidad para los sacerdotes, que hasta entonces podían casarse.

Este era el frente de batalla por el poder político, pero León IX tenía otro de carácter teológico: las tensiones con la Iglesia de Oriente y, en particular, con el patriarca de Constantinopla Mi-

AGE

Uno de los frescos que adornan la basílica de los Cuatro Santos Coronados, en Roma, muestra cómo el emperador Constantino I reconoce la supremacía del papa Silvestre.

guel I Cerulario. Estas fricciones, que se remontaban a la caída del Imperio romano de Occidente, se habían exacerbado por la controversia del denominado *Filioque* del Credo cristiano. Durante el III Concilio de Toledo, que comenzó el 7 de abril de 589, se produjeron dos acontecimientos muy significativos. Por una parte, los visigodos abandonaron el arrianismo y se convirtieron oficialmente al catolicismo. De este modo, sus reyes se hicieron protectores de la nueva religión oficial. Además, se dio un cambio ínfimo, pero de enorme importancia en el credo, la profesión dogmática de fe de los cristianos: se añadió el citado término *Filioque*, que se traduce como «y del Hijo».

Hasta ese momento, el Credo, definido después de arduos debates teológicos y no tan teológicos en los concilios de Nicea (325) y Constantinopla (381), decía que el Espíritu Santo «procede del Padre». Con la inserción del nuevo término, el Espíritu Santo pasaba a tener dos progenitores, pues «procede del Padre y del Hijo». Esta nueva fórmula se mantuvo en segundo plano hasta que en el 1014 se incorporó a la liturgia de Roma, durante la coronación

Leon IX en una capilla en Eguisheim (Alsacia)– usó la donación de Constantino para arrogarse la primacía sobre los otros patriarcas.

del emperador Enrique II. Entonces, las desavenencias entre las Iglesias se hicieron más patentes.

Para los cristianos orientales, el añadido era una barbaridad. En el año 863 ya había provocado un breve cisma –que terminó en el 867–, alentado por el entonces patriarca de Constantinopla, Focio, un hábil político y uno de los hombres más cultos de su tiempo. Había sido nombrado por el emperador bizantino Miguel III el Borracho, porque el anterior, Ignacio, le había negado la comunión por estar amancebado con su nuera. Enfadado, le desterró en el 858 y nombró a Focio, que entonces era oficial mayor de su guardia.

En todo caso, para la Iglesia de Oriente la inclusión del *Filioque* era un dislate, hasta el punto de decir que en Roma estaban enseñando una «fe absolutamente diferente». Pero para Roma, era algo obvio, pues reafirmaba la consustancialidad de Padre e Hijo y la de uno de sus dogmas más básicos, la Trinidad. Que la Iglesia de Oriente no lo aceptara suponía que negaban todo esto. Al final, esta controversia, junto con la lucha por la supremacía eclesiástica, provocaron el Gran Cisma de 1054, en el que el papa y el patriarca se excomulgaron mutuamente.

Así estaban las cosas cuando León IX se sentó en el sillón de Pedro. Y para esta lucha que le esperaba buscó entre su arsenal un arma que le sirviera. Pues bien, la encontró en un supuesto documento del emperador Constantino I, en el que, en el siglo IV, concedía al papa de entonces –Silvestre I– y a sus sucesores poder, dignidad e insignias imperiales, además de la soberanía perpetua «sobre Roma, las provincias y las ciudades de toda Italia o de las provincias occidentales». También le adjudicaba la primacía sobre el resto de los patriarcados: Antioquía, Alejandría, Constantinopla y Jerusalén.

En el año 1054, León IX envió una carta a su homólogo de Constantinopla en la que citaba profusamente este texto. Quizá pensaba que, de ese modo, zanjaría de una vez por todas la discusión. Craso error. Aquella donación de Constantino no tuvo el efecto deseado, pero sirvió a los fines de la Iglesia: no solo mantuvo la libertad e independencia eclesiásticas frente al poder civil, sino que le permitió defender su poder terrenal y temporal sobre Roma y aledaños. Es precisamente por ello por lo que hoy podemos disfrutar de ese pequeño país que es el Vaticano.

En el siglo XV se demostró que el documento era un fraude. Sobre cuándo se hizo –ya se conocía y aceptaba hacia el 850– y dónde –pudo ser en Roma o en la abadía de Saint-Denis, cerca de París– solo se puede especular, pero lo que está claro es que la Iglesia no renunció a los privilegios que consiguió gracias a él.

22. Las escuelas

La transmisión de los conocimientos, una práctica exclusiva de las élites y ciertos gremios en el pasado, es un pilar de la civilización.

Las primeras escuelas estuvieron ligadas, obviamente, al desarrollo de la escritura. Por ello, no es de extrañar que nacieran en Sumeria hacia el año 3500 a. C., cuando apareció la grafía cuneiforme. Se han encontrado libros de texto –o, mejor dicho, tablillas de texto– en la ciudad de Uruk, en la ribera oriental del Éufrates. Aquellos consistían en cientos de tablillas de arcilla que contenían listas de palabras. Por su disposición, parece que la idea era memorizarlas.

Aunque la mayoría de las tablillas que se han descubierto tienen que ver con memorandos financieros y administrativos, esa especie de láminas de estudio indican claramente que no mucho después de la invención de la escritura ya se había diseñado una enseñanza rigurosa y formal de la misma. A mediados del tercer milenio había escuelas donde se impartía clase a niños y adolescentes. Es más, se han

Esta tablilla sumeria de cuatro mil años describe en caracteres cuneiformes un ejercicio escolar.

encontrado el equivalente a apuntes y tareas para casa que datan del año 2500 a. C., en la ciudad de Shurupak.

Ahora bien, como los hijos solían continuar con la tradición familiar, los de un carpintero aprenderían el oficio de su padre y terminarían trabajando la madera. De ahí que solo los vástagos de los reyes, nobles y escribas recibieran esa formación. Aunque no era común que las niñas acudieran a la escuela, tampoco estaba prohibido, pues se sabe que en Mesopotamia había escribas mujeres.

El trabajo al que se enfrentaban los alumnos era duro, ya que aprender con soltura la escritura cuneiforme exigía destreza y concentración. Lo recoge uno de sus proverbios: «Quien busque destacar en la escuela de los escribas debe levantarse al amanecer». Eso sí, se trataba de un empleo con futuro, pues permitía desde llevar la contabilidad y los asuntos administrativos hasta redactar albaranes, contratos de compraventa o simples cartas. Así, no es extraño que su número aumentara hasta acabar convirtiéndose en una clase social.

Los restos arqueológicos permiten deducir que la educación de los escribas se realizaba en casas privadas llamadas *eduba*, 'escuelas de escribas'. El mejor ejemplo es la Casa F, en la ciudad de Nippur, donde se han encontrado alrededor de 1500 trozos de tablillas datadas hacia 1750 a. C.. Pues bien, la mayoría consiste en diferentes ejercicios escolares hechos por estudiantes.

GETTY

GENNARO BOLOGNA / CC

La madrasa y Universidad de Qarawiyyin, ubicada en Fez, perdura desde el año 859. No obstante, en sentido estricto, la de Bolonia, que data del siglo XI –a la derecha, en una talla medieval– es la institución de este tipo más antigua.

Lo que podríamos definir como la educación primaria consistía en aprender a lo largo de cuatro cursos los conceptos básicos del cuneiforme, para lo que era preciso escribir largas listas de signos y palabras y copiar textos simples.

En primero, conocían las técnicas de escritura, como trabajar la arcilla y las tablillas y el manejo del cincel para hacer los tres tipos de cuña –horizontal, vertical y oblicua–, empezaban a dominar los signos básicos y a escribir el nombre de las personas. El estudiante asimilaba el alfabeto silábico B, que consiste en signos o sílabas con cierto parecido a las palabras sumerias, pero con poco significado. Se empleaba como una cartilla para enseñar al alumno a conocer los signos correctos.

En segundo, se memorizaban y escribían listas de palabras organizadas por temas, como las del grupo de la madera o las del de la piel y el cuero. En tercero, iban un poco más allá y aprendían los números, las medidas y las fórmulas comunes utilizadas en los contratos económicos. Además, incorporaban listas de palabras más complejas. En cuarto, empezaban a trabajar oraciones completas en sumerio, copiaban modelos de contratos y textos legales y, finalmente, proverbios. Esto les servía de transición a la educación secundaria, compuesta de solo dos cursos y cuyo objetivo era que el escriba

ARCHIVE COLLECTION

En esta copia del siglo XIV de los *Elementos*, de Euclides, puede verse cómo una dama enseña geometría a unos estudiantes, algo muy inusual. Según los expertos, podría tratarse de una personificación de la disciplina.

aprendiera a redactar textos completos y a disfrutar de las principales composiciones de la literatura sumeria.

¿Qué ocurría entonces con los centros de enseñanza superior, donde se podía aprender astronomía o geometría? Para su aparición aún habrían de pasar cientos y cientos de años.

En el siglo IX, se fundaron las primeras escuelas de medicina, relacionadas con los bimaristanes, palabra persa que significa 'hospital' o 'casa de enfermos', unas instituciones donde se trataba a todo aquel que lo necesitara sin que tuviera que pagar nada –es lo mas parecido a la primera seguridad social del mundo–, pues se financiaban a través de donaciones.

En el mundo islámico, otra fuente de formación eran las madrasas, que, aunque a veces se suelen tomar por algo parecido a los seminarios católicos, en realidad es un término que designa cualquier tipo de escuela. En el 859, Fátima al-Fihri, la hija de un rico comerciante, decidió utilizar la fortuna que le había legado su padre al morir para construir una junto a la mezquita Al-Qarawiyyin, en Fez (Marruecos). En su origen, se trataba de un lugar de estudio del Corán y la jurisprudencia islámica, pero muy pronto derivó hacia la enseñanza de la gramática, la retórica, la lógica, la medicina, las matemáticas y la astronomía, lo que la convierte en la universidad más antigua del mundo.

Ahora bien, muchos historiadores occidentales se rebelan contra esa designación, porque consideran que la universidad no se define por lo que se enseña, sino por cómo se enseña. Se trataría de una comunidad de docentes que contarían con una serie de derechos, entre ellos, la autonomía administrativa y el diseño y la puesta en marcha de los planes de estudio, así como de los objetivos de la investigaciones y la concesión de títulos, que son reconocidos públicamente. Y eso es un producto puramente europeo. Considerándolo así, la universidad más antigua sería la de Bolonia, en Italia, fundada en 1088 y reconocida como tal en 1158.

23. El fuego

El dominio de esta fuerza fue un punto de inflexión en la historia evolutiva humana y determinaría nuestros avances tecnológicos.

Uno de los momentos más decisivos de la evolución cultural humana tuvo lugar cuando aprendimos a controlar el fuego. Se trata de una de las fuerzas más importantes en la Tierra, y que hayamos sabido usarla ha sido considerada como una propiedad definitoria de nuestra inteligencia. El fuego nos proporcionó calor frente al frío, defensa frente a los depredadores, un modo de crear nuevos instrumentos de caza; y cambió nuestra dieta y forma de comer, porque empezamos a cocinar.

La cueva de Qesem, en Israel, conserva los restos de un hogar que hace 300 000 años fue utilizado asiduamente. Supone el uso continuado del fuego más antiguo conocido.

GETTY

Se cree que un miembro del género *Homo* consiguió dominarlo hace entre 1,7 y 2 millones de años. Por lo tanto, no fue nuestra especie, sino alguna de nuestras antecesoras. En la cueva de Wonderwerk, en el norte de Sudáfrica, se han encontrado rastros microscópicos de cenizas de madera que muestran que los *Homo erectus* usaban el fuego hace un millón de años. No obstante, existen indicios de que ya lo hacían mucho antes, si bien no existe consenso sobre ello. En Koobi Fora, en la orilla oriental del lago Turkana, una zona famosa por los numerosos fósiles de homínidos descubiertos allí, se ha encontrado un sedimento enrojecido que pudiera provenir de un calentamiento a temperaturas de entre 200 °C y 400 °C.

Resulta obvio que nuestros antepasados tuvieron experiencia directa con el fuego a través de los incendios, principalmente provocados por rayos –el más antiguo registrado en la Tierra se identificó a partir del carbón vegetal hallado en unas rocas formadas durante el Silúrico, hace unos 420 millones de años–. Pero ¿cómo llegaron nuestros ancestros a controlarlo?

Sabemos que se necesitan tres cosas para hacer fuego: un combustible para quemar, oxígeno y una fuente de calor inicial. En África, donde vivían los primitivos *Homo* que lo obtuvieron por primera vez, existe el citado combustible en abundancia. Por otro lado, la atmósfera debe tener un nivel de oxígeno por encima del 15 %; si no, es imposible que prenda la vegetación. Dar con lo tercero es, sin embargo, mucho más peliagudo.

Es probable que en un principio la interacción humana con el fuego haya sido oportunista: se conservaba simplemente agregando el combustible necesario. Esta capacidad de prolongar su existencia en el tiempo fue, no obstante, una auténtica hazaña. Su fuente podrían haber sido los incendios naturales que se daban en la sabana africana.

Que nuestros ancestros vivieran allí fue toda una suerte, porque, según apuntan distintos modelos informáticos, estos biomas necesitan que ocurran fuegos de forma regular para mantenerse. De otro modo, acaban convirtiéndose en zonas de matorral y bosque. No es arriesgado suponer que los primeros humanos que los habitaban estaban acostumbrados a ver los mencionados incendios y seguir el rastro del fuego. Puede que su curiosidad, espoleada por los restos de las plantas y animales que no habían

AGE

En el yacimiento de Koobi Fora, en Kenia, se han encontrado indicios de que los *Homo erectus* ya controlaban el fuego hace 1,7 millones de años.

sobrevivido a la quema, llevase al descubrimiento del cocinado de los alimentos.

Tenemos constancia de que el fuego se usaba de forma continuada en un yacimiento de Israel que data de hace entre 400 000 y 300 000 años. También, de que, por entonces, un hogar era utilizado asiduamente en la cueva de Qesem, a doce kilómetros de Tel Aviv. Allí se han encontrado restos que indican que sus moradores asaban carne: hasta un tercio de los despojos óseos identificados –y más del 80 % de los que no lo han sido– fueron quemados.

Para entonces, se supone que nuestros ancestros ya eran capaces de iniciar un fuego usando pedernales, pero la prueba más antigua conocida de ello no tiene más de 40 000 años. Como dijo el arqueólogo estadounidense Andrew Sorensen, de la Universidad de Leiden (Países Bajos), «los arqueólogos aún tenemos que determinar en qué momento el fuego se convirtió en parte del kit de herramientas humanas».

24. La imprenta

La posibilidad de hacer múltiples copias de un escrito sin tener que reproducirlo a mano fue clave en la difusión de la cultura.

Cuenta la leyenda que en el sur de China, en la década del año 480, un tal Gong Xuanxuan, que se hacía llamar Gong *el Sabio*, afirmó que un ser sobrenatural le había entregado un sello de jade que permitía escribir sin usar un pincel: con él, bastaba con soplar sobre el papel y aparecían las letras representadas. Hay quien piensa que detrás de esta historia se encuentra la invención de algún tipo de dispositivo de impresión auténtico, y que la parte

El *Sutra del diamante* es el libro impreso más antiguo conocido: se publicó en China el 11 de mayo de 868.

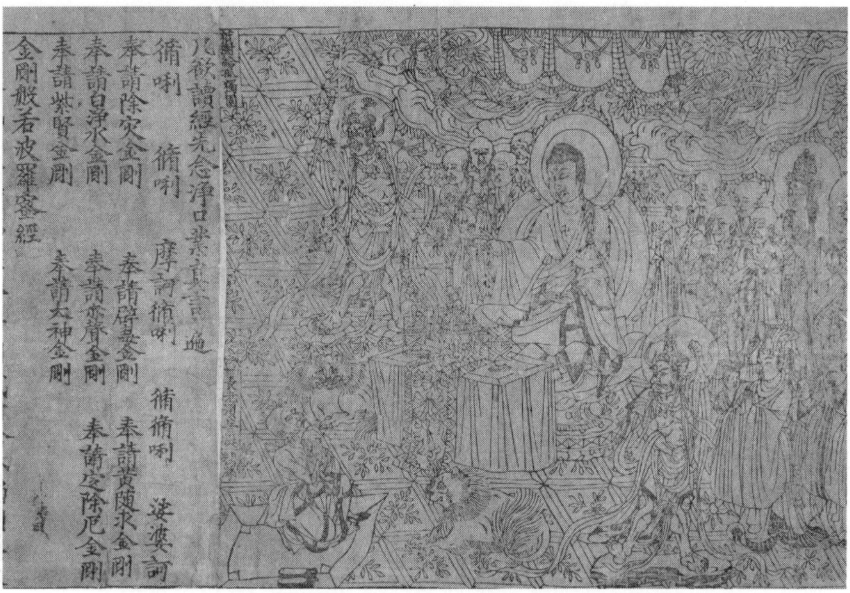

ARCHIVE COLLECTION

AGE

El inventor chino Bi Sheng ideó los primeros tipos móviles en el siglo XI.

mitológica está ahí para desconcertar y dar la sensación de que se trataba de algo mágico. No obstante, la historia de la imprenta va por otro camino.

En 1907, un monje taoísta llamado Wang Yuanlu empezó a vender los libros y manuscritos que había encontrado en las cuevas de Mogao, en Dunhuang, una ciudad china que fue muy importante en los tiempos de la antigua ruta de la seda. Entre sus compradores estaba el explorador de origen húngaro pero naturalizado británico Marc Aurel Stein. Los textos incluían todo tipo de temáticas: historia, cálculo, canciones populares, danzas... Muchos eran escritos religiosos relacionados con el budismo, pero también con otras creencias y prácticas filosóficas, como el maniqueísmo y el taoísmo.

Lo que no podía imaginar Aurel Stein era que acababa de adquirir una copia impresa del *Sutra del diamante* –una composición budista que enseña la práctica del desapego– que llevaba la fecha del 11 de mayo de 868. No solo se trata del libro impreso más antiguo conocido, sino del primer trabajo publicado con lo que hoy llamaríamos licencia Creative Commons, pues fue creado «para su distribución gratuita universal». El descubrimiento de este documento obligó a los expertos a replantearse todo lo que creían saber sobre el desarrollo de la imprenta.

Las primeras obras impresas se hacían con bloques de madera o metal fijos, donde se tallaban los textos para luego pasarlos al papel. Este proceso se usaba esencialmente por motivos religiosos, en particular con tratados budistas y taoístas. En el siglo XI, aquel mejoró sensiblemente cuando un artesano chino llamado Bi Sheng desarrolló una imprenta de tipos móviles. Lo hizo serrando los tres mil caracteres más comunes del chino en pequeños trozos de madera. Más tarde los haría en cerámica, que es más duradera. Como se trataba de un ciudadano más, no se conservan referencias sobre su vida, y no habríamos conocido de su existencia si no fuera porque un erudito y científico contemporáneo llamado Shen Kuo hizo referencia a la imprenta de Sheng en su *Ensayo del tesoro de los sueños*.

Kuo también informa de cuál es el tipo de tinta que se utilizaba –consistía en una mezcla de resina de pino, cera y cenizas de papel– y termina añadiendo que se trata de un método eficiente y rápido para copiar documentos.

El punto de inflexión que marcó Gutenberg

Johannes Gensfleisch, conocido como Gutenberg, ha pasado a la historia como el inventor de la imprenta en Europa, pero pocos conocen los problemas que afrontó para sacarla adelante. Nació en Maguncia a finales del siglo XIV, pero su familia tuvo que emigrar a Estrasburgo, ya que en las revueltas civiles de su ciudad natal los Gutenberg se habían alineado con el bando de los perdedores.

Sus intereses fueron dispares. Se había ganado la vida tallando piedras preciosas, fabricando espejos y a mediados del siglo XV lo descubrimos inmerso en un negocio secreto que tenía algo que ver con la imprenta. Esto lo sabemos porque se vio mezclado en un pleito en cuyas actas aparece la palabra imprimir. De hecho, de vuelta a Maguncia, Gutenberg se dedicó por entero a la impresión, para lo que tuvo que pedir prestados 800 florines a un tal Johann Fust.

Su idea era crear para cada letra un tipo metálico móvil que pudiera utilizarse muchas veces y que sirviera para componer diferentes libros –abajo, a la izquierda, una réplica de su prensa–.

Durante veinte años ensayó, fracasó, se endeudó e invirtió en su proyecto. Finalmente, en 1454 construyó seis prensas y comenzó a componer su Biblia, en latín y a doble columna, con 42 líneas por página e iluminada con dibujos hechos a mano. Pero la fama, el dinero y, posiblemente, el término de la edición fueron para Fust, que se quedó con todo el material al ganar un juicio contra Gutenberg por no pagar los intereses convenidos. Este siguió trabajando en la oscuridad y, aunque consiguió la ayuda del arzobispo de Maguncia, nunca saldó sus deudas. Murió en la ruina. Irónicamente, los 49 ejemplares de su Biblia que hoy se conservan –abajo uno de ellos– tienen un valor incalculable.

CORDON

25. El lenguaje

Esta capacidad, que nos distingue de otros animales, ha contribuido decisivamente al desarrollo de nuestra especie.

Si hablamos de los inventos que más han influido en nuestra historia, a pocos se nos ocurriría destacar el lenguaje. Sin embargo, es lo que ha hecho posible el gran paso adelante de la humanidad, pues ha facilitado la aparición de todas las innovaciones técnicas, sociales y artísticas. Al fin y al cabo, con el lenguaje podemos entablar una comunicación más precisa que cualquier otra especie. Gracias a él podemos trazar planes conjuntos, enseñarnos unos a otros y aprender de la experiencia de otros humanos alejados en el tiempo y en el espacio. De igual modo, nos permite almacenar en nuestras mentes imágenes del mundo así como procesar información con una eficacia que sobrepasa con mucho a las habilidades de cualquier otro animal. Sin él, jamás hubiéramos construido las pirámides de Egipto o los cohetes Apolo.

Por desgracia, sus orígenes constituyen el mayor enigma del largo proceso por el cual llegamos a ser lo que somos. Puede que en África, tres millones de años atrás, nuestros ancestros, los australopitecos, emitiesen gruñidos apenas indiferenciables de los sonidos de los chimpancés, y hace un millón de años el *Homo erectus* emplease algunas palabras aisladas. Quién sabe. El nacimiento del lenguaje es uno de los mayores misterios de las ciencias sociales, si no el mayor.

El tema se ha discutido durante siglos, con intensidad y vehemencia. Tanto es así que la Sociedad Lingüística de París, una organización dedicada al estudio de los idiomas, prohibió cualquier debate sobre este asunto en 1886; una prohibición que mantuvo durante varios años. ¿Qué tiene el lenguaje que lo hace tan especial? Quizá lo sea porque es una habilidad única y compleja, algo que solo los humanos podemos hacer.

Se ha intentado muchas veces enseñar a algunos simios a hablar, en particular a nuestro primos y parientes evolutivos vivos más cercanos, los chimpancés. Su genoma y el nuestro apenas difieren en un 1,3 %, pero, en este caso, es un salto abismal.

Ni ellos ni los gorilas ni ningún otro animal poseen las estructuras anatómicas necesarias que les permitirían hablar como nosotros. Incluso las tentativas de tratar de enseñar el lenguaje de señas a estos primates han acabado fracasando, ya que no demuestran tener una habilidad para la comunicación por encima del nivel de un niño de dos años. Según parece, se necesitan tres cosas para hablar como un humano: un cerebro como el nuestro, nuestras cuerdas vocales y nuestra inteligencia.

Hoy existen esencialmente dos formas de aproximarse al origen del lenguaje. Una de ellas, la que cuenta con más predicamento entre la comunidad científica, consiste en las llamadas teorías de la continuidad. La idea subyacente es que el lenguaje es algo tan complejo que es imposible que apareciera de la nada en su forma final, esto es, tiene que haber surgido mediante un proceso evolutivo, a partir de los primitivos protolenguajes empleados por nuestros antepasados homininos. Un ejemplo es lo propuesto por la antropóloga Dean Falk, de la Universidad Estatal de Florida, que sugiere que a medida

AGE

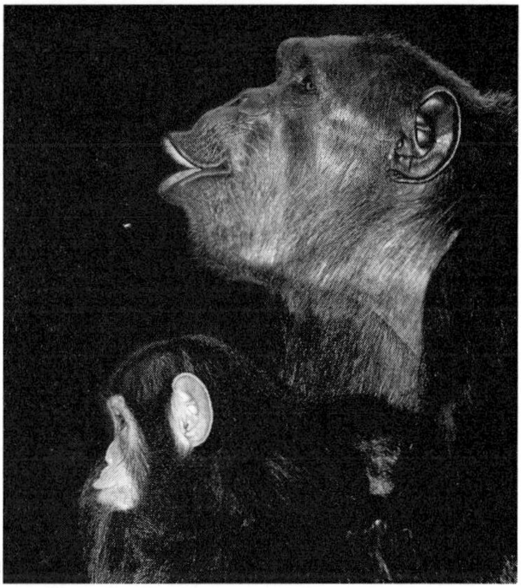

AGE

Los chimpancés logran emitir vocalizaciones, pero no hablan. Según parece, en esta facultad interviene el gen FoxP2 –a la izquierda–, que presenta ciertas diferencias en ellos y en nosotros.

que los primeros humanos iban perdiendo el pelo, a las madres les resultaba más difícil cargar a sus bebés a su espalda mientras recolectaban comida. Al dejarlos en el suelo, y para dejar claro a los pequeños que no los habían abandonado, ellas los llamaban y usaban expresiones faciales.

Justamente en el lado opuesto se sitúan las teorías de la discontinuidad, cuyo defensor más conocido es el filólogo estadounidense Noam Chomsky: en su opinión, el lenguaje es un rasgo único de nuestra especie y no se puede comparar con nada que exista en las no humanas. Por lo tanto, tuvo que aparecer de repente en algún momento de nuestra historia evolutiva.

La hipótesis de Chomsky es que una mutación genética en uno de nuestros antepasados le dio la capacidad de hablar y comprender el lenguaje, lo cual se transmitió a su descendencia. Como eso significó una significativa ventaja –puedes comunicar fácilmente a otros miembros de tu especie dónde hay comida o en qué lugar se oculta un depredador–, esa mutación acabó propagándose. Curiosamente, un estudio de las universidades de California en Los Ángeles y de Emory, publicado en 2009, parece apoyar esta postura. Los investigadores encontraron que el gen esencial para el desarrollo del lenguaje y el habla, llamado FoxP2, está dentro de ese 1,3 % que nos separa del chimpancé. Es más, según David Geffen, uno de los firmantes del trabajo, distintos ensayos apuntan que la composición de aminoácidos de la proteína FoxP2 humana cambió rápidamente al mismo tiempo que surgió el lenguaje en nuestros antepasados. ¿Puede ser que este mutado gen sea lo que nos distingue de toda la vida en la Tierra?

26. Las leyes

Hace casi 3800 años, el Código de Hammurabi inició un modo de entender la justicia que, en esencia, perdura hasta nuestros días.

Solía decirse que las leyes son lo que distinguen al hombre civilizado del salvaje, pero en las culturas antiguas de Oriente Próximo eran los dioses los que se las dictaban a los seres humanos, por lo que eran sagradas. El primer conjunto de tales preceptos fue el de Shamash o Utu, el antiguo dios del sol, la justicia, la moral y la verdad mesopotámico, y gemelo de Inanna –Ishtar, en asirio-babilónico–, la reina del cielo. Quien lo recibió fue el rey babilonio Hammurabi, hacia el 1754 a. C., y así se representa en la imagen que corona la estela donde se grabaron las leyes.

Esta decisión de Shamash significó una cambio radical en la gestión de la civilización. Antes de la llegada de Hammurabi al poder, eran los sacerdotes de esa deidad los que ejercían como jueces, pero el monarca ordenó que fueran funcionarios quienes realizaran este trabajo. Fue una jugada muy hábil, pues al tiempo que mermaba el poder de los sacerdotes fortalecía el suyo.

Este Código puede verse en el Louvre. Se trata de un bloque de diorita de 2,5 m de alto por 0,5 m en la parte más ancha que fue hallado en 1901 en Susa (Irán). Fue llevado allí como botín de guerra en el año 1200 a. C. por el rey elamita Shutruk-Nahhunte. Fue encontrado por el ingeniero galo Jean-Jacques de Morgan en unas excavaciones y transportado a París en abril de 1902.

El texto, escrito en caracteres cuneiformes acadios, tiene unas 3500 líneas dispuestas en 51 columnas, que se leen de derecha a izquierda. Fue traducido por el asiriólogo dominico Jean-Vincent

AGE

El rey Hammurabi –arriba– unificó los códigos legislativos existentes en Babilonia en uno. Este establecía las penas –desde multas hasta la muerte– para distintos delitos.

Scheil en seis meses y consta de un prólogo, 282 normas y un epílogo. Regulaba la vida social y económica en todos sus aspectos, pues no distingue entre derecho civil y penal.

Su objetivo era unificar los compendios similares ya existentes en las ciudades del Imperio babilónico, establecer mandatos aplicables en todos los casos e impedir de ese modo que cada cual se tomara la justicia por su mano. Como dice en su primera parte, se trata de un código para proclamar «el orden justo, para destruir al malvado y al perverso, para evitar que el fuerte oprima al débil, para que, como hace Shamash, Señor del Sol, me alce sobre los hombres, ilumine el país y asegure el bienestar de las gentes».

En las penas aplicadas a cada delito se tiene en cuenta si hay intencionalidad o no y la categoría social de la víctima y la del agresor, esto es, si se trata de un hombre libre, un *muskenu* –una especie de criado– o un esclavo. Así, el castigo es mayor si el mal se ha hecho adrede y menor si ha sido accidental; también es mayor si la víctima es un individuo libre y menor si es un esclavo.

El Museo del Louvre conserva esta estela, donde aparecen grabadas las 282 normas del Código de Hammurabi. Este se redactó en Babilonia hacia el año 1754 a. C.

Casi todas las penas consisten en multas económicas, aunque también existe la de mutilación e incluso la de muerte. Y aunque se ha afirmado que el Código de Hammurabi es, esencialmente, una ley del talión –el famoso ojo por ojo y diente por diente–, en realidad solo opta por ella en unos pocos casos y siempre con el condicionante de que ambos, agresor y agredido, deben pertenecer a la misma categoría social.

EL JURADO

La presencia del jurado en un juicio se remonta a la antigua Grecia. El ejemplo más claro lo tenemos en el caso de la pena de muerte a Sócrates –abajo, el momento en el que este se dispone a ingerir el veneno, en una obra de Jacques-Louis David, de 1787– . Este jurado formaba parte de la Heliea, el Tribunal Supremo de Atenas. Estaba compuesto por seis mil ciudadanos mayores de treinta años y se repartían en diez clases de quinientos individuos, mientras que mil quedaban en reserva. Al igual que ocurría en las instituciones políticas, se formaba parte de la *Heliea* por sorteo anual.

No obstante, el jurado más famoso es, sin duda, el inglés, cuyo origen no está muy claro. Pudo haber surgido en la propia Inglaterra, pero también pudo haber sido importado a través de las invasiones normandas, en el año 1066. En sus inicios, sus miembros eran testigos del vecindario que emitían su parecer en base a lo que ellos sabían. Con el colapso de la sociedad medieval y el crecimiento de las ciudades, el papel del jurado cambió y se le convocaba para determinar los hechos del caso según las pruebas presentadas en el tribunal.

ARCHIVE COLLECTION

27. El sistema postal

En el siglo XIX, el moderno servicio de correos revolucionó la correspondencia..

Dado que las buenas comunicaciones eran esenciales para poder gobernar los extensos imperios del mundo antiguo, no es sorprendente que entre las primeras referencias históricas a los sistemas postales encontremos a Egipto. Alrededor del año 2400 a. C., los faraones ya usaban mensajeros para enviar decretos por todo el territorio. Los encontramos asimismo en China, bajo la dinastía Zhou, casi 1500 años después; y, en Persia, Ciro II el Grande también empleó correos montados a caballo. Apoyados por casas de postas, estos viajaban a galope tendido por las excelentes carreteras que unían sus ciudades.

Roma también necesitaba mantener una comunicación fiable y rápida con los gobernadores de las provincias distantes. Así nació el denominado *cursus publicus*, el sistema postal más desarrollado de

Los emperadores romanos utilizaban el *cursus publicus*, un servicio de correos estatal, para comunicarse con los gobernadores de las provincias.

GETTY

CORDON

A principios del siglo pasado, los correos japoneses solían lucir elaborados tatuajes. Con ello solventaban un problema: la ropa dificultaba su tarea, pero la desnudez era causa de vergüenza.

la Antigüedad, que formaba parte integral de su compleja estructura militar y administrativa. Los relevos se establecían a intervalos a lo largo de las calzadas, y la velocidad a la que podían viajar los mensajeros no tendría rival en Europa hasta el siglo XIX: se dice que eran capaces de cubrir más de 270 kilómetros en un día y una noche. Como podemos imaginar, mantener este eficiente entramado requería un alto grado de organización, y para ello existía un sistema de inspección que controlaba exhaustivamente su funcionamiento y evitaba abusos, como usarlo para fines privados.

El sistema postal moderno nació con la publicación en 1837 del folleto *La reforma de la oficina de correos*. Su autor fue un maestro inglés

ARCHIVE COLLECTION

El maestro inglés Rowland Hill propuso adherir sellos a las cartas para así advertir que el servicio postal ya había sido pagado. El primero, llamado Penny Black, se envió en 1840.

ARCHIVE COLLECTION

llamado Rowland Hill, y el mencionado trabajo está considerado uno de los hitos más importantes en la historia de este tipo de servicios. Hill hizo un estudio exhaustivo de la estructura de los costes de las operaciones postales, con lo que demostró de manera concluyente que el gasto que suponía llevar la carta a su destino era insignificante comparado con el que se generaba solo por la burocracia que se necesitaba para poder enviarla. Del mismo modo, aclaró que las complejas tablas de cobro que se manejaban, basadas en la distancia, eran irrelevantes e inflaban los costes operativos, pues necesitaban de una gran cantidad de empleados para aplicarlas y preparar las cuentas, muy complejas, entre oficinas postales. En definitiva, mover una carta costaba mucho menos que todos los trámites que la rodeaban.

También se dio cuenta de que cobrar el servicio cuando se entregaba la misiva era algo que enmarañaba todo el sistema, aunque, por suerte, era fácilmente evitable. La solución que propuso fue instaurar una tarifa de envío uniforme, esto es, que se cobrara lo mismo por mandar una carta independientemente de la distancia. El pago anticipado del envío se haría mediante sellos adhesivos que se venderían en las oficinas de correos. Hill propuso una tasa básica de un centavo por cada media onza (14 gramos), una medida que era justo un poquito superior al peso medio de las cartas que se enviaban. Acababa de aparecer el sello de correos, que se emitió por primera vez en Inglaterra en 1840, cuando el Gobierno británico puso en marcha el nuevo sistema postal diseñado por Hill.

Pero la importancia de esta reforma no radicó en introducir el prepago en forma de sellos, sino que gracias a ella, y sin saberlo, Hill dejó el sistema de correos perfectamente engrasado para hacer frente a la gran demanda de este servicio que llegaría años después. Sus principales características fueron adoptadas gradualmente por otros países; entre los primeros estuvieron Suiza y Brasil, en 1843.

La introducción de tarifas uniformes y económicas vino acompañada por otras aún más bajas para periódicos –en algunos puntos se distribuían de manera gratuita– y para todo tipo de documentos impresos. Inicialmente, se plantearon esas tasas reducidas con el fin de favorecer la difusión de la educación, pero apareció un mercado inesperado que abarcaba todo tipo de notas comerciales, material publicitario, revistas... En 1869, apareció en Austria una manera todavía más económica de enviar mensajes: la postal. En los años siguientes, esta se convirtió en el modo habitual de mandar saludos cuando uno se encontraba de viaje o de vacaciones.

HUMANIDADES

28. El papel

Dicen que está en las últimas, pero más de dos milenios después de su invención en China sigue siendo parte fundamental de nuestras vidas.

Cuenta la leyenda que hacia el año 105, el sabio eunuco Cai Lun presentó al emperador chino el primer trozo de papel, hecho con cáñamo. Se cree que su invento fue casual: alguien dejó demasiado tiempo la ropa (hecha con cáñamo) en remojo, lo que formó un residuo que se podía prensar para formar una lámina muy fina. Sin embargo, las pruebas arqueológicas muestran que el papel existía en China más de doscientos años antes de esa fecha. Estaba hecho con cáñamo, cortezas, tallos de trigo y otros materiales que se empapaban y luego se prensaban y secaban sobre marcos de madera. No se usaba solo para escribir: los soldados empleaban papel plegado como cota de malla, porque era ligero y detenía las flechas.

Se fue experimentando con fibras diferentes, en una búsqueda para encontrar la mezcla de materiales más barata que produjera una mayor calidad de papel. El ratán –una planta de crecimiento

Esta pintura sobre papel se hizo en algún momento entre los siglos V y VII d. C.

lento– reemplazó al cáñamo, y en el siglo VIII a este lo reemplazó el bambú, que crecía mucho más rápido y resultaba más asequible.

Durante la dinastía Song (960-1279) las técnicas de producción de papel mejoraron y la materia prima básica fue la corteza hervida de la morera. El papel chino había alcanzado tal calidad –se producía en todos los tamaños y colores– que se comercializaba a lo largo de la Ruta de la Seda.

La fibra de madera entró en juego más tarde. En el siglo XVIII, en Europa aún se hacía papel con algodón y trapos de lino. A medida que se publicaban más libros escaseaban las materias primas, hasta el punto de que en Inglaterra la ley obligaba a que se enterrara a los muertos vestidos con ropas de lana a fin de ahorrar algodón y lino para el papel.

En 1719, el polímata francés René Antoine Ferchault de Réaumur propuso usar la madera como componente principal del papel. Se inspiró en el modo en que las avispas hacen sus nidos con la celulosa que extraen de los troncos. Fue muy imitado. En la década de 1750, el alemán Jacob Christian Schäffer hizo papel con materiales extraídos de las plantas y nidos de avispas, y una pequeña cantidad de trapos. En 1800, un personaje del que se sabe poco, Mathias Koops, produjo papel tanto de paja como de madera, sin trapos. Para presentar su invento imprimió un libro en su papel donde contó la historia de la fabricación. Y aunque citó a Réaumur y a Schäffer, dejó en el anonimato a las pobres avispas.

EL ITALIANO PIONERO DEL LIBRO MODERNO

Erudito e impresor, el italiano Aldo Manucio (1449-1515) advirtió que el problema de la Biblia de Gutenberg estaba en la letra, en negrita y grande. Con ella no podían imprimirse libros manejables. Hacia 1500 encargó a Francesco Griffo la creación de un tipo de letra más práctico. Así nació la itálica o bastardilla, basada en la escritura cursiva usada en la cancillería papal y en las cartas que los pensadores se enviaban. La otra innovación de Manucio fue reducir el tamaño de los libros al *octavo*, lo que se lograba doblando un pliego de papel de impresor de modo que cada fragmento resultante fuera un octavo del pliego completo, cuando lo tradicional era imprimir usando un pliego doblado por la mitad. Así pudo producir libros más pequeños y manejables.

29. El diccionario

La invención de esta obra de consulta favoreció la educación, la transmisión del conocimiento y el contacto entre culturas.

El 8 de noviembre de 1519, Hernán Cortés junto con trescientos hombres se encontró por primera vez con el gobernante de los mexicas, Moctezuma, en Tenochtitlán, la capital de su imperio. Tras un intercambio de regalos y una cena consistente en pavo, fruta y tamales de maíz, comenzaron la conversación. Moctezuma habló en náhuatl, y Cortés escuchó la traducción de boca de sus intérpretes: Malintzin, más conocida como *la Malinche*, una noble mexica que conocía el maya yucateca; y Gerónimo de Aguilar, que había estado prisionero de los mayas durante ocho años y podía trasladar su idioma al español.

Cortés tuvo suerte, pues sin su concurso le hubiera sido imposible entenderse con los mexicas. Es más, el primer diccionario

Gerónimo de Aguilar y la Malinche, una joven náhuatl, fueron los intérpretes durante el encuentro de Hernán Cortés con Moctezuma. Aquí, tal como lo imaginó Juan Ortega, en 1885.

GETTY

GETTY

En Ebla (Siria), de donde procede esta tablilla del tercer milenio antes de Cristo, aparecieron los primeros glosarios conocidos, en sumerio y acadio.

maya-español no apareció hasta el año 1577 y fue compilado por misioneros franciscanos durante el proceso de evangelización: es el diccionario de Motul, llamado así porque su anónimo autor –o autores– residieron en esa ciudad del Yucatán.

El diccionario bilingüe fue el primer tipo de diccionario que ha existido. El más antiguo consiste en unas tablillas cuneiformes del Imperio acadio, fechadas en el año 2300 a. C., que incluyen diferentes listas de palabras en su lengua y en sumerio. Fueron descubiertas en Ebla, en el norte de Siria. En ese glosario, conocido como *Urra=hubullu*, las palabras están ordenadas por temas. Por ejemplo, la tablilla n.° 4 contiene términos navales y la n.° 17, plantas.

El primer diccionario conocido dedicado a definir palabras se remonta al siglo IV a. C. Lo redactó Filetas de Cos, un estudioso de la lengua de Homero. Tal obra, hoy desaparecida, era una miscelánea hecha sin orden ni concierto que explicaba el significado de expresiones dialectales raras, términos técnicos y arcaísmos empleados en la *Iliada* y la *Odisea* y que ya entonces eran en su mayoría ininteligibles. No obstante, el diccionario homérico más antiguo que nos ha llegado, titulado, a la sazón, *Léxico homérico*, fue redactado por Apolonio el Sofista hacia el siglo I.

En Asia, a partir del siglo IV empezaron a aparecer distintos diccionarios. Así, el de sánscrito, *Amara-kosha*, fue compilado por el poeta y lexicógrafo Amara Simja. Está en verso –para que sea más fácil de memorizar– y consta de unas 10 000 palabras.

En el siglo IV a. C., Filetas –arriba, por Rodolfo Amoedo (1887)– compuso un diccionario con el significado de diferentes expresiones.

En Japón, el diccionario de caracteres chinos más antiguo es el *Tenrei banshō meigi*, del año 830. Para hacerlo, su autor, el monje budista Kūkai, utilizó el diccionario chino *Yupian*, del 543. Este último es uno de los trabajos más significativos de la historia del chino escrito, pues fue el primero en aparecer después de que cinco siglos atrás lo hiciera el *Shuowen Jiezi*, que marcó una revolución en la lexicografía. No solo analiza la estructura de los caracteres chinos y explica su origen, sino que está organizado por radicales, esto es, cada uno de los 214 elementos en los que se puede descomponer los caracteres chinos.

Asimismo, han sobrevivido varios trabajos del siglo XV procedentes de Oriente Medio y una página del siglo IX del *Frahang-ī Pahlavīg*, un diccionario anónimo del que también se ignora su fecha exacta de composición que contiene logogramas arameos junto con su traducción al persa medio y la transcripción fonética en alfabeto pazend, otro sistema de escritura persa.

Los primeros diccionarios árabes se editaron entre los siglos VIII y XIV. En ellos, las palabras se organizan, bien por su última sílaba –en orden de rima–, bien por orden alfabético de los radicales, bien por orden alfabético de la primera letra, que es el sistema que utilizamos en los diccionarios de idiomas europeos modernos.

En la Edad Media, en el Viejo Continente aparecen los glosarios de equivalencias entre el latín y las lenguas vernáculas de cada sitio. Quien hizo más sencilla esa tarea fue el dominico italiano Johannes Balbus, que escribió la *Summa Grammaticalis* o el *Catholicon*, en 1286. Esta gran obra contiene, entre otras cosas, tratados de ortografía, etimología y gramática, así como un diccionario de lengua latina con 670 000 voces. La idea de Balbus era que, de ese modo, se comprendiera mejor la Biblia. Su importancia fue tal que se trató de uno de los primeros libros en imprimirse con el nuevo invento de Gutenberg, la imprenta.

Esta obra sirvió de base para varios diccionarios bilingües. Más tarde apareció otro *Catholicon*, de Jehan Lagadeuc, sacerdote bretón de la diócesis de Tréguier, en el siglo XV. Esta obra con 6000 entradas es el primer diccionario bretón, el primero francés y el primero trilingüe –bretón-francés-latín– de Europa. Eso sí, el más antiguo monolingüe escrito en Europa fue el de Sebastián de Covarrubias, denominado *Tesoro de la lengua castellana o española*, publicado en 1611 en Madrid.

30. La novela

La forma más popular de la literatura nació hace un milenio con una narración creada por una mujer de la corte japonesa.

Se considera que un texto escrito es una novela si se trata de un relato largo, ficticio o no, pero creíble, escrito en prosa y donde predomina la narración. Teniendo esto en cuenta, la primera novela apareció en Japón en torno al año 1000. Su título, *Genji Monogatari* (La historia de Genji). Su autora, Murasaki Shikibu.

Por entonces a las mujeres japonesas no se les enseñaba chino, la lengua escrita del Gobierno nipón, pero el padre de Murasaki era un erudito que no iba a permitir que su hija no lo aprendiera. Al parecer, la muchacha mostró una gran capacidad para ello, y pronto

Este dibujo del artista japonés Utagawa Hiroshige, hecho en la década de 1840, representa a Murasaki Shikibu, la escritora y poeta nipona que inauguró el arte de la novela.

fue capaz de leer a los clásicos con fluidez. Se casó cuando tendría veinticuatro o veintiséis años, y dio a luz una hija. Pero la alegría duró poco, porque su marido murió a los dos años de la boda.

No sabemos cuándo empezó a escribir esta autora pionera, pero tuvo que ser entre su casamiento y el fallecimiento de su esposo. Alrededor del año 1005 Fujiwara no Michinaga, un político japonés que gobernó de facto el país a comienzos del siglo XI (no en vano fue padre de cuatro emperatrices, tío de dos emperadores y abuelo de otros tres) la invitó a servir como dama de compañía de la emperatriz Shōshi en la corte imperial, probablemente debido a su reputación como escritora. Después de cinco años, Murasaki dejó la corte y se retiró con Shōshi a la región del lago Biwa.

A lo largo de 54 capítulos, *Genji Monogatari* cuenta la vida de Hikaru Genji, el hijo del emperador japonés Kiritsubo, que por razones políticas lo aparta de la línea de sucesión y lo degrada a la condición de plebeyo. Pero la historia, además de describir con exquisito detalle costumbres de la sociedad aristocrática de la época –que la autora conocía muy bien–, se concentra en la vida romántica de este

ARCHIVE COLLECTION

Una de las mejores traducciones al español de *La historia de Genji* es la hecha por Jordi Fibla para Ediciones Atalanta. Borges dijo de esta milenaria novela que «no es que sea mejor o más memorable o intensa que la obra de Cervantes, pero sí es más compleja».

cortesano guapo, sensible y con talento, además de excelente amante y amigo digno de confianza. Cada una de las mujeres de su vida está descrita con viveza, de forma que un crítico literario dijo que «el trabajo muestra una sensibilidad suprema hacia las emociones humanas y las bellezas de la naturaleza, pero a medida que avanza, su tono oscuro refleja la convicción budista de la fugacidad de este mundo».

La novela está escrita en japonés, que era el lenguaje literario utilizado por las mujeres –recordemos que no se les enseñaba chino, el idioma culto en la corte–. Esto hace que fuera muy difícil de leer por aquellos que no dominaran la lengua empleada por las cortesanas, el público al que iba dirigida la historia. De hecho, resulta prácticamente ilegible para cualquier lector que viviera solo un siglo después de su creación.

Otra de las dificultades de su lectura es que los personajes no aparecen mencionados por su nombre, sino por su función en la corte, o por su título honorífico, o aún peor, por su relación con otros personajes, que obviamente cambia a medida que la historia progresa, aunque sin argumento: se trata de una serie de situaciones que surgen a medida que los personajes envejecen. Sea como fuere, esta obra, considerada una obra maestra de la literatura clásica japonesa, demuestra que Murasaki Shikibu poseía un amplio conocimiento de la poesía: incorpora unos 800 waka, poemas cortesanos que la autora pone en boca del protagonista.

El origen de la novela moderna

En la Europa del siglo XVII se entendían por novelas las narraciones breves, del estilo de las *Novelas ejemplares* de Cervantes. Estos relatos pretendían ofrecer al lector historias que hablaban de comportamientos con trasfondo moral, una alternativa a las gestas de caballería o a las aventuras satíricas y picarescas.

Puede decirse que la novela moderna nace en 1605 con la publicación de *El ingenioso hidalgo don Quijote de la Mancha*, una sátira del *Amadís de Gaula*, un libro de caballerías medieval responsable en la obra de Miguel de Cervantes de la locura de su protagonista, un héroe atípico: don Quijote no declama su epopeya con bellos versos, ni sus gestas ofrecen enseñanzas morales ni grandes victorias, solo una burla de los nobles ideales. Por su técnica y su estructura en episodios, se trata sin duda de la primera narración moderna. En el año 1678 Madame de La Fayette publicó de forma anónima *La princesa de Cléves* utilizando la técnica de la novela española, pero adaptada al gusto francés, en lo que se considera la primera novela psicológica, debido a la profundidad de sus personajes.

ALBUM

El artista francés Gustave Doré viajó por España y plasmó parte de su experiencia en los famosos grabados que hizo para una edición gala del *Quijote* publicada en la década de 1860.

31. La música

Una vida sin ella nos parece inimaginable. De hecho, no existe ni ha existido cultura conocida sin cantos ni instrumentos.

No es descabellado pensar que la música –como la pintura y otras expresiones artísticas– nació a la par que el ser humano, y que su primer uso fue doble: como parte de rituales religiosos y como deleite. Ahora bien, no sabemos cuándo se pasó del golpeteo rítmico a la melodía ni cómo se descubrió que al cambiar la tonalidad de la voz podía variar su sonido. En ausencia de registros escritos, solo nos quedan las excavaciones arqueológicas para buscar restos de aquello que nuestros ancestros empleaban para hacer música, esto es, los instrumentos.

Los prehistoriadores suponen que los primeros instrumentos fueron los de percusión, y que se crearon con los materiales más a mano: piedra, madera o pieles. Pero esto no pasa de ser una suposición, dado que resulta casi imposible encontrar resto alguno: por un lado, los instrumentos de madera y pieles no se conservan con el paso del tiempo, y, por el otro, las piedras que podrían haberse empleado no son fácilmente identificables debido a los otros usos más cotidianos que se les daban. Es por este motivo por el que los instrumentos más antiguos de los que tenemos noticia son de viento, como silbatos y flautas.

Con todo, resulta difícil determinar si algunos de los restos que se encuentran y parecen un instrumento musical lo eran realmente, pues definir su uso conlleva cierto grado inevitable de interpretación. Por ejemplo, los seis huesos de mamut descubiertos en el yacimiento de Mezin, en Ucrania, parecen haber sido percutidos. También se han desenterrado sonajeros hechos con huesos o con semillas, así como caracolas, cuernos y bramaderas que se piensa que se utilizaban para producir sonido. Un ejemplo del debate son precisamente estas últimas, unas piezas de madera atadas a una cuerda que suenan al hacerlas girar: ¿eran un instrumento musical o servían, por ejemplo, como pesos para redes de pesca?

Donde no hay discusión es con los silbatos creados con los huesos de las falanges de los animales, algunos de ellos con unos 30 000 años

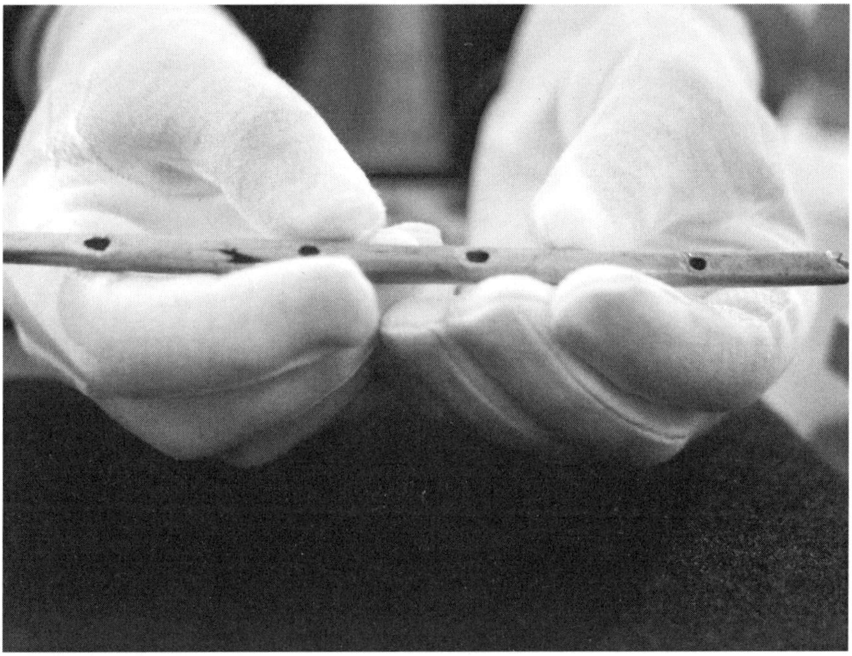

Esta flauta hecha con un hueso de buitre tiene unos 35 000 años y se encontró en la cueva Hohler Fels, en la actual Alemania.

de antigüedad. No hay duda de que se hicieron para producir sonido al soplar, pero... ¿era para crear música o solo ruido?

En el yacimiento alemán de Geißenklösterle se ha hallado una flauta con tres orificios –de los 17 cm de longitud que se supone que medía solo se conservan 12 cm–. Tiene una antigüedad de 36 000 años y fue realizada a partir del hueso cúbito de un cisne. En ese mismo yacimiento se han encontrado otras dos flautas, una hecha con el radio de un buitre y otra con el cuerno de marfil de un mamut. Ambas poseen una antigüedad de alrededor de 45 000 años.

De todos los restos arqueológicos por el estilo, el más fascinante se sacó a la luz en 2008, en la cueva Hohler Fels, cerca de Ulm, también en Alemania: una flauta de cinco agujeros con una boquilla en forma de uve, hecha a partir de un hueso del ala de un buitre. Y no fue un descubrimiento único: se encontraron otros instrumentos similares que datan de hace al menos 35 000 años. Según los científicos responsables de tales hallazgos, estos vestigios «demuestran la presencia de una tradición musical bien establecida en el momento en que los humanos modernos colonizaron el continente europeo».

GETTY

En el sitio arqueológico de Sand Island (Utah) se encuentra este petroglifo creado por los anasazis hace entre 800 y 2500 años. A la izquierda, Kokopelli –dios de la fertilidad entre los nativos del suroeste de Norteamérica– toca la flauta.

Lo que sí resulta claro es que la música estuvo muy presente cuando aparecieron las primeras civilizaciones. En Mesopotamia, por ejemplo, la narración de cuentos y la música eran dos aspectos importantes en una cena. En los hogares más pobres, un miembro de la familia tocaba un instrumento, cantaba o contaba una historia después de comer; los ricos tenían esclavos para ello o pagaban a artistas profesionales. Entre los instrumentos que se utilizaban había tambores, campanas, sonajeros, flautas, liras y arpas. Las imágenes que se conservan dejan claro el gran amor de los mesopotámicos por la música, pues los muestran escuchándola mientras beben cerveza, leen o se relajan en su hogar o en el jardín.

En el antiguo Egipto, la música y la danza eran más importantes de lo que generalmente se piensa. Según la egiptóloga Helen Strudwick, allí «la música se encontraba por todas partes: en banquetes civiles o funerarios, procesiones religiosas, desfiles militares e incluso en el trabajo en el campo». Eso sí, no tenían el concepto de la notación musical: las melodías se transmitían de una generación de músicos a la siguiente, así que nunca sabremos cómo sonaban sus composiciones.

La primera forma de notación musical conocida apareció en una tableta cuneiforme encontrada en las ruinas de la ciudad sumeria de Nippur, a unos 160 kilómetros al sureste de Bagdad, y data del 1400 a. C. En ella encontramos instrucciones fragmentarias para interpretar música, que se componía en armonía terciana y se escribía siguiendo una escala diatónica. En otras tablillas se encuentran otras notaciones más desarrolladas y cómo se afina una lira. Son las primeras melodías escritas encontradas en el mundo.

32. La pintura

Una de las cosas que nos hacen humanos es crear imágenes que representan el mundo que nos rodea... y el de nuestra cabeza.

Plinio *el Viejo* nos relata en el libro XXXV de su *Historia natural* el mito corintio de Kora. Hija de un alfarero llamado Butades de Sición, Kora era una joven enamorada que, como muchas mujeres de todas las épocas, pronto perdería a su amado, pues este debía marchar a una de las continuas guerras que libraban los antiguos griegos. Una noche se despertó y observó cómo el perfil del joven se reflejaba en la pared a la luz de una vela. Cogió un carboncillo y repasó esa línea proyectada en el muro. De este modo su imagen perduraría en el tiempo, y la muchacha no lo olvidaría. Así nació la pintura. Es un hermoso relato, tan solo eso.

En el año 2018, en una remota cueva oculta en la casi inaccesible selva tropical de la isla de Borneo (Indonesia), un equipo de arqueólogos y antropólogos descubrió una serie de pinturas rupestres que fueron realizadas por los primeros humanos que se dedicaron a decorar las paredes de caliza con imágenes del mundo en el que vivían. La pintura más antigua se encontró en la cueva llamada Lubang Jeriji Saléh, y se trata de un animal salvaje parecido a una vaca. Su edad, calculada mediante datación radiométrica, es de unos 40 000 años, lo que la convirtió en el ejemplo más arcaico conocido de arte rupestre figurativo: imágenes que representan objetos del mundo real en lugar de diseños abstractos.

Este animal que parece una vaca es una de las primeras muestras de arte figurativo. Fue pintado hace unos 40 000 años en la cueva de Lubang Jeriji Saléh, en Indonesia.

Las pinturas más viejas de Europa, según la última datación realizada en 2012, se hallan en la cueva de El Castillo, en Cantabria, y tienen una edad aproximada de 40 800 años. Las sigue de cerca el rinoceronte que puede verse en la cueva de Chauvet de Francia, con una antigüedad que oscila entre los 35 000 y los 39 000 años.

Hasta ahora se creía que el arte figurativo nació en el viejo continente, pero la datación de este arte rupestre del sudeste asiático cambia nuestra idea de dónde y cuándo nuestros antepasados comenzaron a pintar sus impresiones del mundo exterior. Es más, parece que nos indica que hubo un momento en el que se produjo un florecimiento artístico simultáneo en los extremos opuestos del vasto continente euroasiático. Pero lo que resulta sorprendente son las más que llamativas similitudes entre los estilos de arte rupestre de Borneo y los que se encuentran en toda Europa. Que los tipos de pintura encontrados en la cueva Lubang Jeriji Saléh aparecieran al mismo tiempo a más de 10 000 km de distancia es algo que merece una explicación.

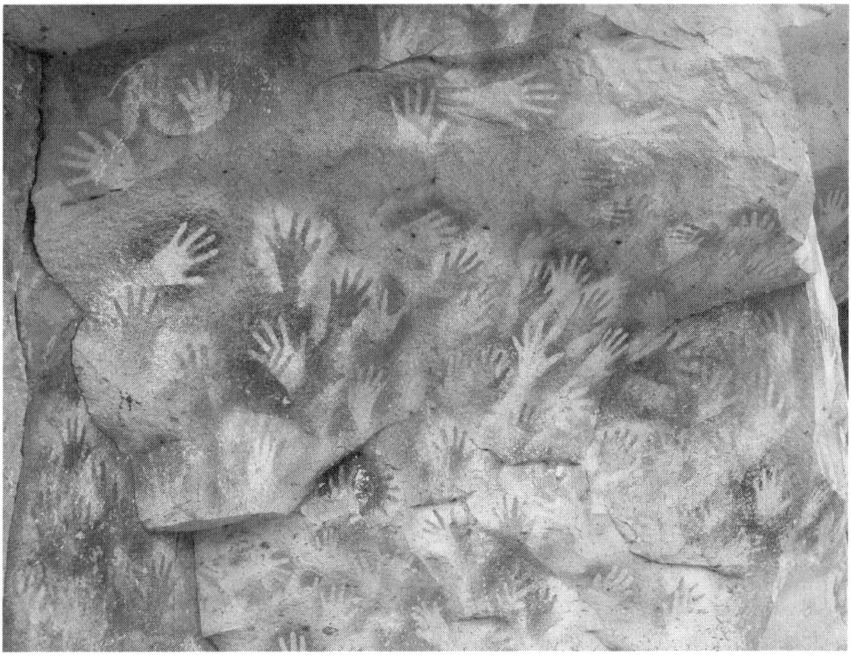

En las paredes de la cueva de las Manos, situada en la Patagonia argentina, hay cientos de manos humanas pintadas hace unos 8000 años.

En Borneo se han encontrado dos estilos de pintura separados temporalmente por unos veinte milenios. El primero, que comenzó hace entre 52 000 y 40 000 años, usa tonos rojos y naranjas e incluye plantillas de mano y pinturas de animales grandes que vivían en los alrededores. Un segundo estilo distinto apareció hace unos 20 000 años: se basa en colores púrpuras o morados, y sus plantillas de mano, a veces unidas por líneas con forma de rama, presentan decoraciones internas.

Cierto es que tenemos pruebas de pintura simbólica en cuentas perforadas y conchas talladas de África de hace entre 70 000 y 100 000 años, pero, al parecer, el que podríamos llamar movimiento figurativo nació hace 40 milenios de forma simultánea en todos los lugares donde se asentó el Homo sapiens.

Sin embargo, el año 2019 nos deparó una nueva sorpresa: un equipo de arqueólogos encontraba en la cueva Leang Bulu' Sipong 4, en la isla indonesia de Célebes, una pintura con una edad aproximada de 43 900 años y que retrata a un grupo de cazadores con cuerpos similares a los humanos, pero con cabezas u otras partes del cuerpo parecidas a las de aves, reptiles y especies de fauna endémicas de esa isla. Estos teriántropos –como se los llama– aparecen cazando cerdos salvajes y pequeños animales similares a búfalos con lanzas o cuerdas, lo que convierte esta escena no solo en el ejemplo de arte figurativo más antiguo del mundo, sino también en el registro pictórico más viejo de lo que sería la narración de una historia. Esto echa por tierra la hipótesis comúnmente aceptada de que la evolución de la pintura pasó de un primer arte rupestre sencillo hace 40 000 años a composiciones con múltiples temas y la representación de entidades imaginarias como teriántropos, hace unos 20 000 años.

33. El chiste

La capacidad de hacer bromas y disfrutar con ellas es una seña de identidad de nuestra especie desde la más remota antigüedad.

«Y acaso, lo que de los demás animales le diferencia [al ser humano] sea más el sentimiento que no la razón. Más veces he visto razonar a un gato que no reír o llorar», decía Unamuno. Es muy posible que las bromas, los chistes y las historias graciosas hayan estado entre nosotros desde el mismo momento en que nuestros ancestros empezaron a hablar. Evidentemente, tuvimos que esperar a la aparición de la escritura para poder tener constancia de ello. El problema es que, por su propia naturaleza –no estamos ante una expresión cultural refinada–, el chiste es efímero y popular, por lo que su conservación escrita responde más a la casualidad que al deseo consciente de que perdure.

El chiste más antiguo conocido data del año 1900 a. c. Se ideó en Mesopotamia, donde también encontramos los tratados morales más arcaicos. Uno de los más famosos es conocido como el *Poema del justo sufriente o Ludlul bel nemeqi*. Está escrito en acadio y es el poema de carácter sapiencial más largo en lengua babilónica. Cuenta la historia de un tal Shubshi-meshre-Shakkan, quien, tras pronunciar un himno introductorio y a lo largo de un largo monólogo, va narrando las desgracias que le han sucedido de modo incomprensible. La lección que se extrae de todo ello es que, a pesar de la rectitud y la

En las paredes de la cueva de las Manos, situada en la Patagonia argentina, hay cientos de manos humanas pintadas hace unos 8 000 años.

honestidad que pudieran adornar a un babilonio, los dioses podían castigarle con las más terribles penas sin que el pobre hombre conociera el motivo. Es las eterna pregunta: ¿por qué había de sufrir una persona justa?

Pues bien, en este poema podemos ver frases que destilan una fina ironía, de este estilo: «Al pobre le prestan plata y preocupaciones»; o bien, «Al pobre más le valdría morirse; si tiene pan, no tiene sal, y si tiene sal, no tiene pan; si tiene carne, no tiene cordero y si tiene un cordero, no tiene carne». Pero, en sí mismas, no se pueden considerar un chiste.

El único que nos ha llegado y que hemos citado antes es de los que llamaríamos escatológicos. Dice así: «Lo nunca visto en las tierras de los cabezas negras [los sumerios]: que una tierna jovencita se tire un pedo sentada en las piernas de su amado».

Los egipcios también tenían sentido del humor. En el papiro Westcar, compuesto hacia 1600 a. C., aparece una chanza un tanto machista: «¿Cómo entretendrías a un faraón aburrido? Navega en un barco por el Nilo lleno de mujeres jóvenes vestidas solo con redes de pesca e ínstale a que atrape un pez».

La primera recopilación de la que se tiene noticia de estas minihistorias graciosas es el *Filógelos* griego –algo así como el 'amante de la risa'–, una recopilación de 265 chascarrillos datada en torno al siglo IV o V. Se atribuye a dos autores de los que no se sabe gran cosa, Hierocles y Filagrio. Quizá se ideó como un manual de bromas para decir en reuniones sociales, y resulta curioso descubrir que muchos de esos chistes son sorprendentemente familiares. De hecho, uno de

A la izquierda, *Loco riendo*, una obra realizada hacia 1500 que se suele atribuir al pintor neerlandés Jacob Cornelisz van Oostsanen. A su derecha, las primeras comedias griegas se representaron en el siglo V a. C. Arriba, dos actores, plasmados en terracota.

ellos es muy similar al famosísimo sketch de la tienda de animales que aparece en la serie cómica británica Monty Python's Flying Circus. En esencia, es así: «Uno va al médico y le dice: "Doctor, cuando me despierto, me paso media hora sin poder abrir los ojos y solo después me levanto"; a lo que el médico le contesta: "Pues despiértate media hora más tarde"».

En España, los primeros compendios de chistes y pequeños relatos de este tipo no aparecieron hasta el Renacimiento. Entre ellos, nos encontramos con el libro de 1564 *Buen aviso y portacuentos*, de Juan Timoneda, de quien sabemos que nació en Valencia en el año 1520 y que fue zurrador de pieles antes que literato.

Se trata de un conjunto de «afables y graciosos dichos, cuentos heroicos y de mucha sentencia y doctrina». Está dividido en dos partes, y los relatos, tomados de la tradición oral, están escritos en una prosa tan llana y sencilla que parece hablada.

34. El budismo

Esta doctrina no teísta de más de 2500 años, que pretende la liberación del sufrimiento, es seguida por 535 millones de personas.

El término buda, que literalmente significa 'despertado' o 'iluminado', no es un nombre propio, sino un título, por lo que los budistas creen que habrá innumerables budas en el futuro, tal como los ha habido en el pasado. El que pertenece a la actual era del cosmos a menudo se denomina Gotama o Gautama. Por eso, cuando se usa la palabra buda, esta generalmente se refiere al citado Buda Gotama.

Del origen del budismo y de su fundador, Siddhārtha, que significa 'aquel que ha cumplido su propósito', no tenemos información histórica fiable. Las primeras referencias escritas nos han llegado a través del Tipitaka o Canon Pali, el primer registro existente de sus discursos, que fue compilado trescientos años después de la muerte de Buda, donde realidad y leyenda están totalmente enmarañadas.

Según prácticamente todas las tradiciones budistas, Buda vivió muchas vidas antes de su nacimiento como Siddhārtha. Estas vidas anteriores se describen en jatakas, que juegan un papel importante en la educación budista. De todo ello podemos dilucidar que nació a mediados del siglo VI a. C. –se maneja como fecha probable el 563 a. C.– y que pertenecía a una de las familias más poderosas de la pequeña República Shakya, que a su vez formaba parte del reino Kosala, que estaba situado entre los actuales Nepal y la India.

En el supuesto sitio de su venida al mundo, Lumbini –ahora llamado Rummindei–, hay un pilar conmemorativo de 6 metros de alto colocado por un emperador budista de la India del siglo III. La leyenda de Buda, sin embargo, comienza con un relato de un sueño que su madre, Mahemeye, tuvo una noche antes de que naciera: en él, un hermoso elefante, blanco como la plata, entró en su útero a través de su costado. Entonces, le pidió a unos sacerdotes védicos que interpretaran aquella visión, y estos predijeron la llegada de un niño que se convertiría en un monarca universal.

Se dice que Siddhārtha llevaba una vida de gran lujo que quedó interrumpida cuando, en tres excursiones fuera del palacio, se

ARCHIVE CORDON

Los textos *Canon Pali* –sobre estas líneas– contienen las primeras referencias a las enseñanzas budistas.

encontró con un anciano, un enfermo y un cadáver. Al regresar le pidió a un criado que le explicara el porqué de esas situaciones tan míseras y terribles, a lo que él le respondió que todos los hombres están sujetos a tales condiciones.

Luego, Gotama se encontró con un asceta errante y decidió descubrir por qué mantenía esa serenidad en medio de tanta miseria. Así fue cómo renunció a una vida regalada y fue en busca de quien pudiera instruirlo en el camino de la verdad. Practicó todo tipo de austeridades y las mortificaciones más severas, pero llegó a la íntima convicción de que ninguna de ellas le conduciría a lo que estaba buscando.

El mito budista cuenta que fue a meditar debajo de un árbol pipal *(Ficus religiosa)*, ahora conocido como el árbol Bodhi, y juró que solo se levantaría cuando encontrara la verdad. Pasó allí varias semanas, durante las cuales fue tentado por Mara, el señor de la ilusión y líder de los demonios, pero Gotama se mantuvo impasible. Más tarde, se dio cuenta de las cuatro nobles verdades y logró alcanzar la iluminación durante una noche de luna llena del mes de mayo. De este modo, se convirtió en el Buda número 28.

Después de esto, buscó a cinco compañeros y les entregó su primer sermón, el *Dhammacakkappavattana Sutta*, que puede traducir-

GETTY

Unos monjes del templo de Borobudur (Java) celebran el Vesak: el nacimiento, la iluminación y la muerte de Buda.

se como 'Discurso de la puesta en movimiento de la rueda de la doctrina'. Buda enseñaba que quienes buscan la iluminación no la encontrarán ni en la autocomplacencia ni en la automortificación. Evitando estos dos extremos, se descubre el camino intermedio que conduce al conocimiento, a la calma, al despertar. En una palabra, al nirvana.

Ello se conoce como el noble camino óctuple, que consiste en la visión correcta, el pensamiento correcto, el discurso correcto, la acción correcta, la vida correcta, el esfuerzo correcto, la atención correcta y la concentración correcta.

La primera noble verdad es que la existencia está siempre contaminada con conflictos, insatisfacción, tristeza y sufrimiento. La segunda noble verdad es que todo esto lo causa un deseo egoísta, es decir, un antojo o una sed llamada *tanha*. La tercera noble verdad dice que, aun así, es posible liberarse de esto. Y la cuarta noble verdad muestra el camino hacia esa liberación.

Después de este sermón, los cinco ascetas se convirtieron en los primeros discípulos de Buda y en los primeros monjes –*bhikkus*– de la comunidad –*sangha*–. Viajaron por la región del Ganges enseñando la nueva doctrina e iniciando a nuevos seguidores. Gautama, que vagó por los caminos durante cuarenta y cinco años, también creó una orden de monjas. Siempre dictaba sus enseñanzas en el idioma local.

En Kushinagar, en otra noche de luna llena del mes de mayo, el Buda Gautama, de ochenta años, llegó al nirvana final o páranirvana, el fin del ciclo de renacimientos que se suceden continuamente hasta alcanzar tal estado, según esta creencia. En ese momento, ya existía un corpus de leyes que todos los monjes debían seguir. En su última enseñanza, conocida como *Mahaparinibbana Sutta* –la más extensa del Canon Pali–, se indicaba que los *bhikkhus* podían abandonar algunas reglas menores y preservar las principales. Pero como no se explicaba cuáles eran unas y otras, la comunidad decidió seguir todas.

Según la tradición, a los tres meses de la muerte de Buda se convocó un concilio al que acudieron quinientos monjes que habían alcanzado el nirvana con el objetivo de preservar sus indicaciones y la regla monástica. Parece que duró siete meses, pero no hay pruebas de que se celebrara. De la que sí se tiene constancia es de la segunda reunión, hacia el 334 a. C. Fue entonces cuando se produjo el primer cisma, en el que un pequeño grupo de miembros ancianos trató sin éxito modificar la norma monástica. Desde entonces, han ido apareciendo muchos otros movimientos o escuelas que, conjuntamente, conforman lo que hoy es la cuarta religión más importante del planeta por número de seguidores.

35. Cristianismo

Con más de 2400 millones de fieles, esta religión ha marcado la historia de buena parte del mundo en los últimos dos milenios.

A principios del siglo I, la región de Palestina era un polvorín. Desde que Galilea y Judea fueran conquistadas por Roma en el 63 a. C., las revueltas no paraban de sucederse. La sensación de que la llegada de un salvador estaba a la vuelta de la esquina disparaba la tensión en un pueblo donde no dejaban de aparecer autoproclamados mesías un día sí y otro también. Especial importancia tenía un grupo judío conocido como los zelotas, que buscaba la expulsión de los romanos

ARCHIVE COLLECTION

Esta estela funeraria del siglo III hallada en Roma podría incluir algunas de las inscripciones cristianas más antiguas.

por la fuerza. Al final, en el año 66 aquellos consiguieron convencer a la población para que se sublevara, un hecho que terminó con la destrucción de la ciudad de Jerusalén y su famoso templo en el 70.

Este era el ambiente en el que supuestamente se movió Jesús, uno de los personajes de los que más se ha escrito a lo largo de la historia y del que menos información se tiene. Apenas existen detalles de su vida. Según parece, nació en Nazaret –y no en Belén, como aseguran los evangelistas Lucas y Mateo–, en el seno de una familia de artesanos. Tuvo cuatro hermanos y, como mínimo, dos hermanas; fue seguidor del asceta Juan el Bautista, en quien se inspiró para construir su predicación como profeta apocalíptico –proclamaba que la llegada del reino de Dios era inminente–; y fue crucificado por orden de los romanos entre los años 26 y 36, una pena reservada a rebeldes y traidores. Una vez disuelto el grupo de sus seguidores, los más cercanos desaparecieron hasta que, al cabo de un tiempo, volvieron a la vida pública asegurando que su maestro había logrado resucitar de entre los muertos.

No mucho después de anunciar aquella buena nueva, empezaron las disensiones. Por un lado, estaba la Iglesia de Jerusalén, liderada por el hermano de Jesús, Santiago –o Jacobo– el Justo, cuyo principal interés era predicar a los judíos. En el otro lado tenemos a Pablo, un converso que no había conocido a Jesús, pero que convenció a todo el mundo para que se creyera que este se le había aparecido en el camino de Damasco y le había encargado que fuera su «apóstol de los gentiles».

Alrededor del año 49 se celebró en Jerusalén una reunión vital para el futuro del movimiento. En ella se debatió qué hacer si los paganos querían ser cristianos. ¿Habían de convertirse primero en judíos, lo que implicaría la circuncisión, seguir las leyes dietéticas y la observancia del sábado? Tras intensas deliberaciones, se decidió que podían unirse sin necesidad de hacerlo. Aquello aceleró el proceso que la facción judía de la primitiva iglesia cristiana tanto estaba temiendo: por una parte, se confirmaba la escasa repercusión que tenía la prédica entre sus compatriotas; por la otra, el éxito rotundo que estaba teniendo fuera de Israel. Así, a finales del siglo I los gentiles cristianos dominaban a los judíos cristianos. Pues bien, el artífice de aquel cambio de rumbo fue el citado Pablo.

Este primer cristianismo se enfrentaba a una crisis teológica. La predicación insistía en que el regreso de Jesús en toda su gloria iba a ocurrir en menos de una generación, pero el día no llegaba y había que cambiar el discurso. Eso también fue mérito de Pablo, que sustituyó a Jesús por el Cristo, y construyó toda una teología a su alrededor, que es la que encontramos hoy en todas las confesiones cristianas. Sus cartas estaban destinadas a establecer lo que es y lo que quiere el Cristo; en todas ellas, Jesús está ausente. Cristo se convirtió en objeto de adoración: Pablo afirmó que este había estado presente en la creación, y el autor del evangelio de Juan lo identificó como el logos, esto es, el principio racional del universo «que se hizo carne y habitó entre nosotros». Para Juan, aunque Jesús había existido desde siempre, en un momento concreto tomó un cuerpo y vino al mundo.

A medida que el cristianismo se iba extendiendo, sus líderes se vieron abocados a buscar un medio de controlarlo. Así, adoptaron de los griegos las asambleas políticas –*ecclesia*– y de los romanos el sistema de un supervisor –obispo– de una provincia –diócesis–. En el siglo I, se decidió que los obispos fueran los líderes administrativos, y poco después se arrogaron con el poder de absolver los pecados. ¿La razón? A través de ellos actuaba el Espíritu Santo.

Pablo, el gran ideólogo del cristianismo

Todas las confesiones cristianas deben su teología, en mayor o menor medida, a Pablo. Tres fueron sus grandes revoluciones conceptuales. La primera fue convertir a un predicador del fin de los días de Galilea en un ente espiritual que vino a liberarnos del pecado. La segunda, que cualquiera podía hacerse cristiano. Hasta entonces, vivías la religión de tus padres, pues pertenecer a ella era una característica de la tribu o del clan en el que nacías. Dicho de otra forma, la religión se llevaba en la sangre –los judíos son un ejemplo de esto–. El cristianismo paulino rompió con todo ello. La ascendencia y los linajes ya no eran relevantes, al igual que sucedería siglos después en el islam, y la fe en Cristo era todo lo que se necesitaba para la salvación. Esto convirtió al cristianismo en un movimiento religioso que no necesitaba limitarse a un área geográfica o un grupo étnico: se convirtió en una religión *portátil*, disponible para todos.

La idea de la salvación fue la tercera gran innovación de Pablo. Para los judíos, ello consistía en la restauración de la nación de Israel. En el resto de las religiones no había un concepto parecido, aunque en ellas se diera cierta inquietud por lo que fuera a pasar en el más allá. Entonces, Pablo afirmó que la muerte de Cristo fue un sacrificio vicario, que eliminó el castigo que toda la humanidad sufría por el pecado original. Así, tu salvación en el otro mundo estaba asegurada por tu fe.

Hacia 1627, el pintor neerlandés Jan Lievens plasmó así al apóstol Pablo, que asentó las bases de esta religión.

36. Hinduismo

Pese a carecer de un fundador, esta religión, que hoy cuenta con 1200 millones de fieles, aunó con éxito muy distintas tradiciones.

Más que una auténtica fe, este sistema de creencias, posiblemente el más antiguo que perdura en el planeta, podría definirse como una amalgama de deidades personales y locales.

El término hinduismo es un exónimo, pues es el que emplean los extranjeros para referirse a los hindúes. Empezó a hacerse popular en Occidente tras la publicación del libro *Hinduismo*, de Monier Monier-Williams, un profesor de Oxford y experto en sánscrito. Viene de la voz 'indos', que era con la que los griegos llamaron a los habitantes del valle del Indo, y que a su vez derivaba del persa 'sindus', que usaban para referirse a los pobladores de aquella zona. Solo a partir del siglo XVI aquellas gentes empezaron a utilizar ese término para referirse a ellos mismos.

Los ascetas hindúes practican el yoga y, ante todo, buscan la liberación –el fin último de su fe– a través de la meditación y la contemplación.

GETTY

ARCHIVE COLLECTION

Entre los textos sagrados de esta religión se cuenta la epopeya del *Mahabharata* –arriba–, del siglo III a. C.

Lo más llamativo de esta fe, y que no encontramos en ninguna otra comunidad religiosa, es que sus fieles aceptan e incluso celebran la naturaleza internamente inconsistente de su tradición. Esto es posible porque creen que la verdad o la realidad no se puede encapsular en ninguna creencia. Como suelen decir muchos hindúes en sus oraciones, «que los buenos pensamientos nos lleguen de todos lados». Dicho de otro modo, la verdad debe buscarse por diferentes caminos y nadie la puede reclamar como si fuera un dogma. Por eso, para un hindú, cualquier opinión sobre ella, incluso la de un gurú –a quien se considera que tiene cierta autoridad superior–, está condicionada por muchas cosas, como el tiempo, la edad, el género, el estado de consciencia, la posición social o la ubicación geográfica. No es de extrañar que, en su opinión, la tolerancia sea la principal virtud religiosa.

Para sus practicantes, el hinduismo recibe el nombre de *sanatan dharma* –en esencia, 'el orden eterno' o 'el camino eterno'–. Estos entienden los preceptos tal como se establecen en las escrituras conocidas como Vedas, y tienen a Brahman como el principio universal supremo, la primera causa material y el final de todo aquello que existe.

Brahma, Vishnú y Shiva integran la *trimurti*, la tríada que aglutina a las deidades más importantes del hinduismo.

Esta religión rehúye la clasificación que se hizo popular a mediados del siglo XIX y que divide las creencias en compartimentos estancos: monoteístas, politeístas y panteístas. El hinduismo es una saco en el que entran todas aquellas que no se pueden clasificar como ninguna de las anteriores. Entonces, ¿en qué consiste? Podría decirse que es monoteísta en el sentido que reconoce a un único dios. Sin embargo, también es politeísta, ya que existen muchos avatares del mismo. Asimismo, es henoteísta, porque uno puede elegir elevar a cualquiera de estos avatares a la supremacía; y panteísta, pues los avatares podrían interpretarse como representantes del mundo natural.

Incluso podría ser una forma de ateísmo, ya que es posible reemplazar el concepto de brahman por nosotros mismos, en nuestro esfuerzo por llegar a ser la mejor versión de nosotros.

Todo este sistema se redactó por primera vez en los mencionados Vedas, entre 1500 y 500 a. C. Se dice que, en ellos, los escribas simplemente se dedicaron a registrar lo que siempre había existido. Este conocimiento eterno se denomina *shruti* –podría traducirse como 'lo que se escucha'– y se encuentra en las secciones de esos escritos conocidas como *Samhita*, *Araniaka*, *Brahmana* y, la más famosa, los *Upanishad*. Estas obras se complementan con los *smritis* –'lo que se recuerda'–, que relatan historias sobre cómo practicar la fe e incluyen los *Puranas*, las epopeyas *Mahabharata* y *Ramayana*, los *Yoga Sutra* y el *Bhagavad Gita*, uno de los clásicos religiosos más importantes del mundo. Sin embargo, cometeríamos un error si los consideráramos algo así como la Biblia hindú, ya que en ningún momento se afirma que sean la palabra de Brahman.

Es probable que en el tercer milenio antes de nuestra era ya existiera algún tipo de fe que se convertiría, o al menos influiría, en el hinduismo, cuando una coalición nómada de tribus que se referían a sí mismas como arias llegó a la región desde Asia Central –el término ario se refería a una clase de personas, no a una raza, y significa 'libre' o 'noble'–. Cuando llegaron al valle del Indo se toparon con una civilización avanzada que se había desarrollado a partir de asentamientos anteriores al año 7000 a. C. Es probable que se produjera una fusión cultural durante el periodo védico, momento en el cual se compusieron los textos más antiguos.

37. El islam

Nació hace catorce siglos entre los clanes y tribus de los desiertos árabes. Hoy es la fe de más de 1800 millones de personas.

En el año 609 de nuestra era el arcángel Gabriel se apareció, en forma de luz, a un hombre que meditaba en una cueva del monte Hira, cercano a La Meca, uno de los grandes caravasares de la que entonces se conocía como la Arabia Feliz. «Lee», le dijo. Pero desafortunadamente, aquel varón de cuarenta años, conocido como Mahoma, no sabía leer ni escribir. El arcángel insistió dos veces más: «¡Lee! [¡Oh, Muhámmad!] En el nombre de tu Señor, Quien creó todas las cosas. Creó al hombre de un cigoto. ¡Lee! Que tu Señor es el más Generoso. Enseñó [la escritura] con el cálamo. Y le enseñó al hombre lo que este no sabía». (Corán, 96:1-5). Así cuenta la tradición que nació el islam. En aquella época, la actual Arabia Saudí era una gran extensión de arena habitada por diversos clanes y tribus. Algunos eran nómadas, otros se dedicaban al pastoreo o la agricultura en los oasis, y otros al comercio. La Meca era uno de los principales núcleos de

GETTY

Este año la peregrinación anual a La Meca no ha reunido a las multitudes que siempre circulan alrededor de la Kaaba, el cubo situado en medio de la mezquita que constituye el lugar sagrado más importante del islam. La causa, la pandemia de covid-19. La foto se tomó el pasado 2 de agosto.

población, y allí convivían judíos, cristianos, ascetas árabes –hanafíes monoteístas– y beduinos politeístas. El santuario de la Kaaba ya era un lugar de peregrinación para todos los árabes.

Fue en La Meca donde nació el profeta, en el seno del clan Banu Háshim de la tribu Quraysh. Era el año 570 o 571, no está muy claro. Huérfano desde niño (su padre murió a los pocos meses de nacer él, y su madre cuando tenía seis años), terminó viviendo con su tío paterno, Abu Talib. Con veinte años empezó a trabajar para una viuda rica, Jadiya, con la que se casó. Este matrimonio le dio estatus social y económico, pero no hijos varones. A los cuarenta años, Mahoma empezó a sentir la necesidad de alejarse, de meditar; fue en uno de esos momentos, como dijimos, en una cueva del monte Hira (hoy conocido como Yabal al-Nur, 'la montaña de la luz'), cuando Gabriel le anunció que Alá lo había elegido como su profeta, del mismo modo que antes lo fueron Abraham, Moisés y Jesús.

Durante los primeros tres años de su ministerio, Mahoma predicó el islam en privado, principalmente entre sus parientes y conocidos más cercanos. La primera en creer fue su esposa, a quien siguieron algunos familiares y amigos. En el cuarto año tras la profecía, según la creencia islámica, Dios le ordenó hacer pública esta nueva fe.

GETTY

Este manuscrito del Corán se guarda en la Universidad de Birmingham (Reino Unido). La datación por radiocarbono dice que el pergamino se remonta a principios del siglo VII, por lo que sería uno de los coranes más antiguos.

Las primeras enseñanzas de Mahoma estuvieron marcadas por su insistencia en la unicidad de Dios, la denuncia del politeísmo, la creencia en el juicio final y la justicia social y económica. Esto provocó la oposición de los clanes más ricos e importantes de La Meca, que temían perder su paganismo tradicional y el lucrativo negocio que significaba la peregrinación a la Kaaba. Al principio, se limitaron a ridiculizarle y burlarse de él, pero la fe mahometana se propagó, sobre todo entre los más desfavorecidos. Al morir sus dos principales valedores, su esposa y, a los pocos días, su tío, tuvo que huir de La Meca. Corría el año 622. Esto se conoce como la hégira y marca el comienzo del calendario musulmán.

El nuevo jefe del clan de Mahoma –Abu Lahab, que también era uno de sus tíos– se convirtió en su enemigo acérrimo, y el huido no sabía dónde refugiarse. Pero la fortuna le dio la oportunidad de convertirse en el intermediario en las pugnas que existían entre los clanes de la ciudad de Yatrib. Fue allí donde este líder creó uno de sus conceptos político-religiosos más importantes, la umma. Al romper con su clan, a Mahoma no le quedó más remedio que defender que lo fundamental son los lazos de alianza y no necesariamente los de sangre, y que lo más importante es la comunidad, es decir, la umma, en este caso formada por todo musulmán, sin importar su origen, sexo, condición social o pertenencia a una tribu (en el mundo actual, a un país).

Con el tiempo Yatrib se llamará Medina y Mahoma se convertirá en un auténtico jefe político y militar que luchará contra las tribus de La Meca. Al alzarse victorioso destruirá los dioses paganos del santuario de la Kaaba e instaurará el tawhid, el fundamento primordial de la fe islámica, la creencia en un único dios. Y la Kaaba se convertirá en el gran símbolo del islamismo, una religión que se ha hecho global.

38. Judaísmo

Lo vemos como la religión monoteísta por excelencia, pero en sus orígenes *Yahweh* convivía con muchas deidades inferiores.

En el año 1177 a. C., unos merodeadores de origen desconocido a los que se denomina los *pueblos del mar* llegaron a Egipto después de arrasar todo a su paso. En esa época, las grandes culturas del levante mediterráneo vivían revueltas civiles y profundos problemas económicos. La confluencia de todos estos sucesos hizo que en tan solo cincuenta años poderosas civilizaciones, como la egipcia, la hitita, la micénica y la asiria, desaparecieran o se transformaran.

Los restos de este colapso fueron una serie de pequeños reinos y ciudades-Estado, como los sirio-hititas en el norte de Siria y algunos puertos fenicios en Canaán, que acabarían convirtiéndose en grandes potencias comerciales. En este entorno surgieron los israelitas como una cultura rural en la región montañosa cananea y en el este de Galilea. Empezaron a expandirse rápidamente por los alrededores, luchando contra los filisteos al oeste, los moabitas y amonitas al este y los edomitas al sur. Se vivían tiempos revueltos y mientras que Babilonia y la Alta Mesopotamia eran invadidas por arameos y caldeos, la costa alrededor de la actual Franja de Gaza era colonizada por filisteos.

Antes de que una autoridad o Estado centralizado comenzara a formarse alrededor del siglo X a. C., las gentes de la zona practica-

GETTY

El Museo de Israel, ubicado en Jerusalén, exhibe esta maqueta del Segundo Templo de esa ciudad tal y como era en el siglo I a. C. El santuario se acabó hacia el 515 a. C., tras la destrucción del Primer Templo por parte de los babilonios.

ban una forma de religión familiar. Demuestra este extremo la llamada *Correspondencia de Amarna*, una colección de cartas, en su mayor parte diplomáticas y escritas en tablillas de arcilla, entre funcionarios egipcios y sus semejantes cananeos, amorreos y babilonios. Por eso resulta más que probable que la religión familiar fuera la norma cuando Israel y Judá empezaron a levantar su identidad nacional, e hizo que basaran esa identidad en el linaje y el lugar de origen.

En el yacimiento arqueológico Kuntillet Ajrud, situado En el noreste de la península del Sinaí, se han encontrado un par de inscripciones del siglo X a. C. que dicen: «A YHWH de Samaria y a Asherah» y «A YHWH de Teman [un clan edomita] y a Asherah». YHWH, que podemos leer como Yahweh, es la principal deidad. Asherah era una deidad del panteón de Ugarit, una ciudad portuaria situada a pocos kilómetros de la actual urbe siria de Latakia, y en el lugar se hallaron las primeras muestras de lenguaje escrito. Así, ambas inscripciones demuestran que la religión de los protoisraelitas era henoteísta: es decir, creían que hay un solo dios pero sin negar la existencia de otras deidades de inferior rango, igual que pasa en el caso del hinduismo. En este caso se le daba prioridad a *Yahweh* (o Yavé).

Históricamente, el este de Europa ha sido una región de asentamiento para muchos judíos, como el rabino Peter Kardos, que dirige las oraciones en la sinagoga de la calle Thokoly de Budapest.

Otra inscripción –fechada en algún momento del siglo VIII a. C.– del yacimiento de Khirbet el-Qom, situado en Cisjordania (en el futuro reino de Judá) dice lo siguiente: «Bendiga YHWH a Uriahu porque a través de Ashera Él lo salvó de su enemigo». Como puede verse, la diosa Asherah intercede por un ser humano ante *Yahweh*. En la literatura ugarítica, vemos algo similar. Asherah es la esposa de Él, la máxima deidad cananea, el dios creador del cielo y la tierra, el Padre Eterno. Esta influencia del panteón ugarítico en el judaísmo queda aún más clara al descubrir que Asherah aparece mencionada cuarenta veces en la Biblia hebrea, en la que encontramos pruebas del origen henoteísta del texto: en el Salmo 82, *Yahweh* «está en la reunión de los dioses», Él los acusa de no ayudar a los pobres y necesitados y como resultado los despoja de su estatus divino.

Entre los siglos X y VI a. C. la antigua religión israelita (de Israel) y judía (de Judá) se iba acercando cada vez más al monoteísmo, pero no desaparece su consideración como una religión familiar: las menciones bíblicas continuas a la casa de Israel o la casa de Judá se basan en la idea de esa religión ligada a la sangre. Justamente sucede lo contrario en el islam o el cristianismo, donde la alianza con Dios no depende de dónde hayas nacido o a qué clan pertenezcas.

Con el paso del tiempo y la creación de los Estados de Israel y Judá, la deidad familiar se convirtió en la deidad del país. El golpe final llegó cuando se redactaron los distintos libros de la Biblia hebrea, que fue compilada entre los siglos VII y III a. C.: el panteón de aquel protojudaísmo desaparece y queda una religión monoteísta que da la impresión de haber existido desde siempre. Hoy el judaísmo es seguido por 14,3 millones de fieles.

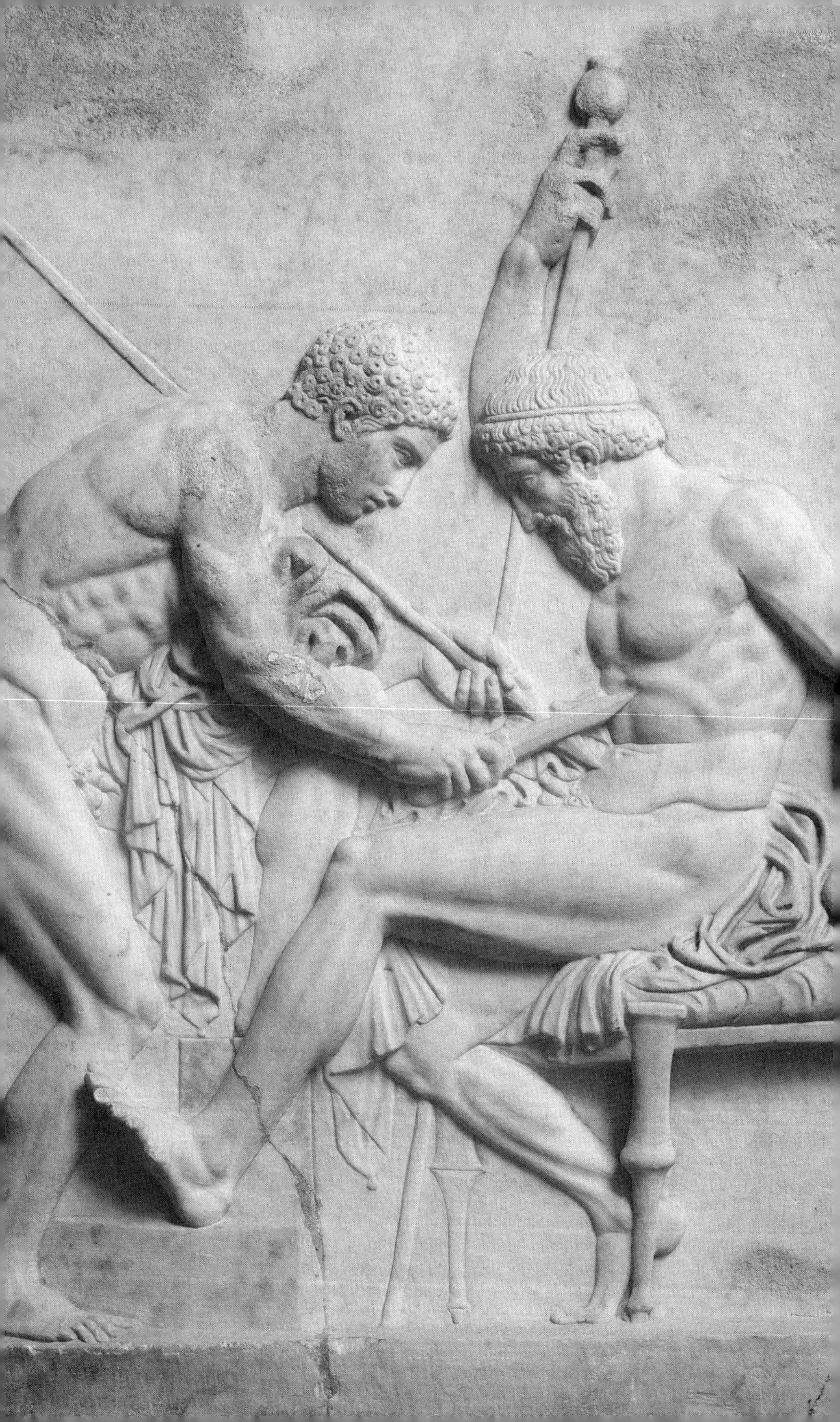

Salud

39. Las vacunas

Son una de las armas más poderosas de la medicina moderna, y en tiempos de coronavirus, pocas cosas hay más deseadas.

En 1802, la Cámara de los Comunes del Reino Unido premió a Edward Jenner con 10 000 libras por descubrir y promover la vacunación, y así ha pasado a la historia. Claro que no deberíamos otorgar todo el mérito a este médico inglés por un tratamiento que formaba parte de la medicina popular desde hacía tiempo. Dos décadas antes, un granjero llamado Benjamin Jesty inoculó a su mujer y a sus dos hijos mayores una vacuna contra la viruela, lo que hizo que sus vecinos lo tildaran de inhumano. Pero tampoco fue él el descubridor.

Nunca sabremos quiénes fueron los primeros, pero sí sabemos quién introdujo la vacunación en Norteamérica sesenta años antes que Jesty: Onesimus, el esclavo del predicador puritano Cotton Mather –uno de los más importantes promotores de los terribles juicios de Salem–, que contó a su amo que había sido inoculado de pequeño en su pueblo natal.

Ilustración de Edward Jenner poniendo su primera vacuna contra la viruela, el 14 de mayo de 1796. El inoculado era James Phipps, un niño de ocho años.

A Europa la vacuna llegó por otra ruta. Por las cartas de la aristócrata inglesa lady Mary Wortley Montagu sabemos que en la Constantinopla de 1717 observó lo siguiente: «Un grupo de ancianas hace negocio realizando la operación cada otoño cuando disminuye el calor». Estas campesinas turcas usaban el líquido de las ampollas de casos leves de viruela para inmunizar a la gente contra ese mal. A pesar de todo, tanto Mather como Jenner sufrieron el desdén del *establishment* médico. El primero tuvo que enfrentarse a sus contemporáneos por hacer caso a los africanos: «No hay raza de hombres en la Tierra más falsa y mentirosa», le espetaron. Cuando Jenner pidió mostrar sus trabajos en 1798 ante la Royal Society, la sociedad científica más importante de la época, su presidente le avisó de que «no debería arriesgar su reputación presentando a los miembros algo que parece estar en contra de los saberes conocidos y de todo punto increíble». Por suerte, Jenner se arriesgó, y gracias a él contamos con una de las herramientas más potentes de la medicina moderna.

40. La aguja hipodérmica

Se basa en un concepto sencillo, pero tardamos milenios en desarrollarlo hasta lograr una herramienta básica para la medicina.

La primera referencia al uso de *tubos huecos* en medicina la encontramos en la gran enciclopedia del mundo clásico, De Artibus. Su autor, Aulo Cornelio Celso, que vivió a caballo entre el siglo I a. C. y el I d. C., dividió su gran obra en siete partes: agricultura, veterinaria, derecho, arte militar, filosofía, historia y medicina. De todas ellas solo ha sobrevivido esta última, y es el mejor y más exhaustivo compendio del conocimiento médico en el mundo romano.

Celso describe con precisión cómo limpiar las heridas utilizando una jeringa con vino o vinagre, y cómo emplearla para quitar el pus. Unos años más tarde, el inventor de artilugios y máquinas de vapor Herón de Alejandría describió en su *Neumatica* la construcción de una jeringa. La llamaba *pyoulcus* o *pyulkos*, el extractor de pus. Pero

GETTY

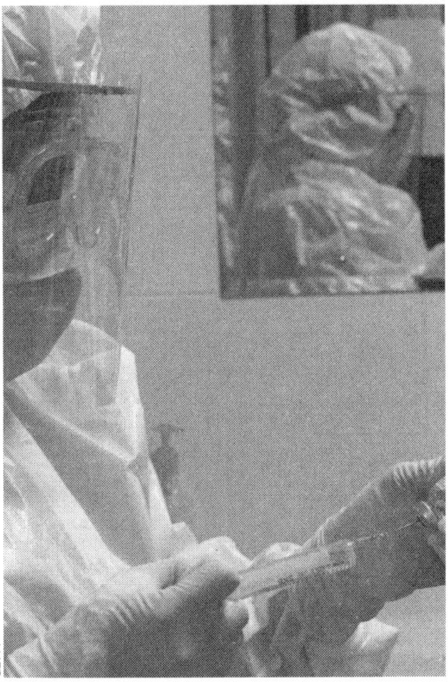

GETTY

A la izquierda, Sir Christopher Wren (1632-1723), el primer científico que administró sustancias por vía intravenosa (a perros). A la derecha, La práctica de la medicina moderna no puede entenderse sin el uso de las jeringuillas inventadas en el siglo XIX.

no fue una invención suya, pues el ingeniero hidráulico Ctesibio ya la utilizaba allá por el año 280 a. C.

En el siglo XI el más original de los oftalmólogos árabes, Ammar ibn Ali al-Mawsili, se valía de un tubo de vidrio hueco para succionar las cataratas de los ojos de sus pacientes, una técnica que se empleó hasta el siglo XIII. Curiosamente, estos tubos huecos se usaban solo para extraer sangre, pus o venenos, pero no para inyectar sustancia alguna.

La primera jeringa moderna fue fruto de las investigaciones en hidrostática e hidrodinámica del científico y filósofo francés Blaise Pascal, llevadas a cabo en 1650. Junto con la jeringa inventó también la prensa hidráulica, en lo que es una aplicación directa de lo que hoy se conoce como el principio de Pascal: cuando aumenta la presión en cualquier punto de un fluido confinado, se produce un aumento igual de esta en todos los puntos de ese fluido. Pero Pascal, más interesado en la hidrodinámica que en la medicina, nunca se planteó que pudiera tener una aplicación médica. Seis años más tarde, Christopher Wren, arquitecto y amigo íntimo de Isaac Newton

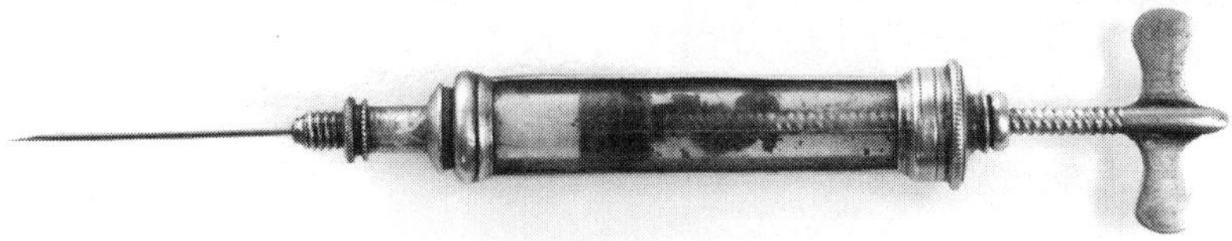

Jeringa hipodérmica metálica creada por el médico francés Charles Pravaz en 1853. Su uso facilitó enormemente la administración de fármacos.

(que escribió sus famosos *Principia mathematica* como respuesta a una pregunta que le hizo Wren) sí le vio ese uso médico. Equipado con plumas de ganso huecas, una vejiga de cerdo y opio suficiente para tumbar a un elefante, hizo una visita a la perrera de Londres, donde llevó a cabo el primer experimento intravenoso de la historia.

Siguiendo los pasos de Wren, a mediados de la década de 1660 dos médicos alemanes, Johann Daniel Major y Johann Sigismund Elsholtz, demostraron que eso también se podía hacer con humanos. Major describió la forma de hacerlo en su libro *Chirurgia infusoria* (1664). La nueva técnica causó furor y empezó a usarse profusamente, aunque se abandonó igual de rápido: con una medicina que no comprendía la naturaleza de las infecciones y unos médicos en los que la higiene brillaba por su ausencia, las intervenciones no terminaban bien y la gente moría. En consecuencia, las inyecciones cayeron en desgracia durante dos siglos, hasta mediados del XIX.

En 1844 el irlandés Francis Rynd diseñó la primera aguja de acero hueca, con la que administró medicamentos para el tratamiento del dolor por vía subcutánea. En 1853 apareció la verdadera jeringuilla hipodérmica. Fue el logro de dos cirujanos, el ortopedista francés Charles Gabriel Pravaz y el escocés Alexander Wood. Ninguno sabía lo que estaba haciendo el otro: Pravaz adaptó la aguja de Rynd para administrar coagulantes y Wood combinó su aguja de acero hueca con una jeringa para inyectar morfina a un humano. A la par que Wood publicaba en la revista *The Edinburgh Medical and Surgical Review* un breve artículo titulado «Un nuevo método para tratar la neuralgia mediante la aplicación directa de opiáceos en los puntos dolorosos», en el que explicaba su prueba, el francés fabricaba su herramienta en Lyon: conocida como la *jeringa Pravaz*, no tardó en ponerse de moda en los mejores hospitales de Europa.

41. La anestesia

Pocas invenciones han evitado más sufrimiento que esta técnica, que ha permitido operaciones antes imposibles de soportar.

Uno de los gases más peculiares de toda la química es el óxido nitroso. Descubierto en la segunda mitad del siglo XVIII, produce unos curiosos efectos sobre las personas: no resulta tóxico, pero si se inhala hace que uno se ponga a cantar, a pelear y a reír. Fue esto último lo que hizo que popularmente se lo conociese como el gas de la risa.

A finales del XVIII, el científico más extravagante de Inglaterra, Humphry Davy, decidió inhalar 18 litros de ese gas durante siete minutos. Esto hizo que permaneciera inconsciente durante bastante tiempo, lo que lo llevó a sugerir que el óxido nitroso podía emplearse en las operaciones quirúrgicas. Por desgracia, su idea cayó en saco roto y este elemento se utilizó hasta bien entrado el siglo XIX exclusivamente como divertimento.

El daguerrotipo muestra a un grupo de cirujanos y un paciente que en 1850 recrearon la primera operación hecha con anestesia general, llevada a cabo en 1846 en Boston.

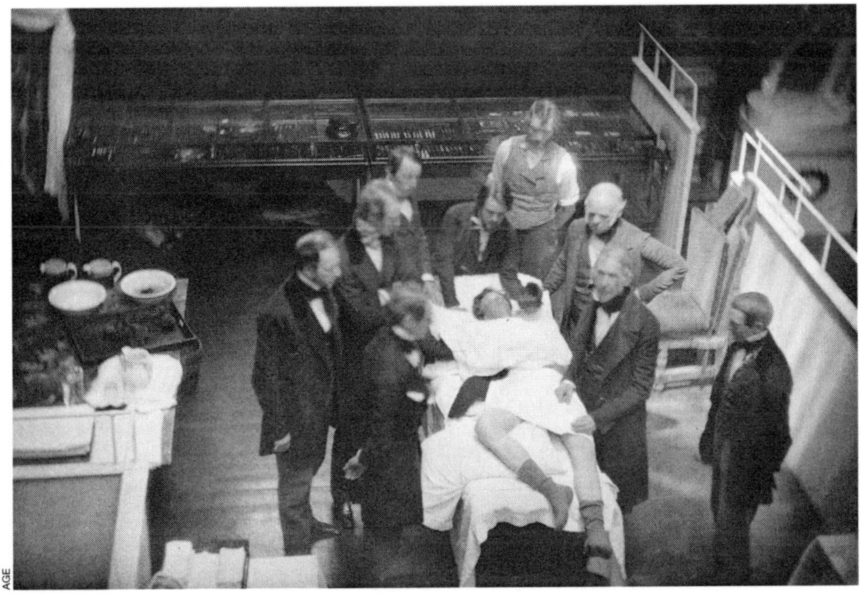

AGE

AGE

El químico inglés Humphry Davy (1778-1829) intuyó las posibilidades del óxido nitroso como eficaz anestésico.

Fue en 1844 cuando la historia del gas de la risa dio un giro sorprendente. Un artista itinerante estadounidense llamado Colton pidió voluntarios para inhalarlo en Hartford, un pequeño pueblecito de Connecticut. Entre ellos se encontraba un joven, Samuel Cooley, que había ido a ver la actuación acompañado de un amigo suyo, dentista de profesión, un tal Horace Wells. Tras inhalar el gas, Cooley se puso violento, se peleó con los otros voluntarios, dio un traspié y se cayó. El golpe lo calmó y volvió tranquilamente al asiento. Después de un rato, el espectador sentado detrás de él advirtió que había un charco de sangre bajo el asiento de Cooley. El joven se había hecho un buen tajo en la pierna y no sentía ningún dolor. Como buen dentista, Wells se percató rápidamente de que el óxido nitroso sería una excelente ayuda en las extracciones de dientes y muelas, por entonces tremendamente dolorosas. A los pocos días inhaló ese gas, pidió a un colega suyo que le extrajese una muela que tenía estropeada y no sintió dolor alguno.

Wells hizo una demostración de este efecto en el anfiteatro de cirugía del Hospital General de Massachusetts el 20 de enero de 1845. Contó con la ayuda del que fuera primer decano de la Facultad de Medicina de Harvard, John Collins Warren, a pesar del escepticismo de este respecto a ese tratamiento del dolor. El paciente al que había que hacer una amputación esa mañana se negó a ser operado. Entonces Warren preguntó al auditorio si alguien necesitaba que le sacaran un diente. Un estudiante levantó la mano. Wells le hizo inhalar el gas, pero estaba tan nervioso que se puso a extraerle la pieza antes de que la sustancia hiciera efecto. Los gritos de dolor del pobre hombre retumbaron en el anfiteatro. Los presentes abuchearon a Wells y lo llamaron farsante. Su fallido intento le hizo caer en desgracia ante la comunidad médica, y a los pocos meses abandonó su profesión.

El 30 de septiembre de 1846, otro dentista de Boston, William Thomas Green Morton, utilizó con éxito éter dietílico –un líquido incoloro y muy inflamable– para lograr una extracción dental indolora. La noticia se extendió por todo Boston, y Warren, muy disgustado por la experiencia fallida, invitó a Morton para que hiciera una nueva demostración en el mismo lugar donde había fracasado Wells. El paciente, cuyo nombre ha pasado a la historia por ser la primera persona operada bajo anestesia, se llamaba Edward Gilbert Abbott y tenía un tumor en el cuello. Morton le administró el éter, y una vez dormido el enfermo, Warren extrajo un trozo del tumor. Se cuenta que, impresionado, levantó la mirada hacia los estudiantes y dijo: «Caballeros, esto no es una tontería». En una carta a Morton escrita poco después, el médico y poeta Oliver Wendell Holmes propuso llamar anestesia al estado producido por el éter, ya que el vocablo significa 'insensibilidad' en griego.

Inhalador de óxido nitroso utilizado alrededor de 1865.
El paciente aspiraba a través de una bolsa el gas almacenado en un dispositivo.

AGE

42. Los anticonceptivos

¿Habríamos asistido a la liberación de la mujer sin la llegada de esta herramienta de control de la natalidad? La respuesta es no.

Si hay una molécula que ha provocado revuelo social, es la noretindrona. Ha sido ensalzada y vilipendiada por ser la causante de la revolución sexual de los años 60, el movimiento de liberación de la mujer, el aumento del feminismo, el incremento del porcentaje de mujeres en el mundo del trabajo... Incluso se la ha responsabilizado de romper la familia tradicional. Porque esa molécula es la que se encuentra detrás de toda discusión en la que se hable de planificación familiar y contracepción.

Puede parecernos increíble, pero durante las dos primeras décadas del siglo XX, en muchos países constituía un delito proporcionar información sobre métodos anticonceptivos. En 1917 la enfermera y activista estadounidense Margaret Sanger, fundadora de la Federación Internacional de Planificación Familiar, fue encarcelada por recetar anticonceptivos a mujeres inmigrantes en una clínica de Brooklyn. Y hasta marzo de 1972, en Massachusetts fue ilegal enseñar, vender o prescribir anticonceptivos, e incluso informar sobre ellos.

La base química de la contracepción es proveer a la mujer de una fuente externa de progesterona, que suprime la ovulación. Esta molécula, que es un valioso aliado en el tratamiento de los desórdenes menstruales y para prevenir abortos, era de fabricación laboriosa, y por tanto cara. Para los investigadores era complicadísimo trabajar con ella, pues la que ellos usaban, extraída de yeguas preñadas, costaba más de 1000 dólares por gramo. Además, la mayor parte la compraban los criadores de caballos de carreras para impedir abortos espontáneos en su cabaña.

Pero en los años 40 entró en el juego un químico de la Universidad de Pensilvania llamado Russell Marker, experto en esteroides. Sabía que estos compuestos podían utilizarse para obtener progesterona en grandes cantidades, y también sabía que en el mundo vegetal existían plantas que contenían esteroides, como cierto tipo de batata

La defensora del control de la natalidad Margaret Sanger (1879-1966)
se cubre la boca en protesta por no poder hablar sobre el asunto en el Boston de los años 20.

silvestre de México. Dispuesto a todo, renunció a su puesto, alquiló una vivienda en el campo y se puso a recorrer en mula la jungla del sur de México. Tras su expedición agrícola recogió diez toneladas de batatas, y trabajando en un laboratorio alquilado en Ciudad de México, aisló los esteroides mediante un proceso que recibe el nombre de degradación de Marker. De regreso a Estados Unidos, sintetizó dos kilos de progesterona, que en el mercado valían unos 160 000 dólares.

Luego volvió a Ciudad de México, cogió la guía telefónica y convenció a dos empresarios para crear una compañía, Sintex, destinada a sintetizar progesterona. Poco iba a durar aquella asociación. A los

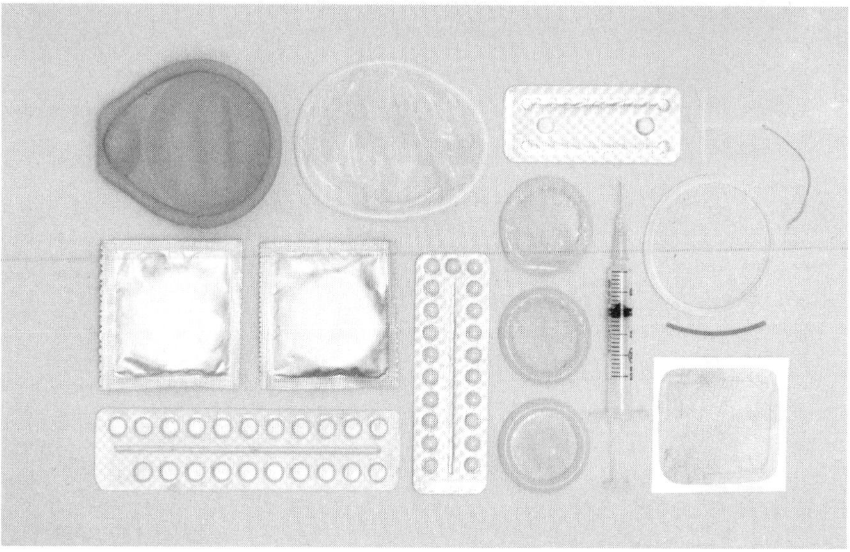
GETTY

El 70 % de las mujeres españolas en edad reproductiva utiliza algún método anticonceptivo, según la Sociedad Española de Contracepción.

dos años Marker abandonó el proyecto y regresó a su país. Mientras, sus asociados mexicanos contrataron a un químico cubano, George Rosenkranz, para que continuara el trabajo y sintetizara la hormona masculina, la testosterona. La Sintex rompió el monopolio europeo de las hormonas y el precio cayó de 80 dólares a un dólar el gramo. En 1949 Sintex pidió al austriaco Carl Djerassi que produjese artificialmente otros tipos de hormonas. Usando la degradación de Marker, fue capaz de generar cortisona a un coste mucho más bajo, utilizando diosgenina extraída de plantas como el ñame silvestre.

Su siguiente proyecto fue el de obtener un compuesto parecido a la progesterona que pudiera tomarse por vía oral. Hasta ese momento, las mujeres que querían impedir abortos espontáneos debían inyectarse grandes dosis de esta hormona. Mientras investigaba, su equipo fabricó una molécula muy parecida a la progesterona, pero que tenía un átomo menos de carbono en su estructura. Rosenkranz, Djerassi y el mexicano Luis Ernesto Miramontes Cárdenas descubrieron que esta nueva sustancia era más potente que la hormona natural; sin embargo, tenía el mismo inconveniente: solo podía administrarse por inyección directa. Modificándola ligeramente mediante una técnica desarrollada doce años antes, sintetizaron en 1951 la noretindrona (o 19-noretisterona), que podía tomarse por vía oral. Así, desde su comercialización en los años 60, la noretindrona es el principio activo presente en casi la mitad de los anticonceptivos orales.

Barreras de todos los colores

La marcha atrás o *coitus interruptus* ya aparece mencionada tanto en el libro del Génesis como en el Corán. En el Egipto de 1850 a. C., según se lee en el papiro de Kahun, se empleaban pesarios vaginales confeccionados con estiércol de cocodrilo. Otro método más higiénico, mencionado en el papiro de Ebers, era el uso de tampones con plumón embebido en jugo de acacia fermentada.

En el siglo II, en Roma, un médico griego de nombre Soranos proponía el empleo de tampones vaginales de lana empapados en aceite, goma de cedro, miel, granada y pulpa de higo. Ya en el siglo XVI, el anatomista y médico italiano Gabriel Falopio proponía el empleo de una vaina de lino protectora del pene, en lo que es la primera descripción conocida de un preservativo. Lo curioso es que no se lo mencione como método anticonceptivo, sino como forma de prevenir las enfermedades venéreas.

Ya en la primera mitad del siglo XIX se utilizaron supositorios de manteca de cacao como método anticonceptivo. El principal médico rural del oeste de Massachusetts, Charles Knowlton, proponía aplicar sulfato de cinc en la vagina justo después del coito. A comienzos del siglo XX, el médico alemán Richard Richter sugirió el uso del intestino del gusano de seda como dispositivo intrauterino: se trata del primer DIU. Evidentemente, a las mujeres no les entusiasmó demasiado.

43. Los antisépticos

Han salvado millones y millones de vidas, y seguirán haciéndolo.

A mediados del siglo XIX no era un buen negocio ingresar en un hospital, y menos aún ser sometido a una intervención quirúrgica. Eran lugares horrorosos, oscuros y sin ventilación, y lo más seguro es que las sábanas en las que estabas acostado fueran las del paciente anterior, que probablemente hubiera muerto entre ellas. A pesar de que la anestesia apareció en 1846, la mayoría de los pacientes consentían operarse solo como último recurso. Los cortes solían infectarse y los cirujanos opinaban que el pus era buena cosa, ya que indicaba que la infección estaba localizada y no invadía el resto del cuerpo. Así que se acostaba al enfermo de manera que el pus goteara al suelo.

AGE

Hacia 1890 los antisépticos se administraban con aparatos de latón como este, que los lanzaban al exterior en forma de aerosoles.

Muy pocos médicos apostaban por una limpieza continua, dado que la mayoría eran partidarios de la teoría del miasma: según el gran químico alemán Justus von Liebig (1803-1873), la fermentación de la sangre en los cortes infectados producía unos gases venenosos que emanaban del enfermo y se extendían por la habitación hasta envenenar al paciente cercano, que de esta forma contraía enfermedades como el cólera, la viruela o la sífilis.

El cirujano británico Joseph Lister (1827-1912) era uno de los pocos expertos que no se creía esta hipótesis. Había leído un artículo de Louis Pasteur donde este defendía la teoría de los gérmenes como origen de las enfermedades, algo que la mayoría de los médicos rechazaban con el apabullante argumento de «si no puedes verlos es que no están». Para Pasteur los microbios pululaban por todos lados y sus experimentos demostraban que se podía acabar con ellos hirviéndolos.

Como hervir a los pacientes no era recomendable, Lister pensó en otro método para eliminar los microorganismos patógenos. Y se fijó en el ácido carbólico, que ya se había probado para tratar las infecciones quirúrgicas, sin demasiado éxito. Lister perseveró y pudo probar sus métodos en agosto de 1865, cuando un chico de siete años llegó a la Enfermería Real del Glasgow con una fractura múltiple en una pierna: le había pasado por encima un carruaje.

Ingresar con semejante problema en un hospital era llevar todos los boletos de la rifa para un viaje solo de ida al camposanto. Las roturas simples se podían recomponer sin cirugía, pero las múltiples –con trozos de hueso que perforaban la piel– eran campo abonado para las infecciones. Tras la operación, Lister limpió

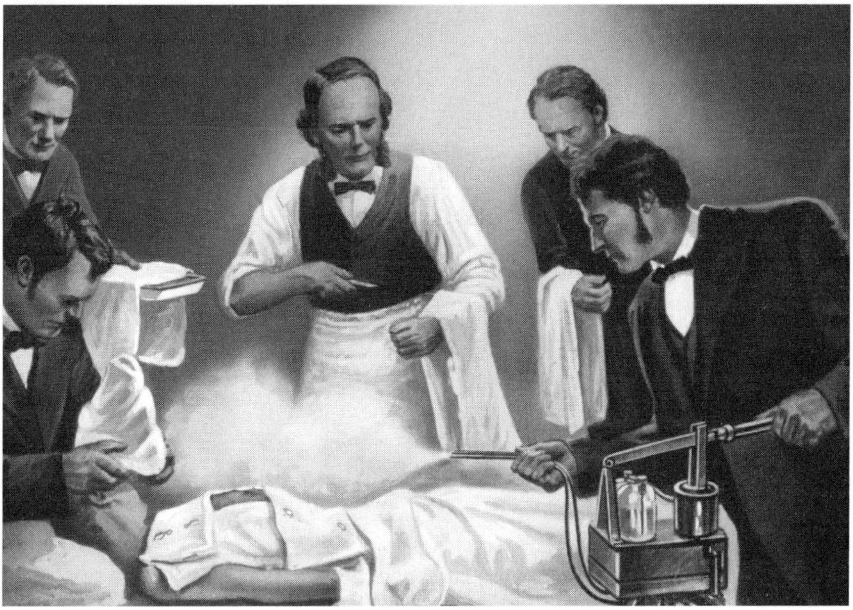

GETTY

En 1865, el cirujano británico Joseph Lister (centro) comenzó a usar ácido carbólico como antiséptico. En la ilustración espera a que se aplique a un paciente antes de operarlo.

cuidadosamente la zona dañada con gasas empapadas en ácido carbólico y luego la cubrió con una delgada lámina de metal doblada sobre la pierna, para impedir su evaporación. La infección no apareció.

El ácido carbólico usado por Lister se obtenía destilando el alquitrán de hulla a temperaturas entre 170 °C y 230 °C. Oscuro y de profundo olor, quemaba en la piel. Con el tiempo Lister aisló el principal constituyente de su ácido carbólico, el fenol. Así que se dispuso a preparar lo que llamó «cataplasma de masilla carbólica», una mezcla de fenol con aceite de linaza y caliza en polvo. Colocaba esta pasta sobre la herida, lo que proporcionaba una barrera contra las bacterias. Además, usaba una solución muy diluida de fenol (al 5 %) para lavar la herida, los instrumentos quirúrgicos y las manos del cirujano antes y después de la intervención. El fenol, tóxico incluso en soluciones diluidas, fue el primer antiséptico de la historia y cambió radicalmente el funesto panorama hospitalario.

44. La aspirina

Es el medicamento más utilizado en el mundo, y sin lugar a dudas uno de los logros farmacológicos más importantes del siglo XX.

Nacida oficialmente en 1897, su historia se remonta a 3500 años atrás. La molécula que subyace a la aspirina es el ácido salicílico, que se encuentra en la corteza de los sauces pertenecientes al género Salix, como Salix alba o Salix fragilis. Los sumerios ya sabían que las hojas de estos árboles servían para tratar enfermedades reumáticas inflamatorias. Por su parte, los egipcios se valían de extractos de hojas de mirto y de sauce para aliviar los dolores en las articulaciones. De hecho, el papiro de Ebers, una colección de 877 recetas médicas que data de 1534 a. C., señala que el uso de decocciones de hojas de mirto y sauce en el abdomen y la espalda alivia las inflamaciones y otros procesos dolorosos.

Un milenio más tarde, el padre de la medicina, el griego Hipócrates de Cos, recetaba corteza de sauce para tratar el dolor inflamatorio y aliviar los dolores del parto; y Dioscórides, el farmacólogo romano del siglo I –cuya obra *De Materia Medica* fue el principal manual de farmacopea hasta el Renacimiento–, recomendaba la decocción de corteza de sauce para el tratamiento de los cólicos, la gota y los dolores de oídos. Por su parte, en su *Historia natural*, Plinio *el Viejo* afirmaba que ese era un buen remedio analgésico y antitérmico.

A pesar de esta larga historia farmacológica, el interés científico por la corteza de sauce no llegó hasta que en 1763 el reve-

GETTY

«Con una tableta de aspirina», dice este cartel publicitario de la empresa alemana Bayer, usado en la Italia de 1935. El nombre de *aspirina* fue un invento de esta firma.

AGE

Tomar aspirinas con regularidad –siempre bajo supervisión médica– puede prevenir el riesgo de sufrir problemas cardiacos.

rendo Edward Stone describió por primera vez sus efectos contra la fiebre en casos de malaria. En el siglo XIX muchos investigadores se involucraron en la extracción y síntesis química del compuesto activo de la corteza de sauce, que habían bautizado como salicina. Hacia 1850 todo empezó a confluir, y piezas que parecían inconexas empezaron a encajar como en un puzle. Por un lado estaba el auge de la industria química, especialmente la orgánica, debido al descubrimiento del primer tinte sintético. Por otro, la necesidad de encontrar una aplicación al alquitrán de hulla, un subproducto de la destilación de este carbón, el motor de la Revolución Industrial. Alemania era el líder indiscutible de Europa en asuntos de química orgánica, y por eso tenía muchos expertos dedicados a obtener productos del alquitrán de hulla.

En 1886 se descubrieron por casualidad las propiedades antitérmicas de la acetanilida, un compuesto derivado del alquitrán de hulla y utilizado en la elaboración de colorantes. ¿Habría más sustancias parecidas a esa en el maloliente y apestoso alquitrán? Eso fue lo que pensó Carl Duisberg, responsable de investigación de una pequeña empresa alemana de tintes llamada Friedrich Bayer & Company, que inició una búsqueda sistemática de sustancias químicas con valor médico. Cuando la firma lo puso al frente de la misma, este programa se intensificó, y dio sus frutos en 1897, cuando uno de sus químicos, Felix Hoffmann, sintetizó la aspirina.

Eso sí, tardamos setenta años en aclarar el mecanismo de acción de un fármaco que con el paso del tiempo ha revelado propiedades que van más allá de las esperadas: previene las enfermedades cardiovasculares y cerebrovasculares, tiene un efecto quimiopreventivo contra el cáncer colorrectal y, a falta de nuevas investigaciones, parece que la ingesta de una aspirina diaria reduce el riesgo de cáncer en al menos un 20 % durante un periodo de veinte años.

Salvador Moncada, el olvidado de los Nobel

El científico hondureño Salvador Moncada, nacido en 1944, estudió Medicina en San Salvador, capital de El Salvador, justo cuando el movimiento revolucionario campesino de ese país se encontraba en plena efervescencia, lo que desencadenaría una larga y cruel guerra civil. En aquellos momentos difíciles, Salvador Moncada combinó el inicio de una carrera científica con el activismo político, llegando a liderar un movimiento estudiantil.

En 1971 se trasladó a Londres con un objetivo: dedicarse plenamente a la ciencia. De manera casi frenética, comenzó una ingente producción investigadora en el campo de la fisiología cardiovascular. Se debe a sus primeros descubrimientos el que hoy usemos la aspirina como fármaco fundamental para prevenir la trombosis y en el tratamiento de las formas agudas de enfermedad coronaria, el infarto y la angina de pecho. Esta aportación bastaría para que Moncada pase a la historia de la medicina. Pero todo tiene su lado oscuro. Cuando en 1982 se concedió el Premio Nobel de Medicina a los investigadores que hicieron posible este descubrimiento, la ausencia de este científico entre los premiados resultó incomprensible y muy injusta.

Salvador Moncada (derecha) conversa con un colega en sus tiempos como investigador en el Reino Unido.

45. El jabón

La lucha contra la mugre nunca acabará, pero es mucho más llevadera desde que aprendimos a obtener este producto.

Decía la reina Isabel I de Inglaterra (1533-1603) que ella se bañaba una vez al mes, «lo necesitase o no». Y es que la higiene personal era algo que dejaba bastante que desear desde la Edad Media, cuando la Iglesia se convirtió en la luz y guía del mundo occidental. La carne debía mortificarse todo lo posible, luego el cuidado del cuerpo era algo pecaminoso. De este modo, la cultura de los balnearios romanos, donde el baño era una actividad social, desapareció. Y la peste negra, que desembarcó en el puerto de Messina en octubre de 1347, encontró un poderoso aliado en la nula higiene de la Europa de entonces.

Y no sería por falta de medios. El agua siempre ha estado ahí, y el uso de jabón para el aseo personal y la limpieza de los vestidos se remonta a hace cinco milenios. Tenemos pruebas de la existencia de algo parecido al jabón en unos cilindros de arcilla babilonios de

El jabón de Marsella –aquí en una tienda de esa ciudad– debe fabricarse según ciertas normas para poder llevar tal nombre.

GETTY

Lo de bañarse no era muy medieval y se ligaba al placer. En esta miniatura del siglo XV vemos a un par de parejas haciéndolo en un lujoso lupanar de lo más concurrido.

2800 a. C., en los que se lee que se hervían grasas junto con cenizas de plantas, lo cual es un método para elaborarlo. Los egipcios, que tenían por costumbre bañarse regularmente, nos dejaron hace 3500 años en el papiro Ebers su jabonosa receta: una mezcla de aceites animales y vegetales y sales alcalinas, que utilizaban tanto para lavarse como para tratar diferentes enfermedades de la piel.

El jabón ni se acercaba a los cuerpos de los antiguos griegos y romanos. Para la higiene personal utilizaban trozos de arcilla, arena, piedra pómez y cenizas, y dejaban la ropa a merced de la sosa –conocida en el mundo romano como *natrium*–, cenizas, heces de vino... Para conseguir en las prendas ese blanco más blanco utilizaban amoniaco, que los artesanos helenos obtenían de la fermentación de la orina. No les faltaba materia prima, puesto que detrás de la puerta de muchos negocios solía haber unas jarras que estaban a disposición de los clientes que quisieran miccionar en ellas.

Hasta el siglo VII no se institucionalizó en Europa la que podríamos llamar artesanía del jabón. Los maestros jaboneros, como después harían los pirotécnicos, ocultaban con cuidado el secreto de la mezcla: aceites vegetales y animales, cenizas de ciertas plantas y, cómo no, las sustancias que le daban la fragancia apropiada. Italia, Francia y España fueron los primeros países en entrar en el negocio de este producto: de algo tenía que servir el aceite de oliva.

La fabricación del verdadero jabón nació en Marsella y Génova durante el siglo XV. Para producirlo, los artesanos hervían en un caldero aceite de oliva con una potasa obtenida de tratar cenizas con cal, en un proceso que se fue perfeccionando durante los siglos siguientes. Sin embargo, nadie se preocupó de saber por qué el jabón limpiaba hasta bien entrado el siglo XIX, cuando se produjo el espectacular avance de la química orgánica gracias a algo tan material como la moda y el desarrollo de nuevos tintes sintéticos para la ropa. El largo reinado solitario del jabón terminó en 1936, cuando unos químicos alemanes descubrieron las propiedades detergentes de ciertos derivados del petróleo: acababan de nacer los polvos de lavar, un negocio que ha adquirido proporciones gigantescas desde finales de la Segunda Guerra Mundial.

¿Por qué limpia?

Los ácidos grasos que se obtienen de los aceites y grasas vegetales y animales se componen de dos partes: un grupo carboxilo, que es una molécula compuesta por un átomo de hidrógeno, dos de oxígeno y uno de carbono, unido a un hidrocarburo (una cadena de átomos de carbono unidos cada uno a dos hidrógenos). Y por otro lado, una base o álcali, que no es otra cosa que una sal soluble de sodio o potasio: las más habituales son el hidróxido sódico o sosa cáustica, y el hidróxido de potasio o potasa cáustica. Las bases tienen la propiedad de que al reaccionar con un ácido lo neutralizan, y eso es lo que se busca a la hora de obtener el jabón.

El método empleado desde los tiempos de los babilonios recibe el nombre de saponificación: consiste en calentar las grasas con las cenizas de plantas alcalinas, lo que produce jabón, agua y glicerina. En función de qué base se utilice tendremos un tipo de jabón u otro. Si usamos la sosa obtenemos jabones de sodio, que son duros; si se emplea la potasa se obtienen otros más suaves.

Lo que confiere al jabón su peculiar capacidad para limpiar la ropa es que su molécula se comporta como si tuviera doble personalidad: el extremo donde se encuentra el hidrocarburo huye del agua –es hidrófobo– y tiende a unirse a la grasa, mientras que el otro es hidrófilo, le encanta el líquido elemento. Obviamente el efecto de tirón del lado hidrófilo debe ser mayor para poder arrancar la suciedad de la ropa, y lo ayudamos cuando frotamos la prenda. Al final queda una diminuta gota de suciedad rodeada por una envoltura de jabón, un proceso que se favorece si se emplea agua caliente.

46. La quinina

Extraída de la corteza de un árbol, ha sido clave para combatir la malaria, quizá la enfermedad más letal de nuestra historia.

Entre los primeros y más importantes tratamientos conocidos se encuentra una medicina tradicional quechua para las fiebres, que en una vuelta de tuerca propia de un thriller demostró ser esencial para curar una enfermedad que asolaba África, Asia y Europa, y que se piensa que ha matado a más de la mitad de todos los seres humanos que han vivido sobre la Tierra: la malaria.

La quina se extraía pulverizando la corteza de un árbol, la cinchona, que crece en las selvas montañosas del Perú. Debido a su fuerte sabor amargo, se solía disolver en agua azucarada. Este es el origen del agua tónica.

La introducción de la quinina marcó el comienzo de la farmacología moderna y permitió la implantación del colonialismo europeo en África. Hasta entonces los europeos perdían grandes cantidades de tropas y colonos en su esfuerzo por conquistar ese continente («la tumba del hombre blanco»). Por su parte, América se había convertido en un terreno ideal para la proliferación del mosquito Anopheles –transmisor de la malaria–, que llegó allí a bordo de los barcos europeos y se convirtió en un enemigo temible para los invasores: en julio de 1698 cinco buques escoceses con 1200 colonos marcharon para crear Nueva Caledonia en Darién (Panamá), un lugar óptimo para un enclave comercial. A los seis meses del desembarco la mitad de los colonos habían muerto de malaria; en el verano la tasa de muertos llegó a ser de diez por día. Suerte similar les esperó a los pobladores de la colonia inglesa de Virginia: de 1607 a 1627 más del 80 % de los recién llegados murieron de malaria antes de que cumplieran un año en el Nuevo Mundo.

Pero a mediados del siglo XVII, en los salones sociales de toda Europa empezó a correr un insistente rumor: había una milagrosa medicina contra el mal aire en un misterioso lugar llamado Perú. Pocos años después corrían las noticias sobre el asombroso poder de la corteza de los jesuitas, el polvo de la condesa y la cinchona. Según la leyenda, doña Francisca Enríquez de Rivera, cuarta condesa de

AGE

Fragmentos de corteza seca del árbol de quina, de la que se extrae la quinina, un potente alcaloide antipalúdico.

Chinchón y virreina del Perú, se había curado milagrosamente de fiebres tercianas gracias a esa medicina. Sin embargo, el descubrimiento en 1930 en el Archivo de Indias del Diario del Virreinato de Chinchón (mayo de 1629-mayo de 1639) nos revela que quienes sufrían de las fiebres eran el virrey y su hijo; incluso aparecen las fechas y tratamientos a los que se sometieron.

No sabemos la fecha exacta de la llegada de esta corteza sanadora a España: la primera descripción botánica es de 1663, aunque anteriormente dos religiosos, un agustino en 1633 y un jesuita en 1652, habían hablado de la cascarilla (así se llamaba la quina en Ecuador y Perú) y sus propiedades curativas. Es posible que ya estuviera en España en 1639, pues unos profesores de la Universidad de Alcalá curaron con quina a un compañero suyo, profesor de Teología. Por otro lado, se cree que llegó a Roma en el morral de un jesuita en 1632. Sea como fuere, el anuncio de la existencia de un medicamento milagroso en una Europa asolada por la malaria desde el Don hasta el Po fue como si hoy se dijera que se había encontrado un remedio contra el sida.

Las cortezas y la quina llegaban a Europa, pero durante más de un siglo nadie supo cómo eran los árboles de los que se extraían. Aun

GETTY

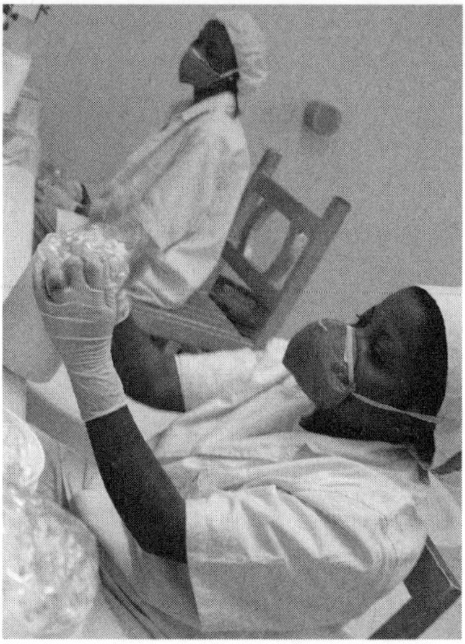

GTRES

A la izquierda, En el siglo XIX los ingleses destinados en la India combatían la malaria con agua tónica, una bebida con quinina. A la derecha, fabricación de tabletas de quinina en una factoría de la República Democrática del Congo, un país asolado por la malaria y que produce gran cantidad de ese remedio contra tal enfermedad.

así, el polvo de la corteza de cinchona era un negocio muy rentable, primero para España y luego para Perú, Ecuador y Bolivia: baste con saber que en la década de 1840 los ciudadanos y soldados británicos que vivían en la India gastaban setecientas toneladas de corteza de quina al año para sus dosis antimalaria (por cierto, que añadieron ginebra al mejunje que debían tomar y así nació el gin-tonic). No es de extrañar que quisieran mantener en secreto todo lo relacionado con la cinchona.

El resto de las potencias europeas estaban más que interesadas en obtener semillas de ese misterioso árbol para cultivarlo en cualquier otro sitio. A mediados del XIX, algunos europeos habían conseguido sacar algunas, pero producían una quinina de baja calidad. Además, cultivar el árbol daba muchos problemas dado que es bastante sensible a la altitud, la temperatura y el tipo de suelo: hacerlo crecer fuera de su hábitat natural resultaba complicado.

En 1864 Charles Ledger, un inglés que llevaba viviendo en Perú desde 1841 como comerciante de lana de alpaca, decidió probar suerte con la quinina. Años antes había traficado con alpacas, que llevó ilegalmente de Perú hacia Australia, así que seguramente pensó que si había podido sacar animales sería más fácil hacer lo propio con unas cuantas semillas. Ledger encontró una mejor variedad para producir quinina, ahora conocida como *Cinchona ledgeriana*, y en 1865, jugándose la vida en Bolivia y con la ayuda de un indio aimara llamado Manuel Incra, recolectó varios kilos y se los envió a su hermano en Londres. Cuando el Gobierno boliviano supo de este robo, torturó hasta la muerte al pobre Incra.

Ledger se las prometía muy felices vendiendo esas semillas, pero le salió el tiro por la culata: fue incapaz de convencer a los compradores potenciales de que su producto de contrabando era realmente semillas de cinchona. Al final el Gobierno holandés se las compró ¡por 20 dólares! Fue el negocio del milenio: en 1930 sus plantaciones en Java de la cinchona de Ledger producían 10 000 toneladas de quina, lo que significaba el 97 % del total mundial.

47. La penicilina

Una serie de afortunadas coincidencias y azares llevó a la síntesis de uno de los antibióticos más eficaces de la historia.

En la década de los años veinte del siglo pasado, el escocés Alexander Fleming era ya un experto reconocido en unas bacterias denominadas estafilococos. Le pidieron que escribiera un capítulo sobre ellas en un compendio de bacteriología que iba a publicar el Consejo de Investigaciones Médicas británico. A finales de 1927, mientras cumplía con el encargo, leyó un artículo que lo llevó a interesarse por una clase muy particular de estos microorganismos, el *Staphylococcus aureus*.

Por entonces el alergólogo alemán Storm van Leeuwen se encontraba dando un ciclo de conferencias en el hospital Saint Thomas de Londres. Allí presentó la teoría de que algunos pacientes con asma eran alérgicos a ciertos mohos frecuentes en sus propias casas. John Freeman, alergólogo del St. Mary's Hospital, donde trabajaba Fleming, decidió investigar en esta línea y contrató a un joven micólogo irlandés llamado Charles J. La Touche para que cultivara mohos, cosa que se puso a hacer en el laboratorio situado justo debajo del de Fleming. La Touche logró aislar uno, el *Penicillium notatum*. Ambos laboratorios tenían unas ventanas casi imposibles de abrir, por lo que

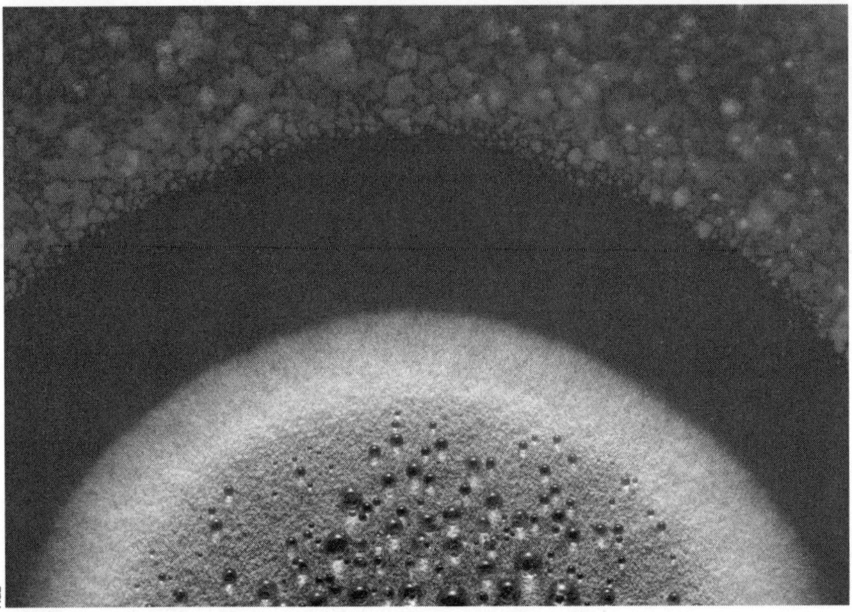
AGE

Micrografía del hongo *Penicillium chrysogenum* (abajo), que inhibe el crecimiento de la bacteria *Bacillus subtilis* (arriba). La inhibición, causada por antibióticos –incluida la penicilina G, secretada por el hongo–, se ve en el anillo transparente entre ambas especies.

trabajaban con la puerta abierta, especialmente en los meses de verano. Como La Touche no disponía de campana de gases, la atmósfera de su laboratorio rebosaba de esporas de *Penicillium*. Algunas volaron hasta el de Fleming.

A la vuelta de sus vacaciones, en septiembre de 1928, Fleming, que era bastante descuidado y solo limpiaba las placas de cultivo cuando se le acumulaban en el fregadero, se dispuso a adecentar su laboratorio. Por casualidad –y ya van...– la placa contaminada con *Penicillium* se encontraba encima de las demás, y al colocar todas sobre la bandeja observó cómo la colonia de estafilococos se descomponía en contacto con el moho. La destrucción de un cultivo puro de bacterias a consecuencia de una exposición inadvertida a los contaminantes atmosféricos es un problema habitual de los bacteriólogos. El gran mérito de Fleming fue no tirar a la basura su cultivo contaminado. Escribió un artículo explicando su descubrimiento, pero no despertó casi interés. Además, todos sus intentos por obtener un extracto puro de la sustancia que mató a las bacterias fracasaron.

En 1939 un grupo de científicos de la Universidad de Oxford se lanzó a buscar un método para conseguirlo y dos años más tarde

GETTY

Alexander Fleming.

completaron el primer ensayo clínico. El resultado cumplió con el viejo *adagio* que dice: «El tratamiento fue un éxito, pero el paciente murió». A uno de los pacientes, un policía con una infección avanzada, le inyectaron una solución de penicilina. A las veinticuatro horas mejoró, cinco días más tarde desapareció la fiebre y la infección empezó a remitir. Pero para entonces los investigadores ya le habían proporcionado toda la penicilina disponible –el contenido de una cucharita de café–, y la infección volvió a tomar las riendas: el pobre hombre falleció. Un segundo paciente también murió, pero el tercero, un chaval de quince años con envenenamiento de la sangre por estafilococos, se curó. Comparada con otros medicamentos de aquella época, la penicilina poseía grandes ventajas: podía aplicarse directamente en los tejidos humanos, era más potente que el fenol como inhibidor bacteriano y activa contra numerosas especies de bacterias, incluidas aquellas que causan la meningitis, la gonorrea y las infecciones por estreptococos, como la inflamación de garganta.

También demostró ser un antibiótico más eficaz que las sulfanilamidas y sin sus efectos secundarios –estas resultan tóxicas para los riñones–. Se descubrió que no hacía falta inocular soluciones muy puras: los estreptococos son sensibles a diluciones bajísimas de penicilina, del orden de 1 parte en 50 millones.

Pero la estructura química de esta sustancia no se había resuelto y, por ello, no podía sintetizarse. Extraerla de mohos era trabajo de microbiólogos, no de químicos. En julio de 1943 las compañías farmacéuticas estadounidenses producían 800 millones de unidades del nuevo antibiótico. Un año más tarde tocaban techo: 130 000 millones de unidades por mes. Durante la II Guerra Mundial, miles de químicos en treinta y nueve laboratorios de Estados Unidos y el Reino Unido trabajaron duramente para establecer la estructura química de la penicilina, algo que se consiguió en 1946. Gracias a ello, fue sintetizada en 1957.

Lo más curioso de toda esta historia de casualidades encadenadas es que durante bastantes años Alexander Fleming estuvo convencido de que su descubrimiento tenía un interés exclusivamente académico, y que nunca encontraría una aplicación real.

48. La quimioterapia

Los tratamientos con productos químicos son uno de los puntales de la medicina moderna, con especial mención para el cáncer.

Paul Ehrlich era un joven médico alemán que se había doctorado en la Universidad de Estrasburgo a finales del siglo XIX con un trabajo sobre la tinción de células. Al regresar de Egipto, donde había marchado para curarse de una tuberculosis que había contraído al investigar el germen que la causa, empezó a trabajar con Emil von Behring, el descubridor de los anticuerpos. De esta asociación salió la teoría que explica el mecanismo de funcionamiento de estas sustancias presentes en el cuerpo humano y que nos defienden de las enfermedades. Y no solo eso. En 1892 obtuvieron un suero con anticuerpos que neutralizaba la toxina de la difteria.

El Gobierno alemán, impresionado por tal logro, creó en 1896 una institución para el desarrollo de nuevos sueros, el Real Instituto Prusiano de Investigaciones y Ensayos de Sueros, y puso a Ehrlich al mando. Allí desarrolló diversos métodos de tinción de los tejidos con anilina,

AGE

Las investigaciones del bacteriólogo alemán Paul Ehrlich (1854-1915) fueron el principio de la quimioterapia.

con el objetivo de estudiar mejor las toxinas. Sin embargo, la meta de Erhlich no era elaborar tratamientos con suero sino encontrar sustancias químicas que ayudaran al cuerpo a combatir las enfermedades. Y entre sus principales enemigos estaba la bacteria *Treponema pallidum*, responsable de la sífilis.

Apoyado por un ejército de ayudantes, se dedicó a experimentar, año tras año y sin descanso, en busca de lo que él llamaba un proyectil mágico que destruyera ese microorganismo. En el instituto probaron una sustancia tras otra sin ningún éxito. Cuando llegaron a la 606, el arsenobenceno, tenían alguna esperanza de que sirviera para algo. Desgraciadamente, el encargado de estudiar sus posibles efectos en animales informó de que no era así.

En 1908 Ehrlich recibió el Premio Nobel de Medicina por su contribución a la sueroterapia. Si hubieran esperado un par de años, se lo habrían concedido por algo muchísimo más importante. En 1910, un becario posdoctoral japonés, un tal Hata, llegó al laboratorio del científico alemán. Con el fin de familiarizarse con las técnicas de investigación del instituto se dedicó a repetir ensayos ya realizados. Cuál no sería su sorpresa cuando descubrió que la desechada sustancia 606 mataba la espiroqueta causante de la sífilis. Ehrlich, tras comprobar minuciosamente los resultados obtenidos por Hata, la patentó y la introdujo en el mercado. El compuesto 606 pasó a llamarse Salvarsan, uno de los primeros fármacos sintéticos eficaces para la curación de enfermedades infecciosas y la primera gran victoria de la llamada quimioterapia.

Pero la batalla no había hecho más que empezar. Años atrás, en 1898, a la princesa Victoria, viuda del emperador alemán Federico III, le habían diagnosticado un cáncer de pecho inoperable.

La quimioterapia es el tratamiento principal para la mayoría de las leucemias infantiles.

Semejante hecho y la atención mediática provocaron que parte de la alta sociedad alemana decidiera apoyar económicamente la investigación contra el cáncer. Ehrlich recibió del emperador alemán Guillermo II, hijo de la reina Victoria, una petición personal: que dedicara todas sus energías a la cura de ese mal. Ehrlich fue sincero y le dijo que eso requeriría mucha investigación y que no se lograría pronto. El médico aplicó los mismos métodos que tan bien le habían funcionado antes y supuso que podría valer una terapia similar a la de las vacunas, por lo que intentó generar inmunidad al cáncer mediante la inyección de células cancerosas debilitadas. Obviamente no funcionó.

En ese punto estalló la Primera Guerra Mundial, que puso de manifiesto el poder destructivo de la tecnología, con productos letales como el terrorífico gas mostaza, que en realidad era un líquido. Se le llamaba gas porque en el campo de batalla se vaporizaba mediante explosivos. Sus efectos fueron tan catastróficos que durante la II Guerra Mundial ninguno de los bandos se atrevió a usarlo, aunque todos lo tuvieron cerca del frente por si el enemigo lo sacaba primero. Paradójicamente, la exposición casual de las tropas a este gas permitió dar un paso de gigante en la lucha contra el cáncer.

Sucedió cuando el barco de transporte aliado *SS John Harvey*, que llevaba un cargamento de esta sustancia, fue alcanzado en un ataque aéreo alemán al puerto italiano de Bari, el 2 de diciembre de 1943. El navío explotó matando a todos sus tripulantes y liberando el venenoso líquido, que se esparció por el agua mezclándose con el carburante de los buques dañados o hundidos. Una nube de gas mostaza acabó dirigiéndose a la ciudad. 628 militares fueron hospitalizados con síntomas de envenenamiento por este compuesto, y antes de un mes habían muerto 83. Lo que no se sabe es cuántas bajas civiles hubo –y tuvieron que ser muchas–, porque gran parte de los habitantes de Bari se marcharon de la ciudad en busca de refugio.

El teniente coronel Stewart Francis Alexander, experto en guerra química, examinó los tejidos de algunas de las víctimas y descubrió que habían sufrido una peligrosa reducción del número de glóbulos blancos en la sangre. Y esto fue lo que dio la pista. Entonces entraron en acción dos farmacólogos, Louis S. Goodman y Alfred Gilman, que pensaron que el gas mostaza podría ser un tratamiento posible para algunas leucemias que se caracterizan por una sobreproducción de glóbulos blancos. Debido a la alta toxicidad de este gas, que contiene azufre, probaron otros compuestos similares, en los que el nitrógeno ocupa la posición del azufre. El primer paciente tratado con ellos presentó espectaculares avances a las cuarenta y ocho horas y al décimo día había desaparecido totalmente la masa de su linfoma.

El éxito supuso el pistoletazo de salida para probar otras variantes de las mostazas que se habían desarrollado como devastadoras armas químicas. Y aunque ninguna curó ningún tipo de cáncer, sus efectos de retardo del crecimiento de los tumores inauguraron una de las terapias contra esta dolencia más utilizadas y eficaces hoy en día: la quimioterapia.

49. La pasteurización

Hoy nos cuesta imaginar el avance que supuso este método para eliminar los microorganismos patógenos de los alimentos líquidos.

Todos sabemos que la mejor forma de suprimir la presencia de microorganismos patógenos en los alimentos líquidos, como por ejemplo en la leche, es calentando estos. Así no solo eliminamos bacterias que pueden causar enfermedades, sino que preservamos ese producto más tiempo. En China se conocía este método al menos desde 1117, y aparece descrito en el diario de unos monjes japoneses del templo de Tamon'in, *Tamon'in nikki*, escrito sin interrupción entre 1478 y 1618.

Louis Pasteur, el científico francés al que se debe esta técnica tan beneficiosa.

En 1768, el sacerdote y científico italiano Lazzaro Spallanzani realizó una serie de experimentos destinados a comprobar la veracidad de la teoría sobre el surgimiento de la vida más en boga entonces, la generación espontánea, que defendía que la vida podía aparecer casi automáticamente de la materia inerte. Para ello Spallanzani cocinó un caldo de carne durante una hora y acto seguido selló el recipiente; tras dejarlo así un tiempo prudencial, constató que no había aparecido ningún microorganismo, y eso le llevó a afirmar que los microbios no surgían de la materia inerte sino que se movían por el aire. Además, se les podía matar con la ebullición.

En 1795, un pastelero parisino llamado Nicolás-François Appert comenzó a experimentar con formas de preservar los alimentos, y descubrió un proceso que desde entonces usa todo aficionado a la cocina: poner el alimento –por ejemplo una compota– en un frasco de vidrio, cerrarlo herméticamente (Appert colocaba un tapón de corcho y lo sellaba con cera) y luego colocarlo en agua hirviendo. Cuando en 1800 Napoleón ofreció un premio de 12 000 francos a quien descubriera un método sencillo y eficaz para conservar los alimentos, Appert decidió seguir experimentando y depurar su método. En enero de 1810 ganó el premio, pero para cobrarlo el tribunal le obligaba a hacerlo público: lo dio a conocer en su libro *El arte de preservar las sustancias animales y vegetales*.

Medio siglo más tarde le tocó el turno al científico francés Louis Pasteur. En el verano de 1864, durante unas vacaciones en la ciudad de Arbois, dio con la forma de impedir que apareciera una incómoda acidez en los vinos de la zona sometidos a una crianza prolongada en barricas de roble. Descubrió que bastaba con calentar el vino a unos cincuenta grados centígrados durante un corto

GETTY

Una planta de pasteurización de leche en el Denver de 1948.

espacio de tiempo. Haciendo eso cualquier caldo se podía envejecer en las barricas sin miedo a que se acidificara: acababa de nacer la famosa pasteurización.

Lo curioso es que esta técnica se aplicara primero al vino y la cerveza y mucho más tarde a la leche, lo que deja muy claro qué bebida nos preocupa más que se estropee…

GETTY

Tecnología

SHUTTERSTOCK

50. El hierro

¿Cómo descubrimos este metal que permitía construir herramientas más fuertes y duraderas? Al parecer, la inspiración nos cayó del cielo.

Si hacemos caso a griegos y romanos, hacia el año 1800 a. C., a las orillas del mar Negro –en el norte de Anatolia–, vivían unas gentes llamadas los cálibes. No cultivaban la tierra ni apacentaban el ganado, pero se dedicaban a fabricar armas inigualables. No se sabe cómo, pero descubrieron que el hierro, un metal que nadie había conocido hasta entonces, podía fundirse para crear herramientas y armas de mayor calidad que las hechas de bronce, esa aleación de cobre y estaño. Trabajar el bronce era relativamente sencillo, pues el estaño se funde a poco más de 230 °C y el cobre a casi 1100 °C, temperaturas que se pueden lograr con simples fuegos. Pero el hierro, que se funde a 1538 °C, requiere una fundición intencionada y con un complejo proceso. ¿Qué les dio la clave para que empezaran a utilizarla?

El hierro sirvió para construir armas más resistentes, lo que suponía una importante ventaja militar para los pueblos que lo conocían. En la imagen, el *comodísimo* trono de hierro de la saga *Canción de hielo y fuego*.

Una pista la tenemos en muchos de los artefactos encontrados en las excavaciones de la Edad del Bronce, que contienen un 90 % de hierro, como sucede con la famosa daga de Tutankamón, un cuchillo alargado de hierro con empuñadura dorada. Los análisis químicos han revelado impurezas de níquel en esa daga, lo que apunta a que ese hierro se extrajo de un meteorito metálico, pues su composición es esencialmente la misma que la del hierro de la daga. ¿Es posible que lo primero que utilizaran los herreros fuera el hierro fundido por nuestra atmósfera?

Hititas y sumerios reconocieron esta conexión al llamar al hierro el fuego del cielo; y el término asirio para este elemento es metal del cielo. Incluso la palabra egipcia que lo designa significa 'trueno del cielo'. Con los meteoritos como inspiración y guía, reconocer las menas de hierro en la Tierra fue algo casi inevitable. Dicho poéticamente, fue el cielo el que permitió dar el salto a la Edad del Hierro.

Esta influencia tecnológica celestial en la cultura humana también se puede ver en Groenlandia. Allí, una de las sorpresas que se llevaron los primeros exploradores europeos fue que la tribu esquimal de los inuits, en el noroeste de Groenlandia, usaban cuchillos, puntas de arpones y herramientas para grabar hechas de hierro. ¡Pero allí no hay minas! Su fuente de abastecimiento era un meteorito que se encontraba a más de 2000 kilómetros de distancia.

51. El arco

El interior de las construcciones estaba condenado a la oscuridad... hasta que este invento permitió que la luz atravesara las paredes.

Se cree que el uso del arco en la arquitectura se remonta al año 4 000 a. C., cuando se construía con ladrillos secados al sol. Estamos ante uno de los elementos estructurales que más curiosidad ha despertado a lo largo de la historia de la arquitectura. No es para menos, pues permitía abrir huecos en los muros. Sin embargo, su uso más común era en estructuras subterráneas, como desagües, pues resolvía el problema del empuje lateral que ejercía el agua al circular por su

SHUTTERSTOCK

En la Mezquita-Catedral de Córdoba hay un bosque de 856 columnas de mármol, jaspe y granito sobre las que se apoyan 365 arcos de herradura bicolores.

interior. Esto puede apreciarse en el arco encontrado en la ciudad sumeria de Nippur, que fue construido antes del año 3800 a. C.

Lo raro era hallar arcos en casas o templos, como el desenterrado en la puerta de una casa de adobe fechada hacia el 2000 a. C. en Tell Taya (Irak) o los de sendas puertas de entrada en las ciudades cananeas de la Edad del Bronce Ascalón (hacia 1850 a. C.) y Tel Dan (hacia 1750 a. C.), ambas en Israel. En Persia, en el siglo VI a. C., apareció el iwan, un gran porche bajo un arco con tres de sus cuatro caras cerradas formando un pequeña bóveda. Esta peculiar estructura fue adoptada por los diferentes imperios que dominaron la zona hasta llegar al sasánida, que construyó el imponente arco de Taq-i Kisra, el único resto visible de la ciudad de Ctesifonte. La fecha de su construcción no está muy clara –oscila entre el siglo II y el siglo VI–, pero conforma la bóveda independiente más grande construida hasta la Edad Moderna. El iwan se convertiría con el tiempo en una seña de identidad de la arquitectura islámica, propio de palacios, mezquitas y madrasas, donde el arco ojival o apuntado, introducido en el siglo IX durante el califato abasí, sustituyó al arco de medio punto.

Los primeros en apreciar las ventajas e inmensas posibilidades arquitectónicas del arco fueron los romanos. Aprendieron la técnica de

SHUTTERSTOCK

En Sintra (Portugal) se encuentra la Quinta da Regaleira, palacio construido a principios del siglo XX con elementos arquitectónicos manuelinos, románticos, neogóticos y mitológicos.

tallar las piedras en forma de cuña –algo fundamental para levantar un arco– de los etruscos, lo refinaron y lo llevaron a todas sus construcciones civiles: puertas, puentes, acueductos... Hasta introdujeron el arco del triunfo como monumento militar. La unión de varios arcos formando una bóveda empezó a usarse en el siglo I a. C. para techar grandes espacios interiores, como pasillos y templos. Cuando se dieron cuenta de que el arco de un puente no tenía por qué ser un semicírculo, los romanos también introdujeron una peculiar variante del arco de medio punto: el arco escarzano, un sector circular –esto es, una parte de una circunferencia– con el centro por debajo de las impostas, el lugar donde termina el muro, columna o pilar que sujeta el arco.

Curiosamente, y a pesar de que los romanos usaron masivamente el arco, no tenemos constancia de que hicieran algo por entender la física que había detrás. Por ejemplo, Vitruvio, el estudioso romano del siglo I autor del tratado *Los diez libros de arquitectura*, dice que para abrir un hueco en un muro para una puerta o ventana «debemos descargar los muros por medio de arcos compuestos de dovelas [los bloques del arco] cuyas juntas converjan hacia su centro». Pero no dice más.

El primer intento de comprender su funcionamiento lo encontramos en los manuscritos de Leonardo da Vinci (1452-1519). Desde entonces, establecer la forma y el grosor ideal del arco será objeto de estudio de numerosos científicos y arquitectos a lo largo de los siglos. Y es que el proceso de construcción no era trivial: los canteros lo construían primero en el suelo, tallando todas las piedras para que encajaran perfectamente. Durante la Edad Media no tenemos constancia de tratados o manuales de construcción que expusieran la técnica: tal vez la consideraban un secreto y los maestros canteros la transmitían oralmente solo a quien fuera de confianza.

El único documento de la Edad Media que ha llegado a nuestros días es el cuaderno de viajes *Livre de portraiture*, del maestro de obras francés Villard de Honnecourt. Escrito entre los años 1220 y 1240, incluye dibujos sobre todos los temas que le interesaban: arquitectura, escultura, biología... Además contiene la primera descripción que hace un autor europeo de un móvil perpetuo. Pero su principal interés era la construcción, y por eso escribió: «En este libro se puede encontrar una ayuda válida para el gran arte de la construcción y de algunas instrucciones de carpintería».

52. La pólvora

La aparición del primer explosivo revolucionó los campos de batalla y, por tanto, transformó el mundo de manera decisiva.

Considerada por los chinos como uno de sus cuatro grandes inventos –los otros tres son la brújula, el papel y la imprenta–, la pólvora es el primer explosivo de la historia. No sabemos cuándo fue descubierta, pero parece que hay una primera pista en el libro *Cantong qi*, escrito en el año 142 por un alquimista taoísta llamado Wei Boyang. Su título puede traducirse como 'El parentesco de los tres', pues trata de tres grandes temas: cosmología, taoísmo y alquimia. Boyang refiere una mezcla de tres polvos que «volarían y bailarían» violentamente y, aunque es imposible estar seguros de que estaba hablando de la pólvora, no tenemos conocimiento de ningún otro explosivo que se fabrique con tres componentes.

En la actualidad, la pólvora empleada en las balas es la pólvora blanca o sin humo, que no deja casi residuos en el arma. Resulta más potente y estable y es insensible a los cambios de temperatura y los golpes.

Al parecer, el descubrimiento de la pólvora estuvo relacionado con Wu de Han, uno de los grandes emperadores de la historia de China, que comenzó su reinado en el año 141 a. C. e hizo del confucianismo la filosofía del Estado. El emperador Wu pidió a sus alquimistas que investigaran los secretos de la vida eterna, y, en su búsqueda, un día calentaron una mezcla de un 15 % de azufre y un 75 % de salitre –nitrato de potasio–. Lo que obtuvieron no fue el elixir de la vida eterna, sino algo totalmente contrario…

En el año 318 aparece otro libro, *Baopuzi* o 'El libro del maestro que abraza la simplicidad', escrito por un erudito de la dinastía Chin llamado Ge Hong. Allí describe una mezcla que provoca explosiones: dos partes de azufre, tres de carbón y quince de salitre. De los tres compuestos, el más fácil de conseguir es el primero. El azufre se encuentra en forma nativa cerca de aguas termales o zonas volcánicas, y el salitre se puede obtener del estiércol animal dejándolo reposar y descomponerse. Así se forman cristales de nitrato de potasio, que luego se extraen lavando el estiércol con agua.

La primera referencia clara a la pólvora la encontramos muchos siglos después, en el *Taishang Shengzu Jindan Mijue*, del 808, donde aparece la siguiente fórmula: seis partes de azufre, seis partes

SHUTTERSTOCK

CORDON

A la izquierda, la pirotecnia es la prueba tangible de que no todos los usos de la pólvora son destructivos.. A la derecha, En el compendio de armamento *Wujing Zongyao* (1044) ya se describían algunos de los usos militares de la pólvora, como este *lanzaflechas*.

de salitre y una parte de lechuga. Medio siglo más tarde, el texto *Zhenyuan miaodao yaolüe* reúne treinta y cuatro recetas de mezclas y elixires que podían causar daño –de estos, tres mencionan el salitre como ingrediente–. Y no solo eso, sino que advierte de una especialmente peligrosa: «Algunos han calentado juntos azufre, rejalgar [un sulfuro de azufre de color rojo] y salitre con miel; se produce humo (y llamas), de modo que se han quemado las manos y la cara, e incluso se ha quemado toda la casa». Estamos ante una forma poco potente de pólvora donde la miel se usa como fuente de carbono. Los alquimistas chinos bautizaron este compuesto explosivo como medicina para el fuego, el mismo término que usan hoy para referirse a la pólvora.

Empleada en sus inicios para divertimento de la corte en forma de fuegos de artificio, los chinos no tardaron mucho en darse cuenta del valor militar de semejante descubrimiento. En 904 se usaron flechas incendiarias cubiertas de pólvora en el sitio de una ciudad, y desde entonces empezaron a aparecer una gran variedad de armas: en 1044 un compendio de armamento militar, *Wujing Zongyao*, enuncia con detalle tres fórmulas magistrales para preparar pólvora que contienen una media de trece ingredientes. Y no solo eso, sino que también enumera sus usos, como flechas incendiarias, bombas, proyectiles y todo tipo de granadas. Los nombres que tienen son, cuando menos, pintorescos, como palo volador incendiario para subyugar demonios o bomba imparable de fuego intenso del cielo ardiente.

Como siempre sucede cuando se tiene una ventaja estratégica, los emperadores chinos se esforzaron mucho para que este conocimiento no saliera de sus fronteras, y declararon secreto de Estado la producción de pólvora junto con la práctica de la astronomía, pues interpretar los signos del cielo era conocer el futuro del emperador. Pero un secreto no puede guardarse para siempre, y la fórmula de la pólvora acabó llegando al mundo musulmán hacia el año 1240. Y de ahí saltó a Europa, donde encontramos referencia a la pólvora en el *Opus Maius* (1267), obra del filósofo, teólogo y científico inglés Roger Bacon. Desde ese momento, aquel polvo negro dominó los campos de batalla del mundo hasta la posterior invención del algodón explosivo y la nitroglicerina.

53. El caucho

Después de que Dunlop inventara el neumático con cámara de aire, este material se convirtió en el oro blanco de las selvas americanas.

Cuando la segunda expedición de Colón se detuvo en la isla de La Española, ninguno de sus miembros podía imaginar la importancia de lo que estaban viendo: los indígenas del lugar jugaban a una especie de mezcla de fútbol y baloncesto. Lo llamativo no era el juego en sí, sino la pelota con la que lo hacían: un balón de caucho. Su nombre deriva de la palabra quechua *cautchuc*, que significa 'lágrimas del árbol'; es el látex que contiene la savia de diversas plantas, como las del género *Hevea*.

Tuvieron que pasar tres siglos para que este nuevo material interesara a los europeos, gracias al trabajo del naturalista francés Charles-Marie de La Condamine, quien después de pasar diez años explorando el Perú y el resto de la Amazonía –la suya fue la primera expedición por el famoso río sudamericano– escribió sus andanzas

El caucho es un polímero elástico que se presenta en forma de emulsión lechosa en la savia de varias plantas, pero hoy también puede producirse de manera sintética.

en el *Diario del viaje hecho a Ecuador por orden del rey*, que publicó en París en 1751. En él se encuentran la primera descripción del curare, el uso de la quinina para tratar la malaria y las propiedades del caucho.

Diversos pueblos precolombinos conocían perfectamente sus bondades más allá de las puramente recreativas: hacían una especie de zapato de goma que se obtenía al sumergir los pies en una mezcla de látex; sujetaban piedras y metales a mangos de madera o acolchaban esos mangos, y también lo untaban en tejidos para obtener telas hidrófugas. Tras las revelaciones de De La Condamine, los botánicos europeos se pusieron en marcha para encontrar otras plantas capaces de proporcionar una sustancia parecida a la de la savia de la *Hevea*, mientras que los científicos, sobre todo los ingleses, investigaban activamente en busca de posibles aplicaciones. Una de las primeras fue su uso como goma de borrar, que halló el clérigo y científico inglés Joseph Priestley, descubridor del oxígeno.

En 1819, un ingeniero inglés autodidacta llamado Thomas Hancock encontró que el caucho tenía una curiosa propiedad: la de soldarse a sí mismo. En aquel momento conoció al químico Charles Macintosh, quien, por su parte, no sabía qué hacer con el benzol que quedaba en su fábrica como subproducto de la elaboración

SHUTTERSTOCK

A la izquierda, Charles Goodyear descubrió la vulcanización del caucho tras endeudarse y dedicar cinco años a la investigación autodidacta.

de colorantes y del que acababa de averiguar que era un mejor disolvente del caucho que el aguarrás. De esta asociación surgió el famoso impermeable Macintosh, que *nació* tras embadurnar una tela con una mezcla de caucho y benzol.

Sin embargo, el caucho ofrecía una seria desventaja: era muy sensible al calor. Entonces apareció en escena un ferretero de Connecticut sin conocimientos científicos llamado Charles Goodyear, que vio con claridad los cuantiosos beneficios económicos que podría obtener si conseguía descubrir un método para endurecerlo. Después de probar y probar con diferentes sustancias, un día de 1839, en un arrebato, arrojó a la estufa la última mezcla obtenida: un revoltijo de caucho, azufre y blanco de plomo. Y sucedió el milagro. En lugar de fundirse, la mezcla se endureció y los restos que no se carbonizaron eran resistentes al calor, al tiempo que seguían siendo elásticos: acababa de descubrir la vulcanización.

Sin embargo, su ingenuidad fue su perdición. Enseñó su descubrimiento a Macintosh y le dijo que no podía revelarle la fórmula porque aún no la había patentado. El avispado Macintosh se lo comentó a su socio, Hancock, y en poco tiempo llegaron al mismo resultado que Goodyear, aunque sumergiendo el caucho en un baño de azufre fundido.

El norteamericano no solicitó la patente hasta que estuvo seguro de haber perfeccionado todo el proceso, lo que sucedió ocho semanas más tarde de que lo hiciera Hancock, que lo patentó el 21 de noviembre de 1843. Llamó a este proceso *vulcanización* e hizo que el caucho entrara en nuestras vidas de tal forma que, entre 1872 y 1912, se produjo lo que se ha dado en llamar «la fiebre del caucho». Este fenómeno disparó la explotación de la Amazonía, además de impulsar al olimpo económico a ciudades como Iquitos en el Perú y, en especial, a las localidades brasileñas de Belém y Manaos.

54. El cemento y el hormigón

Son la clave de toda construcción: los materiales que unen las piedras y los ladrillos sobre los que se levantan las civilizaciones.

Que sepamos, la primera vez que apareció el cemento sobre el planeta fue hace doce millones de años en lo que hoy es Israel. Por supuesto, nada tiene que ver con extraterrestres ni con antiguas civilizaciones avanzadas ya extintas: se produjo de forma natural al encontrarse una formación de esquisto bituminoso –una roca sedimentaria rica en materia orgánica a partir de la cual se puede producir petróleo– junto a un lecho de piedra caliza quemada debido a causas naturales.

El cemento es solo uno de los diversos materiales que hemos usado para levantar nuestras edificaciones. Por ejemplo, babilonios y asirios usaron brea y arena para unir ladrillos quemados o losas de alabastro, y en Egipto los bloques de piedra se cementaban con un mortero de arena y yeso quemado que, a menudo, contenía también algo de calcita.

Pero el cemento en sí, una mezcla de caliza y arcilla calcinadas y luego molidas con un poco de yeso que se endurece en presencia de agua, no es lo que mantiene los edificios en pie. Para ello hay que añadirle un árido, que en función de su tamaño se clasifica en grava, gravilla o arena. A eso se le llama hormigón.

Las primeras estructuras levantadas con algo similar al hormigón las construyeron los nabateos, que forjaron un pequeño imperio en

Cuando al cemento se añade un árido, como grava, se obtiene hormigón como el que estos dos operarios retiran de un camión hormigonera.

el sur de Siria y el norte de Jordania alrededor del año 6500 a. C. y cuya ciudad más representativa fue Petra. Esto fue posible porque alrededor de ella se encuentran depósitos de arena fina de sílice, y cuando las aguas se filtran a través de esta pueden transformarla en algo que se llama *puzolana*, parecida a una ceniza volcánica arenosa que, como veremos, es un excelente componente para hacer hormigón. Con semejante material disponible en el patio de casa los nabateos solo tenían que recogerlo, mezclarlo con cal y calentarlo en los mismos hornos que usaban para hacer su cerámica. Así, para el año 700 a. C. estaban construyendo hornos donde cocían este mortero –se llama así a la mezcla de un aglomerante, como el cemento, la cal y el yeso, con arena y agua–, y con él levantaban sus casas y construían sus cisternas de agua subterráneas –que mantuvieron en secreto y fueron una de las razones por las que pudieron sobrevivir en el desierto–. Los nabateos se dieron cuenta de que durante la fabricación era necesario mantener la mezcla lo más seca posible, pues el exceso de agua debilita el hormigón. Para ello lo apisonaban nada más colocarlo con una serie de herramientas especiales.

Mientras, en Egipto, alrededor del 3000 a. C., usaban morteros de yeso y cal para construir las pirámides: la de Keops requirió apro-

SHUTTERSTOCK

No siempre se evoluciona a mejor: el cemento que usaban los antiguos romanos, por ejemplo, era de mayor calidad que el que usamos hoy en día.

ximadamente 500 000 toneladas, que se usaron como cama para las piedras del revestimiento exterior de la pirámide. Los habilidosos albañiles egipcios colocaron estas piedras con juntas abiertas no más anchas de medio milímetro. Evidentemente, todas las grandes construcciones han usado algún tipo de hormigón. Uno de los morteros más curiosos es el que los chinos emplearon en la construcción de la Gran Muralla: el pegajoso arroz.

Hacia el año 200 a. C., los romanos construían con un hormigón que no era como el que empleamos hoy: no se trataba un material plástico que podía verterse porque era fluido, sino que más bien era como unos escombros cementados. De hecho, la mayoría de sus estructuras las construían apilando piedras de diferentes tamaños y rellenando a mano los espacios entre ellas con mortero: en el 95 % de las construcciones de Roma el mortero más usado era un cemento de piedra caliza que se endurece lentamente al reaccionar con el dióxido de carbono del aire. Algo muy débil.

Pero para sus grandes construcciones, como el Coliseo, que se levantaban para que duraran, utilizaban otra cosa, *harena fossicia*, una mezcla de cal triturada y una arena volcánica que, como cuenta Vitruvio, «hay cerca del monte Vesubio. Mezclada con cal y guijarros no solo proporciona firmeza a todo tipo de construcciones, sino que cuando se construyen muelles en el mar puede fraguar bajo el agua». Y no solo eso: su resistencia es impresionante. En 2013 se analizó una fragmento de hormigón datado en el 37 a. C., pues llamó la atención a los científicos por el buen estado en que se encontraba tras dos mil años sometido al oleaje del Mediterráneo. Esta mezcla de cal y cenizas es la ya citada *puzolana*, llamada así en honor a la ciudad de Pozzuoli, en el oeste de Nápoles, que es de donde se extraía esa ceniza volcánica.

Hoy nuestro agregante no es la *harena fossicia*, sino el llamado *cemento Portland*, nombre que no se refiere a la ciudad estadounidense, sino a la isla del mismo nombre que se encuentra en el canal de la Mancha. Si utilizásemos aquellas cenizas romanas para hacer nuestro hormigón, gastaríamos menos cal y el horno podría trabajar a una temperatura menor, con el consiguiente ahorro de combustible. Listos los romanos.

55. La cosechadora

Dos grandes inventos –la trilladora y la segadora– se combinaron para dar lugar a la máquina que revolucionó las labores agrícolas.

Cultivar cereal es una de las actividades agrícolas más antiguas –se estima que empezamos a hacerlo hace 12 000 años–, pero también es de las más laboriosas, como sabe cualquiera que haya participado en las labores de siega y trilla. El manejo de la hoz –o la guadaña– exige pericia, so pena de cortarte algo más que un dedo; y la trilla, con la que separamos el grano de la paja, conlleva un trabajo considerable que desde tiempos inmemoriales debe hacerse en colaboración con el viento, en la llamada aventada.

En el siglo XVIII empezamos a buscar la forma de mecanizar este proceso. Es obvio que lo primero que había que inventar era la trilladora, la parte más engorrosa de la cosecha. Apareció a finales del siglo XVIII y su uso se extendió por Inglaterra y Escocia hacia 1830. Todo empezó en 1786, cuando el ingeniero mecánico escocés Andrew Meikle construyó la primera trilladora

Un ejército de veintidós cosechadoras recolecta soja en el estado brasileño de Mato Grosso.

de la historia: trabajaba por impacto, batiendo las gavillas entre un cilindro giratorio y otro cóncavo que estaba fijo; ventiladores y zarandas aventaban y limpiaban, respectivamente, los granos. Impulsada por cuatro caballos, la trilladora de Meikle podía trillar alrededor de 0,7 toneladas de trigo por hora. Tras patentar su invento, comenzó la fabricación de trilladoras en 1789.

Con el paso de los años se fueron perfeccionando, y llegaron a procesar dos toneladas de trigo por hora con una dotación de veinticinco hombres. Si la trilla se hubiese hecho de forma manual, habría requerido el doble de mano de obra. De los caballos se pasó a la máquina de vapor, lo que aumentó la capacidad de trabajo, y más cuando pudieron empezar a usar como combustible la paja, en lugar del carbón o la leña.

Por su parte, las segadoras ya existían desde 1826 gracias al clérigo e inventor escocés Patrick Bell, que diseñó una tirada por un caballo y operada por dos hombres. Sin embargo, Bell perdió interés en su invento y nunca lo patentó. Fue un estadounidense, Cyrus McCormick, quien construyó una en Virginia que empezó a comercializar en 1839. La mejora frente a la mano de obra humana era evidente: su máquina hacía el trabajo de casi cien segadores. En Estados Unidos fue como maná caído del cielo,

GEORGE HERJOT SWANSTON

Ilustración de 1851 que muestra la segadora inventada por el escocés Patrick Bell. Equipada con dos ruedas, requería la fuerza de los caballos para abrirse camino a través de la cosecha.

pues al mismo tiempo que llegaba la segadora de McCormick al interior del país también lo hacía el ferrocarril, con lo que podían transportar los sobrantes de harina a los puertos del este y venderlos a Europa.

Pero la inventiva no se detuvo ahí: ¿no se podrían unir ambas máquinas –segadora y trilladora– en una sola? Como respuesta a esa pregunta nació la cosechadora, un nombre que se puso de moda en 1920. La primera la diseñaron en Míchigan Hiram Moore y John Hascall en 1838; era tan pesada que requería de un tiro de veinte caballos para moverla. Moore fue perfeccionando su invento y a mediados de la década de 1840 desarrolló una cosechadora tirada por dieciséis caballos que podía cortar, trillar y limpiar ocho hectáreas de trigal en un día.

Desde ese momento fueron apareciendo diferentes cosechadoras, cada vez más grandes y tiradas con una gran recua de animales: entre treinta y cincuenta mulas o caballos. Ya solo faltaba motorizarlas, primero con máquinas de vapor y luego incorporando un tractor, hasta que el 18 de diciembre de 1929, en la localidad de Sunchales (Argentina), el inmigrante italiano Alfredo Rotania patentaba la primera cosechadora autopropulsada del mundo.

RANSOMES, SIMS & JEFFERIES LTD.

La trilladora (en el centro) ofrece claras ventajas sobre la trilla con mayal (arriba) o por pisoteo de caballo (abajo).

La máquina de Rotania estaba equipada con un motor Hércules y el diferencial de un camión Chevrolet; le dio tracción delantera y una caja de dos cambios hacia adelante y uno hacia atrás. Con un ancho de corte de 4 metros y una velocidad de trabajo de 4 km/h, era capaz de cosechar hasta quince hectáreas por jornada. Una verdadera proeza.

56. El acero

La diferencia entre el hierro y el acero reside en un pequeño porcentaje de carbono. Añadirlo fue un reto para los herreros.

La historia del acero está unida a la del hierro. La única diferencia entre ambos es casi insignificante: como mucho un 2% de carbono, un pequeño aditivo que marca una gran diferencia. Si el hierro forjado apareció a las orillas del mar Negro y permitió a los hititas crear uno de los ejércitos más poderosos de la historia antigua, el hierro fundido se fabricó por primera vez en China alrededor del año 500 a. C. Pero ninguno de los dos eran perfectos: el hierro forjado solo contenía un 0,8% de carbono, por lo que no tenía la resistencia a la tracción del acero, y el hierro fundido chino, con un 2%-4% de carbono, era más frágil. Los herreros del mar Negro comenzaron a insertar barras de hierro en carbón vegetal, lo que creó hierro forjado recubierto de acero. Pero en la India tuvieron una idea mejor.

Alrededor del año 400 a. C., los herreros indios inventaron un método de fundición que añadía la cantidad perfecta de carbono al hierro. La clave estaba en un recipiente de arcilla para el metal fundido: el crisol. Lo que hicieron fue colocar trozos pequeños de hierro forjado junto con carbón en los crisoles, sellarlos y meterlos en un horno. De este modo, el hierro forjado se fundía y absorbía el carbono del carbón. Al abrir los crisoles lo que aparecía era acero, que llamaban *ukku*.

SHUTTERSTOCK

El acero indio empezó a viajar por todo el mundo. En Damasco sirvió para fraguar sus famosas espadas de *acero de Damasco*, de las que se decía que eran capaces de cortar plumas en el aire. También llegó a Toledo, donde los herreros hispanos forjaban armas para las legiones romanas. Quienes vendían el acero a Roma eran los taimados comerciantes abisinios, que les mentían acerca de su origen: les decían que lo hacían los seres, un pueblo que vivía en lo que hoy es China occidental, famoso por ser el lugar de origen de la seda. De este modo, al venir de un país tan lejano, a los romanos no les entraron ganas de ir hasta allí para conquistarlo.

57. El arado

El sedentarismo es la base de la civilización. La agricultura es la base del sedentarismo. Y el arado es la base de la agricultura.

En 1978, el historiador de la ciencia James Burke hizo una simple pregunta a los espectadores de su serie documental *Connections*: «Rodeado por los restos de la civilización y sin acceso a la tecnología

SHUTTERSTOCK

moderna, ¿qué es lo que necesitarías para mantenerte vivo, junto con los rescoldos de la civilización?». Su respuesta fue: «Un arado».

La aparición de la agricultura cambió de forma indeleble no solo el planeta, sino al ser humano. Nos llevó a la aparición de las ciudades, a la división del trabajo y a la desigualdad social. En definitiva, a la civilización. El cultivo diligente de la tierra hizo agudizar el ingenio, porque necesitábamos aperos de labranza. De todas las herramientas agrícolas hay una que, sin duda, influyó decisivamente en la forma de obtener alimentos de la tierra: el arado.

La primera vez que cultivamos la tierra utilizamos palos y azadas rudimentarias. Se usaron en zonas fértiles, como las orillas del Nilo, para hacer los surcos donde plantar las semillas. Algunas azadas antiguas, como la egipcia *mr*, eran puntiagudas y lo suficientemente fuertes como para despejar el suelo rocoso. Sin embargo, la domesticación de animales como los bueyes permitió convertir la azada en un arado tirado por ellos. La primera prueba de su uso está fechada entre los años 3500 a. C. y 3800 a. C., en Bubeneč (República Checa). También se ha descubierto un campo arado del 2800 a. C. en Kalibangan (Pakistán).

La aparición del arado marcó un antes y un después en la historia de la agricultura. Primero, porque hizo más fácil el duro trabajo de labrar la tierra; y segundo, porque mejoró la cantidad y la calidad de los cultivos al poder penetrar más en el suelo y sembrar a mayor profundidad, fuera del alcance de roedores, aves y otros animales.

Pero la gran revolución sucedió cuando los romanos desarrollaron su propia versión, hoy conocida como arado romano. La innovación fue doble: incorporaron una pieza de hierro para profundizar en la tierra –la reja– e introdujeron lo que se llama vertedera, una pequeña pieza horizontal colocada detrás de la reja y que ayuda al agricultor a mover con más eficacia los terrones de tierra que aparecen al arar. Esta innovación fue particularmente importante en suelos poco fértiles, pues al *darle la vuelta a la tierra*, los nutrientes afloraban a la superficie. Es sin duda el invento de mayor duración de la historia, pues se mantuvo igual hasta el siglo XVIII, cuando en 1730 Joseph Foljambe patentó el conocido arado Rotherham: más triangular, aprovechaba mucho mejor la fuerza de tiro que se utilizaba por aquel entonces en Europa, el caballo.

58. Las gafas

Hay un 33 % de probabilidades de que estés leyendo ahora mismo estas líneas gracias, precisamente, a este invento.

Dicen que es el quinto invento más importante de la humanidad, y puede que tengan razón, aunque solo sea por lo extendido de su uso: alrededor de un tercio de la población del mundo usa gafas. La pérdida de visión siempre ha sido una maldición para quien la sufre; ya el romano Cicerón se quejaba amargamente de que sus esclavos tuvieran que leerle los libros y las cartas.

Quien puso las bases teóricas para la aparición de las gafas fue el astrónomo y físico árabe Hasan ibn al-Haytam, conocido en Europa como Alhacén. En su libro más importante, *Kitāb al-Manāzir* o *Libro de óptica*, escrito entre 1011 y 1021, demuestra dos ideas fundamentales: la primera es que vemos los objetos porque reflejan la luz del sol y nos llega a los ojos, con lo que enmendaba la plana nada menos que a Euclides, que en su *Óptica* defendía que veíamos porque de nuestros ojos emanan unos «rayos visuales» que eran de naturaleza corpórea. La segunda es que los ojos no son los responsables de que veamos, sino el cerebro.

Reproducción en madera de las primeras gafas hechas en Alemania, que datan del año 1350.

GETTY

A la izquierda, Este fresco de Tommaso da Modena, del año 1352, es el primer testimonio gráfico del uso de unas gafas. A la derecha, el sabio musulmán Hasan ibn al-Haytam, conocido como Alhacén, descubrió los principios de la óptica. En la imagen, una estatua de él en Teherán (Irán).

Alhacén fue el primero en sugerir que las lentes pulidas podían ayudar a las personas que padecen deficiencias visuales, pero no pasó de ahí. En 1240 su libro llegó a Europa, donde fue traducido al latín y encontró un público muy interesado en el tema entre los miembros de diversas órdenes monásticas, que retomaron la investigación de Alhacén donde él la dejó. Primero fueron los franciscanos: el inglés Roberto Grosseteste, en su tratado *De Iride* (Sobre el arcoíris), escrito entre 1220 y 1235, menciona el uso de lentes para «leer las letras más pequeñas a distancias increíbles».

Unos años más tarde, en 1262, su discípulo Roger Bacon escribió sobre las propiedades de aumento de las lentes. Todo parecía estar preparado para la invención de las gafas en Inglaterra, pero en realidad eso sucedió en el norte de Italia, probablemente en Pisa, alrededor de 1290 y gracias a otra orden religiosa, la de los dominicos.

Tenemos dos pistas que apuntan en este sentido. Por un lado, el sermón que dio el dominico Giordano da Rivalto en la basílica de Santa María Novella de Florencia el 23 de febrero de 1305: «No hace aún veinte años que se encontró el arte de hacer lentes (*occhiali*), que hacen ver bien, que es una de las mejores artes y de las más necesarias que el mundo tenga. [...] Yo vi a aquel que primero las hizo, y hablé con él». El texto resumido de este sermón, donde aparece esta cita, se encuentra en la Biblioteca Medicea Laurenciana, una de las más importantes de Florencia, que conserva más de once mil manuscritos. Otra pista son las crónicas del monasterio dominico que entonces estaba anexado a la iglesia de Santa Caterina d'Alessandria, en Pisa, que menciona a un monje llamado Alessandro della Spina: «Anteojos, que primero fueron hechos por otra persona que no estaba dispuesta a compartirlos, él [Della Spina] los hizo y los compartió con todos con un corazón alegre y dispuesto». Estas crónicas describen a Alessandro como un monje modesto, copista hábil, miniaturista muy ingenioso y versado en mecánica. No es de extrañar que Da Rivalto conociera a Della Spina: ambos eran dominicos y oriundos de Pisa.

El invento no tardó en propagarse: en 1301 en Venecia se promulgaron normativas gremiales que regulaban la venta de anteojos. Estas primeras gafas, que se usaron para corregir la presbicia o vista cansada, consistían en dos lentes biconvexas hechas de cuarzo transparente, berilo o vidrio de Murano, incrustadas en monturas de madera o de asta de vaca y colocadas directamente sobre la nariz –similares a lo que en España llamamos quevedos–. Tener que usarlas durante mucho tiempo hizo que se empezara a buscar modos de poder llevarlas puestas sin miedo a que se cayeran: gorros de donde colgaban gracias a alambres, una banda de cuero en torno a la cabeza... Las patillas no aparecieron hasta el siglo XVIII.

El primer cuadro donde se ve a alguien usando gafas es un fresco de la sala capitular del antiguo convento dominico de San Nicolò de Treviso pintado por Tommaso da Modena en 1352: muestra al cardenal francés Hugues de Saint-Cher en un *scriptorium*. La primera óptica del mundo se abrió en Estrasburgo en 1466. Eso sí, nadie sabía por qué servían para corregir los defectos de la vista: para ello tuvimos que esperar hasta 1604, cuando el astrónomo Johannes Kepler publicó la primera explicación correcta de por qué las lentes convexas podían corregir la presbicia, y las cóncavas, la miopía.

59. Internet

Fundamental en la vida moderna, lo más asombroso de este invento es que aún no hemos descubierto todo su potencial.

Cuenta la leyenda que su origen fue un proyecto militar estadounidense para crear una red de ordenadores que uniera los centros de investigación dedicados a labores de defensa en la década de los sesenta en los Estados Unidos. No fue así.

Todo comenzó en 1965, cuando Bob Taylor, un psicólogo especializado en psicoacústica que trabajaba para la NASA en la División de Control y Visualización de Vuelo Tripulado –la agencia espacial estaba metida de lleno en el programa Apolo–, fue contratado por la Oficina para las Tecnologías de Procesado de la Información (IPTO), que formaba parte de la Agencia de Proyectos de Investigación Avanzados de Defensa, la famosísima DARPA, históricamente foco de todo tipo de teorías conspiratorias. Su labor era financiar grandes programas de investigación en informática en las principales universidades. Taylor estaba convencido de que los ordenadores, comunicados entre sí, debían formar una gran red. Esta idea no era suya; la había sugerido el que había sido director de la IPTO entre 1962 y 1964, Joseph Carl Robnett Licklider. Lick o J. C. R., como se le conocía popularmente, es una de las grandes figuras de la historia de los ordenadores. Era también psicólogo y, mientras estuvo en la IPTO, acuñó el término *intergalactic computer network* para referirse a una red de ordenadores que sería «el medio principal y esencial de intercambio de información para Gobiernos, instituciones, corporaciones e individuos».

Y no solo eso... Como director de la IPTO, Lick inició tres de los desarrollos más importantes en tecnologías de la información: la creación de departamentos de informática en las universidades y los conceptos de tiempo compartido y de redes. Y en 1966 publicó un artículo visionario, *Man-Computer Symbiosis*, donde describía la necesidad de una interacción más simple entre computadoras y usuarios.

Taylor estaba en la misma onda. Si se conectaban los ordenadores en una gran red, aquellos investigadores que estuvieran haciendo un trabajo similar en diferentes lugares podrían compartir recursos y

GETTY

Los pioneros de la Red. Sentados, de izquierda a derecha: Robert Taylor, Frank Heart, Roland Bryan y Douglas Engelbart. De pie, de izquierda a derecha: Severo Ornstein, Barry Wessler, David Walden, Leonard Kleinrock, Wesley Clark, Ben Barker y Truett Thach.

resultados. Además, no haría falta gastarse grandes sumas de dinero para que todas las universidades tuvieran sus ordenadores: bastaría con concentrar los recursos en un par de lugares donde instalar ordenadores muy potentes y a los que todo el mundo tendría acceso remoto a través de simples terminales.

Con estas ideas en la cabeza, Taylor se fue a ver al jefe de DARPA, Charles M. Herzfeld, un físico-químico que se pasó al mundo de los ordenadores tras escuchar una conferencia de uno de los padres de la computación, el matemático húngaro-estadounidense John von Neumann. Taylor le dijo a Herzfeld que esta red también resolvería lo que él llamaba *el problema de la terminal*: el funcionamiento de cada ordenador dependía de quién era el fabricante, y como al Departamento de Defensa –el mayor comprador de ordenadores del mundo– le era imposible adquirir todos los ordenadores que necesitaba a un mismo fabricante, los trabajadores tenían que usar una terminal y un procedimiento diferentes para acceder a cada tipo de ordenador. Eso era algo que le molestaba muchísimo a Taylor: si tenía que acceder a tres ordenadores, en su despacho debía tener tres terminales distintas.

Herzfeld estaba encantado, y más cuando Taylor le dijo que la red podía ser resistente a fallos, de tal modo que si un ordenador integrado en ella fallaba, los demás podrían seguir trabajando en los otros. Cuando Herzfeld le preguntó si sería muy difícil de materializar, Taylor le dijo que no, que prácticamente sabían cómo hacerlo. En veinte minutos, Taylor salió del despacho de Herzfeld con un millón de dólares bajo el brazo para desarrollar ARPANET.

En octubre de 1969 se enviaba el primer mensaje entre la Universidad de California en Los Ángeles y el Stanford Research Institute (SRI), ubicado en Menlo Park, también en California. Poco más tarde se unieron a la red la Universidad de California en Santa Bárbara y la de Utah. Así, a finales de 1969, había cuatro ordenadores conectados a ARPANET: internet acababa de nacer.

60. El láser

Las telecomunicaciones, la medicina y la industria son solo algunos de los sectores que se han beneficiado de este gran invento.

Un láser es, en esencia, un haz de luz coherente. Esto quiere decir que no se dispersa rápidamente como hace la luz que sale de una linterna, sino que se mantiene formando un rayo a largas distancias, y además es monocromático: mientras que la luz de una bombilla emite en todo el rango de luz visible, un haz láser queda confinado en una pequeñísima parte del espectro.

La prehistoria del láser se remonta a cuando Albert Einstein escribe el tercero de los artículos sobre la forma en que la materia interactúa con la luz. Publicado en 1917, se titulaba *Sobre la teoría cuántica de la radiación*, y allí describía la teoría de emisión estimulada de radiación. Para entenderla, debemos comprender cómo emite luz un átomo: si uno de sus electrones absorbe un fotón de luz con la energía adecuada, este sube a un nivel de energía superior; se dice que está excitado. Pasado un tiempo, cae a un nivel de energía menor y emite un fotón cuya energía es exactamente la que separa esos dos niveles. Esto es la emisión espontánea. La emisión estimulada consiste en que, si tenemos un electrón en un nivel superior y le enviamos

Gordon Gould tardó veintiocho años en lograr el reconocimiento que merecía.

un fotón con la misma energía que la diferencia que existe entre los niveles, el electrón caerá al nivel inferior y emitirá un fotón con la misma energía que el fotón incidente. Obviamente, si tenemos toda una población de electrones excitados en el mismo nivel, podremos obtener una cascada de fotones, todos con la misma energía. De ahí, el láser. Esto era lo que había descrito Einstein. En 1928, Rudolf W. Ladenburg confirmó la existencia de fenómenos de emisión estimulada, y, en 1950, Alfred Kastler propuso un modo efectivo de invertir la población de electrones, el bombeo óptico, que se confirmó experimentalmente dos años después.

El 26 de abril de 1951 Charles Hard Townes, de la Universidad de Columbia (EE. UU.), estaba sentado en un banco de un parque de Washington, lejos de casa. Había tenido una reunión, pues el Pentágono, que estaba financiando parte de su trabajo en el Laboratorio de Radiación, quería mejorar sus comunicaciones y sistemas de radar mediante el uso de longitudes de onda más cortas para así alcanzar distancias mayores. Aquella mañana de primavera, en el parque, a Townes se le ocurrió cómo construir un dispositivo capaz de estimular la emisión amplificada de microondas: el máser. Dos años más tarde y con la ayuda de dos estudiantes de posgrado, James P. Gordon y H. J. Zeiger, terminó de construir el primer máser de la historia. Y patentaron su creación, que solo amplificaba microondas, no luz infrarroja o visible.

¿Podrían aplicar el principio del máser a la luz visible? Para ver si era posible se asoció con su cuñado, Arthur Leonard Schawlow, que trabajaba en los Laboratorios Bell, los mismos que pagaban a Townes como consultor. Entre semana, Schawlow investigaba la superconductividad, que era por lo que le pagaban en Bell, y los fines

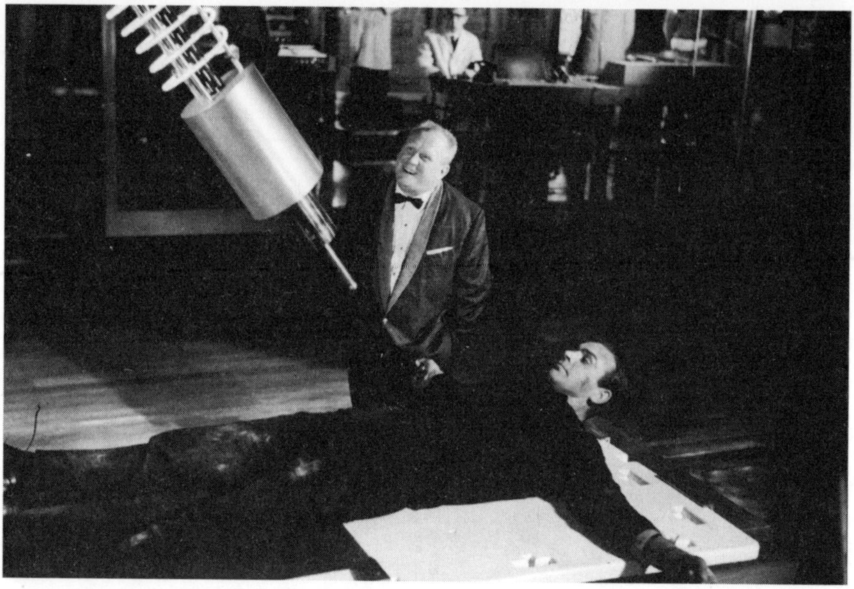

GETTY

No a todo el mundo le hacen gracia los láseres: James Bond, por ejemplo, estuvo a punto de morir cortado por la mitad por uno de talla industrial en *Goldfinger* (1964).

de semana se juntaba con su pariente para ver cómo podían construir un máser de luz visible. En diciembre de 1958 publicaron los resultados de su esfuerzo en la revista *Physical Review* y, a través de Laboratorios Bell, patentaron su idea.

Pero la historia no termina aquí: esto fue el pistoletazo de salida de una guerra de patentes que duró treinta años.

Para entender lo que sucedió debemos regresar a 1957, cuando a un estudiante de doctorado de la Universidad de Columbia (EE. UU.), Gordon Gould, se le ocurrió el modo de construir un resonador óptico, una pieza fundamental sin la cual es imposible obtener un haz de láser estrecho, coherente e intenso. Ya había hecho algo parecido en 1956 para Townes, cuando le propuso cómo realizar el bombeo óptico para su máser. Describió el resonador en su cuaderno de trabajo –además de sus otras posibles aplicaciones en espectrometría, interferometría, radar y fusión nuclear– bajo el título *Cálculos aproximados sobre la viabilidad de un LASER. Amplificación de luz por emisión estimulada de radiación*. Esta es la primera vez que aparece el acrónimo láser. Gould sabía lo que tenía entre manos, así que dirigió sus pasos a un notario para que, al menos, su trabajo estuviera convenientemente certificado.

GETTY

El físico Charles Hard Townes (izquierda) y su ayudante James P. Gordon posan junto a su gran creación, el máser, un ingenio capaz de amplificar las microondas.

En 1959 dejó la Universidad de Columbia porque estaba deseoso de patentar su invento y porque creía, erróneamente, que tenía que construir un láser para poder patentarlo. Abandonó su tesis doctoral y se puso a trabajar en una empresa privada, Technical Research Group (TRG). Gould los convenció para que trabajaran en el desarrollo de un láser, e incluso consiguió financiación de la agencia de investigación del Departamento de Defensa DARPA. Pero entonces las cosas se torcieron: DARPA declaró el proyecto como *clasificado* y, como Gould había participado en *actividades comunistas*, se le prohibió participar en el proyecto. Sin Gould, TRG perdió la carrera, que ganó los recién fundados Hughes Research Laboratories. Theodore Maiman hizo funcionar el primer láser el 16 de mayo de 1960, alumbrando con una lámpara de flash de alta potencia una varilla de rubí rosa con superficies recubiertas de plata.

Inmediatamente envió un artículo contando su trabajo a la prestigiosa *Physical Review Letters*, pero sorprendentemente fue rechazado. Maiman se la jugó y lo remitió a *Nature* –una revista aún más selectiva que la anterior–, pero los editores lo aceptaron y salió publicado el 6 de agosto. Pero su empresa no iba a esperar a que apareciera publicado y el 7 de julio de 1960 dio una rueda de prensa anunciando el descubrimiento. Podemos imaginar el revuelo que levantó, y empezó a hablarse del *rayo de la muerte.*

Gould presentó una solicitud de patente en abril de 1959. La Oficina de Patentes de los Estados Unidos la denegó porque Laboratorios Bell había presentado su patente del láser antes. Tras tres décadas de litigios, finalmente Gould logró hacerse con la suya.

61. La máquina de vapor

La Revolución Industrial modificó el devenir del ***Homo sapiens*****, impulsado por un ingenioso motor que aparcó la fuerza animal.**

El padre de la máquina de vapor fue un hugonote francés que a finales del siglo XVII era profesor de Matemáticas en Prusia: Denis Papin. Sus ideas llamaron la atención de la sociedad científica más importante del momento, la Royal Society, que le invitó a exponerlas en Londres.

Mientras tanto, un quincallero de Darmouth sin preparación científica llamado Thomas Newcomen se asociaba con Thomas Savery, un ingeniero militar que acababa de patentar una bomba de achique de agua para las minas accionada por vapor. Savery era plenamente consciente de la importancia de su invento, y así lo hizo constar en su solicitud de patente: lo llamó «El amigo del minero». El ingenio de Savery resultaba poco eficaz y peligroso, porque la alta presión del vapor hacía saltar las tuberías y las calderas. Solo había que perfeccionarla, y la mejora no vino del equipo inglés, sino de Papin.

Convertido en miembro de la Royal Society e instalado en Londres, oyó hablar del invento de Savery. Para 1707 había proyectado una caldera de alta presión con un horno incorporado que accionaba las palas de un barco. Al año siguiente, solicitó quince libras al secretario de la Royal Society para llevar a cabo un experimento relacionado con su invento. La respuesta fue tajante: solo le darían el dinero si aseguraba de antemano el éxito. El pobre Papin se quedó sin el dinero y sin su motor y, tiempo más tarde, moriría en Londres en la más absoluta miseria.

GETTY

El motor de vapor de Watt fue la primera máquina de vapor realmente práctica e impulsó la Revolución Industrial.

Ahora le tocaba el turno a Newcomen. Se enteró del diseño de Papin y decidió modificarlo. Tras un duro trabajo que culminó en 1712, Newcomen puso en funcionamiento su máquina atmosférica, también conocida como máquina de fuego. El problema era su pobre eficiencia: la bomba de Newcomen, aunque ingeniosa, no era capaz de extraer el agua de las minas con la rapidez necesaria, gastaba gran cantidad de carbón y no podía aplicarse a otra cosa que no fuera el bombeo. Ahora bien, en favor de este quincallero sin estudios debe decirse que en cincuenta años nadie fue capaz de mejorar su máquina.

Y llegó el año 1765. Hacía ocho años que James Watt, un melancólico e infatigable ingeniero, trabajaba en el taller de reparaciones de la Universidad de Glasgow (Escocia). En la sala de trabajo descansaba un modelo a escala de la máquina de Newcomen, que era utilizada por los profesores en sus demostraciones. Frente a ella Watt meditaba el modo de mejorar su rendimiento. Las modificaciones que introdujo, aunque a primera vista pudieran parecer menores, fueron cruciales. Por un lado, hizo que la condensación del vapor se produjera fuera del pistón –en el condensador–: de este modo se mantiene el pistón permanentemente caliente y el condensador siempre frío. Por otro, aumentó la presión en los pasos iniciales de la expansión del pistón para minimizar la inevitable pérdida de vapor.

Pero la verdadera revolución llegó cuando Watt se preguntó si se podía usar para algo más que para achicar el agua de las minas. Para ello solo era necesario convertir el movimiento de arriba abajo de la bomba en un movimiento circular. El hallazgo del llamado engranaje sol y planeta, en el cual una rueda dentada giraba en torno a otra como un planeta alrededor del Sol, fue realizado por uno de sus ayudantes, William Murdock.

Con esta nueva transmisión, la bomba extractora de agua se convirtió en la revolucionaria máquina que nos introdujo en la Revolución Industrial. Hacia 1795 Watt la había instalado en prácticamente todos los procesos manufactureros de Inglaterra. Su fábrica de Birmingham se erigió en la mensajera de una nueva era, y no solo gracias a la máquina de vapor.

Dos silenciosas pero profundas transformaciones nacieron allí. Una, de la mano de James Watt; la otra, de la de Murdock. Watt introdujo ingeniosos cambios en la construcción de sus motores con el objetivo de maximizar el ritmo de producción. Dividió los diferentes trabajos en otros más específicos, con operarios dedicados exclusivamente a ellos, en algo parecido a una primitiva cadena de montaje. Por su parte, Murdock convirtió las oscuras noches inglesas en días luminosos. Fue el primero en hacer del alumbrado de gas una empresa económica y tecnológicamente viable.

El motor de Stirling

En los primeros años del siglo XIX los dueños de las industrias empezaban a exigir a sus máquinas un mayor rendimiento, lo que obligaba a que trabajaran a presiones cada vez más altas, con un mayor riesgo de sufrir explosiones. Muertes y mutilaciones eran habituales en las fábricas donde empleaban la omnipresente máquina de vapor. Fue entonces cuando un clérigo escocés, Robert Stirling, conmovido por la tragedia, decidió usar una parte del tiempo que dedicaba a sus sermones para crear una máquina de alto rendimiento que trabajara a presiones menores. Así nació el motor de Stirling.

Consta de dos cilindros, con un pistón en cada uno de ellos, y de un regenerador que Stirling, como buen escocés, bautizó con el nombre de *economizador*. Es la pieza clave del motor y se encuentra situada en el conducto que une ambos cilindros; sirve para calentar el gas frío y enfriar el caliente. Pero este motor tenía sus inconvenientes, esencialmente tres: uno, la manera sutil y delicada en que los dos pistones se acoplan mediante un complicado sistema de engranajes y cigüeñales; dos, la pérdida de eficiencia del motor debido al rozamiento, pues tenía demasiadas partes móviles; y tres, la dificultad en encontrar un regenerador casi perfecto.

Todos estos impedimentos técnicos, unido a que años después aparecieron los motores de combustión interna (ver invento n.º 82: *El coche*) confinaron al motor de Stirling, no contaminante, silencioso y autónomo, en la oscura habitación del olvido, justo al lado de sus sermones.

62. Los molinos

Impulsados por agua o por viento, llevan milenios permitiendo moler el grano a civilizaciones de todo el mundo.

Si hay alguna sustancia que sea indispensable para la vida, esa es el agua. El ser humano la necesita para beber, lavar, regar los campos… Y eso le ha obligado a buscar formas de extraerla, conducirla y almacenarla. Llevar el agua de un lado para otro significa salvar desniveles, algo que solo se puede hacer de dos formas: aprovechando cualquier diferencia de alturas o bombeando. Durante siglos se ha sabido cómo elevar el agua, ya fuera mediante una cadena de cazos o con el llamado tornillo de Arquímedes, un tubo lleno de agua arrollado alrededor de un cilindro como la rosca de un tornillo -de ahí su nombre- que, al girar, hacía ascender el agua a lo largo del tubo. Dicen que Arquímedes lo inventó hacia el siglo III a. C. durante su estancia en Egipto y aparentemente sirvió para extraer el agua del primer dique seco del mundo. De este modo se pudo saciar la pasión por los barcos gigantescos del rey alejandrino Ptolomeo IV, un hombre de carácter odioso. Tanto la cadena como el tornillo eran accionados por esclavos o animales, y resulta curioso que a nadie se le ocurriera recurrir al empuje de la corriente de los ríos para hacerlo.

Las ruedas de agua o norias, un nombre que viene del árabe *na'ûrah*, tienen su origen en un antiquísimo ingenio que por su peculiar forma recibió el nombre de *tympanum*. Usado para el drenaje en Egipto –incluso hoy en día–, consistía en una rueda con orificios

SHUTTERSTOCK

No hay silueta más reconocible en los paisajes manchegos que la de los molinos de viento, como estos de Mota del Cuervo (Cuenca).

para permitir la entrada de agua y almacenarla en el centro de la rueda. Evidentemente, al girar, el agua sale por los conductos justo a la altura del eje.

El segundo uso al que se destinó la rueda de agua fue el de moler el grano. El pan era la comida principal de los pueblos antiguos y la obtención de la harina necesaria era un proceso lento y trabajoso: se colocaba el grano entre dos piedras planas y se movía la de arriba adelante y atrás incesantemente. Una persona –normalmente una esclava joven– molía grano suficiente para hacer pan para ocho personas. En viviendas más numerosas, todo un ejército de mujeres dedicaban el día entero a deslizar una piedra sobre otra. Con la construcción de los molinos con forma de reloj de arena, como el desenterrado en Pompeya, dejó de escucharse en las casas el familiar sonido de las piedras moliendo, pero fue con la aparición del molino de agua cuando la molienda adquirió proporciones industriales. En los últimos años del Imperio romano, la provisión de harina para Roma llegaba de una batería de molinos de agua situada en la colina del Janículo, el lugar donde hoy se encuentra el famoso barrio del Trastévere. Conocidos como molinos de Vitruvio en honor a quien los describió por primera vez, consistían

SHUTTERSTOCK

GETTY

Los sistemas de impulsión humana para elevar agua –izquierda– fueron reemplazados por los molinos –derecha–.

en una rueda de palas unida por un eje a una rueda dentada acoplada a otra horizontal que movía la piedra de moler.

A pesar de su utilidad, el molino de agua tenía un grave problema de difícil solución: necesitaba una corriente de agua cerca. No es por tanto de extrañar que el molino de viento se inventara en un país tan árido como la antigua Persia. También se utilizó para moler el grano, y tenemos referencias de ellos en dos regiones: Sistán, en el sureste de la actual Irán, y Jorasán, en el noreste. Hoy, seguramente, no lo reconoceríamos como un molino, pues las seis o doce palas de los que constaban rotaban en sentido horizontal alrededor de un eje vertical. Sabemos de ellos gracias a los escritos del geógrafo persa Al-Istajr, por lo que se estima que aparecieron hacia el siglo IX, aunque existe una tradición anterior que los sitúa hacia 644, durante el reinado del segundo califa musulmán Omar I, que fue uno de los enemigos más acérrimos de Mahoma hasta que se convirtió al islam.

El molino de viento se fue extendiendo por Asia y Europa: en el norte de China encontramos un molino horizontal en el siglo XIII, mientras que el molino de viento de eje horizontal llegó al sur de Europa en el siglo XI, a través de al-Ándalus y el mar Egeo.

63. El ordenador

Cuando las máquinas pasaron de realizar nuestra labor física a ejecutar también la intelectual, nació una nueva era: la informática.

En la Inglaterra del siglo XVII un computador era un ser humano. Su trabajo consistía en hacer operaciones aritméticas, repitiéndolas una y otra vez, para compilar tablas matemáticas útiles para ingenieros, arquitectos, astrónomos, militares... Por eso, a finales de ese siglo, Napoleón encargó al matemático Gaspard de Prony que elaborara las tablas trigonométricas y logarítmicas más precisas jamás realizadas. De Prony decidió dividir los cálculos más complejos en otros más sencillos, de forma que pudieran hacerlos personas menos cualificadas. Acababa de nacer uno de los fundamentos de los ordenadores.

Este hecho seguramente inspiró al británico Charles Babbage a dar un paso más: ¿y si para hacer esto sustituimos a los seres humanos por máquinas? A Babbage se le llama muy a menudo el padre de la computación, a pesar de que sus máquinas no pasaron nunca de la mesa de diseño. Lo más cerca que estuvo de construir un ordenador mecánico fue con su máquina diferencial, diseñada para calcular un tipo de funciones matemáticas llamadas polinómicas. Babbage descubrió un modelo teórico ideado por el militar e inventor alemán Johann Helfrich von Müller y se puso a trabajar en ella para mejorarla, pero no llegó a construirla. Lo mismo pasó con su otro diseño, la máquina analítica, lo más cercano a un ordenador actual, cuyo diseño terminó en 1835. Lo cierto es que entre los miles de páginas de anotaciones y bocetos que dejó encontramos definidos los componentes que forman un ordenador moderno: una unidad lógica que haga los cálculos –la CPU–, una estructura de control con instrucciones –el lenguaje de programación– y un lugar donde guardar los cálculos –la unidad de memoria–.

A partir de entonces fueron apareciendo diversos modelos de computadores analógicos, pero todos ellos arrastraban el mismo inconveniente: estaban diseñados para hacer un cálculo específico, y si

Los operadores programaban ENIAC, una de las primeras computadoras, conectando cables y ajustando interruptores.

querías que hicieran otro había que cambiar o reemplazar engranajes y circuitos.

El concepto de ordenador moderno apareció en 1936. Entonces un joven matemático llamado Alan Turing llegó a la conclusión de que una computadora tendría que ser capaz de resolver cualquier problema que pudiera traducirse a términos matemáticos y reducirse a una cadena de operaciones lógicas que solo usara un código binario («cero-uno» o «verdad-mentira»). Todo muy al estilo de De Prony.

El 12 de mayo de 1941, en Berlín, el ingeniero Konrad Zuse ponía en marcha el ordenador que acababa de construir en el trastero de su casa. Lo había financiado con una pequeña ayuda del Gobierno alemán, y había usado relés telefónicos: bautizado como Z3, fue la primera computadora digital electromecánica controlada por un programa. Zuse volvió a solicitar fondos para reemplazar los relés por componentes electrónicos, pero el Gobierno le negó la financiación porque «no era importante para la guerra». El Z3 quedó totalmente destruido el 21 de diciembre de 1943 durante un bombardeo aliado de Berlín.

GETTY

AGE

John V. Atanasoff (izquierda), en una conferencia de prensa para conmemorar el décimo aniversario de la decisión judicial que lo reconoció oficialmente como el desarrollador de la primera computadora digital electrónica, la ABC –derecha–.

Mientras esto sucedía en Alemania, a las afueras de Londres –en Bletchley Park– y en el más estricto secreto, un equipo de científicos bajo la dirección de Turing construía una computadora electrónica, digital y programable. Se llamaba Colossus y su objetivo era descifrar el código de Enigma, la máquina de cifrar que empleaban los militares alemanes, sus rivales en la guerra. ¿Fue el primer ordenador, tal y como lo definió Turing? No, pues no servía para resolver cualquier problema. Otro ordenador, el ENIAC (Electronic Numerical Integrator and Computer), sí lo fue.

Lo desarrollaron en secreto para el ejército estadounidense el físico John Mauchly y el ingeniero eléctrico John Presper Eckert, de la Universidad de Pensilvania, en 1945. Se ideó para hacer los complejos cálculos necesarios que necesitaban los científicos para construir una bomba de hidrógeno, y quienes lo programaron fueron seis mujeres. Con un coste de 800 000 dólares, 30 toneladas de peso y ocupando un espacio que muchos querrían para su casa, 167 m^2, se puso en funcionamiento el 10 de diciembre de 1945. Consumía 174 kilovatios y se decía que, cada vez que se enchufaba, las luces de Filadelfia parpadeaban unos instantes. No sabemos si eso es cierto, pero sí que elevaba la temperatura de la habitación donde estaba hasta los 50 °C.

Pero, insistimos, ¿fue el ENIAC el primer ordenador de la historia? Parece ser que no. Antes hubo otro: el ABC, acrónimo de Atanasoff-Berry Computer, que fue desarrollado por John Vincent Atanasoff y su ayudante Cliff Berry en 1942 en la Universidad Estatal de Iowa (EE. UU.).

El 19 de octubre de 1973, y después de uno de los litigios más largos celebrados en los Estados Unidos –135 días de juicio y 77 testigos–, el juez federal Earl R. Larson dictaminó lo siguiente: «Eckert y Mauchly no inventaron el ordenador electrónico automático, sino que lo dedujeron a partir del trabajo del doctor John Vincent Atanasoff». Al parecer, Mauchly había departido con Atanasoff en diversas ocasiones entre diciembre de 1940 y junio de 1941, lo que le había dado buenas ideas para construir elementos esenciales del ENIAC. La polvareda mediática de esta sentencia hubiera sido enorme si en ese momento no hubiera estallado el escándalo Watergate.

¿Todo termina aquí? Como en los buenos *thrillers*, nos queda una última vuelta de tuerca: en 1988 el mexicano nacionalizado alemán Raúl Rojas demostraba que realmente el Z3 fue el primer ordenador, pues cumplía con todos los criterios de Turing. El problema es que solo tenemos acceso a sus planos, y no todo el mundo está convencido de que sirviera para cualquier problema. Las espadas sobre quién inventó el primer ordenador moderno siguen en alto.

64. La pila eléctrica

Ofreció por primera vez un flujo estable de electricidad, la chispa de la era eléctrica en que hoy vivimos.

Alessandro Giuseppe Antonio Anastasio Volta nació el 18 de febrero de 1745 en la localidad de Como (Italia), en el seno de una familia aristocrática de Lombardía íntimamente unida a la Iglesia. Con semejante bagaje no es extraño que estudiara Letras Clásicas en la Escuela de Retórica de los Jesuitas de Como. Tanto maestros como familiares le presionaron para que se hiciera sacerdote o abogado. Pero a mediados del siglo XVIII había algo que llenaba de especulaciones los salones de la aristocracia: la electricidad. Y Volta, a la edad de quince años, decidió que lo que realmente quería estudiar era Física.

Su pasión era tal que el 18 de abril de 1769 publicó un pequeño tratado titulado *Sobre la fuerza de atracción del fuego eléctrico*. En él hablaba de lo que siempre han buscado los físicos: una visión unificada de fenómenos aparentemente inconexos. En este caso, Volta formuló una visión única de todos los fenómenos eléctricos conocidos hasta entonces... con poco éxito. Volta, empeñado en descifrar la verdadera naturaleza de la electricidad, construyó poco tiempo después un generador electrostático que producía electricidad sin necesidad de frotar constantemente una varilla con un trozo de lana, tal y como se hacía entonces: lo llamó *electróforo perpetuo*.

Mientras, a comienzos de la década de 1780, un compatriota suyo llamado Luigi Galvani se divertía realizando experimentos en su laboratorio. Un día observó que una pata de rana diseccionada se contraía cuando era colocada cerca de un generador electrostático. Galvani, intrigado, continuó investigando este fenómeno tan sorprendente. A su nuevo vástago lo bautizó con el nombre de *electricidad animal*, que más tarde se conocería como galvanismo.

Los trabajos que Galvani publicó en 1791 sobre el efecto de la electricidad en la pata de esa anónima rana llamaron la atención de Volta. Siguiendo la estela unificadora de su primer trabajo científico, estaba seguro de que las contracciones de la extremidad del batracio no tenían nada de extraordinario, no se trataba de un tipo de electricidad distinta a la ya conocida. Simplemente, los nervios y músculos se comportaban como un aparato ultrasensible capaz de detectar corrientes eléctricas muy débiles, mucho más que las medibles con los instrumentos de su época. Esto le condujo a una agria polémica con Galvani, quien estaba empeñado en que se trataba de un fenómeno totalmente nuevo. Pero Volta quería demostrar su error y se embarcó en una serie de experimentos que culminaron en la invención de la primera batería eléctrica práctica, que describió en una carta dirigida a la prestigiosa Royal Society de Londres el 20 de marzo de 1800.

La base de su batería era una *célula* de diferentes materiales metálicos, tales como hojalata y zinc, separados por discos de cartón humedecidos y conectados en serie. Una combinación de estas células componían la batería cuya potencia dependía del número de células utilizadas: la primera, el primer generador de corriente continua de la historia, la montó con treinta de estas células. Y no solo eso, sino

GETTY

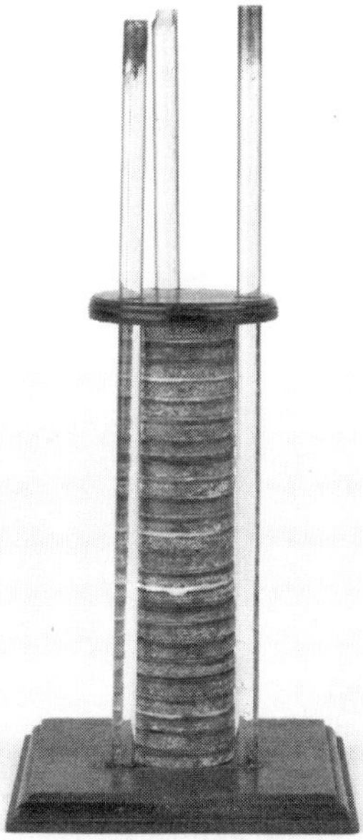

AGE

A la izquierda, el 20 de marzo de 1800, Volta escribió una carta al presidente de la Royal Society de Londres para dar a conocer su invento, la primera pila eléctrica de la historia. A la derecha, la pila de Volta demostró que no era necesaria la presencia de tejido muscular animal para producir una corriente eléctrica.

que Volta también logró demostrar dos cosas muy importantes: que la corriente eléctrica estaba relacionada con las reacciones químicas de los materiales por los que pasaba la electricidad y que ciertos tipos de metal eran más eficaces que otros a la hora de facilitar el paso de la corriente eléctrica a través de ellos.

Galvani y la resurrección de los muertos

Para Galvani la *electricidad animal* la causaba el propio organismo, en particular, el músculo situado en la pelvis. Si así era, ¿qué relación había entre la electricidad y la vida? Si esta pregunta inspiró a Mary Shelley a escribir su *Frankenstein*, hubo algunos científicos que se tomaron este camino muy en serio. Uno de ellos fue el nieto de Galvani, Giovanni Aldini, que recorría toda Europa con un espeluznante espectáculo: la electrificación de un muerto. Su fama alcanzó el punto álgido el 18 de enero de 1803, cuando en el Real Colegio de Cirujanos de Londres electrocutó el cadáver de George Forster, de veintiséis años, que había sido condenado a la horca por asesinar a su mujer y su hijo.

Aldini se hizo con el cadáver y ese mismo día preparó su experimento ante los ojos de un buen número de médicos y público curioso. Empezó colocándole electrodos en la cara: con la descarga eléctrica, su mandíbula se contrajo y su ojo izquierdo se abrió. Con diferentes electrodos repartidos por el cuerpo, Aldini consiguió que el ajusticiado moviera los brazos, se encorvara e incluso que pareciera respirar. Pero Aldini guardó lo mejor para el final: colocó un electrodo en la oreja, otro en el ano y abrió el circuito. El cuerpo sin vida de Forster empezó a moverse como si bailara una danza macabra. Algunos pensaban que realmente Aldini iba a resucitar al asesino; incluso las actas revelaban que, si eso sucedía, el condenado volvería a ser ahorcado. Pero Aldini no compartía esa opinión: para él, la electricidad «ejercía una considerable influencia en el sistema muscular y nervioso», pero de ningún modo afectaba al corazón.

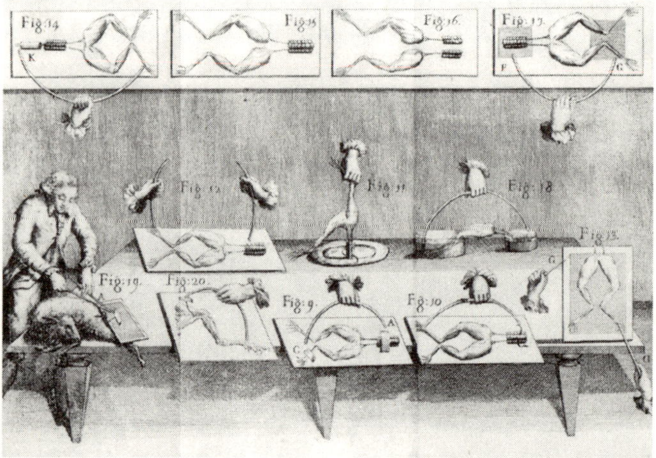

Los experimentos de Galvani con ancas de rana le llevaron a concluir que existía una *electricidad animal*.

65. La radio

El medio de comunicación de masas mejor valorado por el público fue, en su origen, la demostración práctica de importantes teorías físicas.

Un día de 1888 un profesor de Física alemán llamado Heinrich Rudolf Hertz enseñaba a sus alumnos la confirmación experimental de las teorías de un colega escocés, James Clerk Maxwell, sobre el electromagnetismo. Maxwell, tras un soberbio esfuerzo de síntesis, había creado una teoría que describía bajo una única formulación todos los fenómenos eléctricos y magnéticos. Como consecuencia de su teoría, Maxwell había predicho la existencia de unas ondas que se propagaban a la velocidad de la luz. Es más, según él, la propia luz era una onda electromagnética.

Aquella mañana Hertz llevó a su clase un par de instrumentos diseñados y construidos por él mismo: un emisor y un receptor de ondas electromagnéticas. Puso cada uno en un extremo de la clase y, como había predicho el genio de Escocia, Hertz hizo saltar una chispa en el receptor al encender el emisor. Tras la demostración, uno de sus estudiantes le preguntó si eso tendría algún día un uso práctico. A lo que Hertz contestó: «De ninguna manera. Esto es simplemente un interesante experimento de laboratorio que prueba que Maxwell tiene razón. No veo ninguna aplicación para esta misteriosa e invisible energía electromagnética».

Hertz era un gran físico, pero un pésimo profeta. Si no hubiera muerto en 1894, cuando tenía solo treinta y seis años, se habría dado cuenta de su error. Porque, justo al año siguiente, un joven italiano de veinte años, Guglielmo Giovanni Maria Marconi, utilizando el instrumento diseñado por Hertz, transmitía y recibía un mensaje en casa de su padre en Bolonia. Comenzaba la era de la telegrafía sin hilos.

Al mismo tiempo que Marconi, el físico ruso Alexander Stepanovich Popov hacía lo propio en su laboratorio de San Petersburgo. Un día de mayo de 1895, este envió y recibió una señal a casi 600 metros de distancia y, en marzo de 1897, equipaba con un receptor de radio el crucero ruso *África* mientras instalaba otro similar en tierra, en Kronstadt. En 1900 se probó la necesidad de este tipo de instalaciones: el buque de guerra *Almirante General Apraksin* estaba atrapado en los hielos en el golfo de Finlandia, y, gracias al sistema de radio de Popov, el barco pudo contactar con las estaciones de las islas Hogland y Kutsalo, a 45 kilómetros de distancia, que enviaron un mensaje al rompehielos Ermak.

Pero quedaba un problema por resolver: si solo existe un transmisor, no pasa nada, pero cuando hay muchos el receptor capta las señales de todos ellos, lo que hace imposible la comunicación. Marconi trabajó en este problema y en abril de 1900 obtuvo la histórica patente inglesa 7777 para su selector de frecuencia. De este modo, diferentes transmisores emitirían en diferentes longitudes de onda –frecuencias– y el receptor ajustaría el circuito selector para elegir unas u otras. Esto es, descubrió el dial de nuestros aparatos de radio.

SHUTTERSTOCK

El 12 de diciembre de 1901 Marconi recibía un sencillo mensaje en las costas de Terranova: la letra S en el código morse. Lo importante no fue el mensaje en sí, sino que había sido emitido desde la otra orilla del Atlántico, desde Cornualles, en Inglaterra. Cuatro días después, el 16 de diciembre, la prensa mundial publicaba la hazaña de Marconi. Hasta entonces, los científicos creían que tal hecho era imposible: no se podía mandar un mensaje más allá del horizonte, porque las señales se propagan en línea recta y se perderían en el espacio por la curvatura de la Tierra. Que en realidad lo puedan hacer se debe a la capa de la atmósfera conocida como ionosfera, a unos 150 km de altitud. Esta capa la predijo el físico inglés Oliver Heaviside en 1902, pero su existencia no se confirmó hasta 1923.

¿Y la transmisión de la voz humana? Marconi empezó a trabajar en ello en 1913, pero un ingeniero y militar castellonense, Julio Cervera, lo había conseguido once años antes. Durante tres meses de 1898, Cervera había estado trabajando en el laboratorio de Marconi. A su regreso a España se puso a trabajar y el 31 de agosto de 1899 solicitó su primera patente en radiotelegrafía sin hilos. Cervera puso en marcha la segunda red permanente del mundo, entre Tarifa y Ceuta –la primera la había instalado Marconi entre la isla de Wight y Bournemouth–, e hizo la primera transmisión de voz en 1902: durante cuarenta días comunicó Jávea con Ibiza.

Mientras, al otro lado del Atlántico, el inventor estadounidense y autoproclamado padre de la radio Lee De Forest desarrollaba en 1906 la primera válvula de vacío industrialmente útil de la historia. Inauguró así la era de la electrónica: la llamó tríodo, porque poseía tres conexiones, tres patas. Fue una invención capital que hizo posible la radio, la telefonía a larga distancia y la televisión.

En la Nochebuena de ese año, un canadiense llamado Reginald Aubrey Fessenden emitió desde Brant Rock (Massachusetts, EE. UU.) el primer programa de radio del mundo: un par de canciones, la lectura de un poema y una felicitación navideña escrita por el propio Fessenden. La emisión la escucharon los operadores de radio de un barco que navegaba a varios centenares de kilómetros. Cuatro años más tarde, en 1910, se emitía el primer programa de radio diario desde la Charles Herrold School of Radio Broadcasting, en San José (California).

Marconi no fue el inventor de la radio

El 21 de junio de 1943, el Tribunal Supremo de Estados Unidos fallaba, en una sentencia sin precedentes, que no era cierto que Marconi se hubiera adelantado a todos con sus patentes de la telegrafía sin hilos. El caso estaba muy claro: la patente de Marconi del selector de frecuencias, fundamental para poder escoger la emisión buscada dentro del dial, la presentó en abril de 1900. Pero alguien se le había adelantado, uno de los inventores más peculiares y mitificados de la historia, un hombre extravagante de casi dos metros de altura, voz aguda y porte de cigüeña: Nikola Tesla. Su patente 645 576 sobre un dispositivo similar la presentó el 2 de septiembre de 1897 y fue aceptada el 20 de marzo de 1900. Tesla se embarcó en una serie de disputas legales que acabó perdiendo. Y la Academia de Ciencias sueca, haciendo caso omiso a la no pactada ley de que el descubridor es aquel que primero publica, concedió el Premio Nobel de Física a Marconi en 1909.

Guglielmo Marconi.

66. La televisión

Tiene menos de un siglo de vida, pero la *caja tonta* es uno de los inventos que más ha influido e influye en la sociedades actuales.

Conociendo la pasión que mostramos por la caja tonta, deberíamos recordar y celebrar la fecha del 2 de octubre de 1925. ¿Por qué? Ese día el ingeniero escocés John Logie Baird consiguió transmitir en Londres la imagen de un muñeco de ventrílocuo llamado Bill mediante un sistema mecánico de televisión de su invención montado en el ático de su casa. Fue todo un logro, si tenemos en cuenta la escasez de materiales y medios con los que contó. El aparato no tenía nada que ver con la idea que todos poseemos de un televisor. Su aparato utilizaba el llamado disco de Nipkow, que fue inventado en 1884 por el alemán Paul Julius Gottlieb Nipkow: un disco plano y circular con una serie de pequeñas perforaciones en forma de espiral que van desde el centro al exterior. Por esas ironías de la vida, Nipkow dejó expirar la patente quince años después de solicitarla, porque nadie mostró interés en ella.

La televisión electromecánica de Baird era muy similar a una cámara oscura fotográfica, pero con el disco de Nipkow situado en el orificio de entrada. El propio Nipkow estuvo en una de sus demostraciones: «Centenares de personas esperaban pacientemente el momento de ver la televisión por primera vez. Yo me estaba poniendo nervioso por momentos. En ese preciso instante pude ver, por vez primera, lo que había ideado hacía cuarenta y cinco años».

Por supuesto, un sistema mecánico no era la mejor opción para la transmisión de imágenes. Años atrás, en 1908, el ingeniero escocés Alan A. Campbell-Swinton publicó una carta en la revista científica *Nature* donde describía cómo se podía lograr la visión eléctrica distante mediante el uso de un instrumento inventado por el ruso Boris Rosing el año anterior: el tubo de rayos catódicos, que no es otra cosa que un cañón de electrones que pueden dirigirse adonde se quiera utilizando dos campos magnéticos perpendiculares entre sí. Esto abrió la veda para que inventores de diversos países se pusieran manos a la obra en busca de la primera televisión electrónica

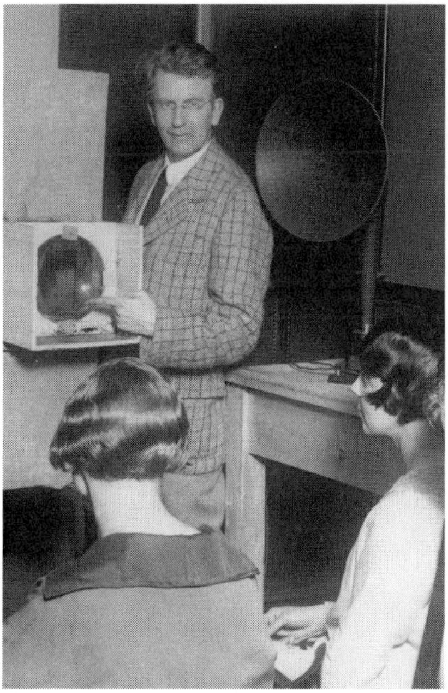

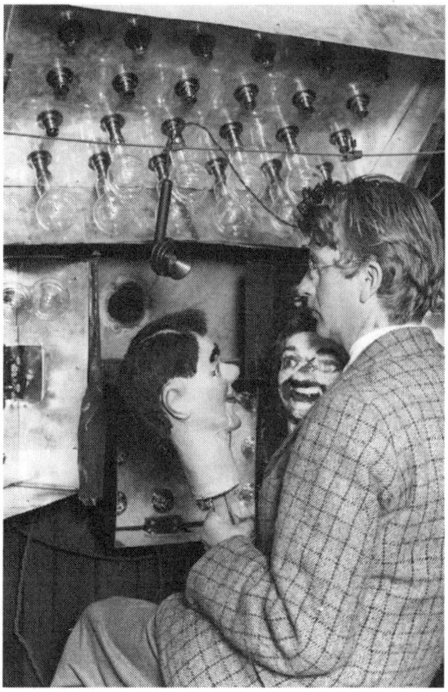

El ingeniero escocés John Logie Baird demostró el funcionamiento de su invento más famoso, la televisión, ante miembros de la Royal Institution y de la prensa técnica utilizando unos muñecos de ventrílocuo.

del mundo: los más destacados fueron Kálmán Tihanyi en Hungría, Philo Farnsworth en Estados Unidos y Kenjiro Takayanagi en Japón.

Al final, el moderno tubo del televisor nació en el laboratorio del ruso nacionalizado estadounidense Vladimir Kozmich Zworykin, que llevaba investigando en el tema de la televisión desde que llegara a Estados Unidos en 1919. Zworykin jugaba con ventaja: su maestro y mentor había sido el mismísimo Boris Rosing. En la primavera de 1930 lo contrató la Radio Corporation of America (RCA), que le puso al frente de un equipo dedicado en cuerpo y alma a la televisión. Su llegada fue como agua de mayo: a los pocos meses construyeron un receptor de rayos catódicos que tenía sesenta líneas de definición.

Pero aún faltaba lo más complicado: sustituir el transmisor, que todavía era mecánico, por un tubo de rayos catódicos. Entonces Zworykin decidió arriesgarse y utilizar uno basado en principios nuevos y que había sido patentado años atrás por el citado Tihanyi. Los experimentos comenzaron en abril de 1931 y, después de unos resultados experimentales prometedores, bautizó el nuevo tubo de

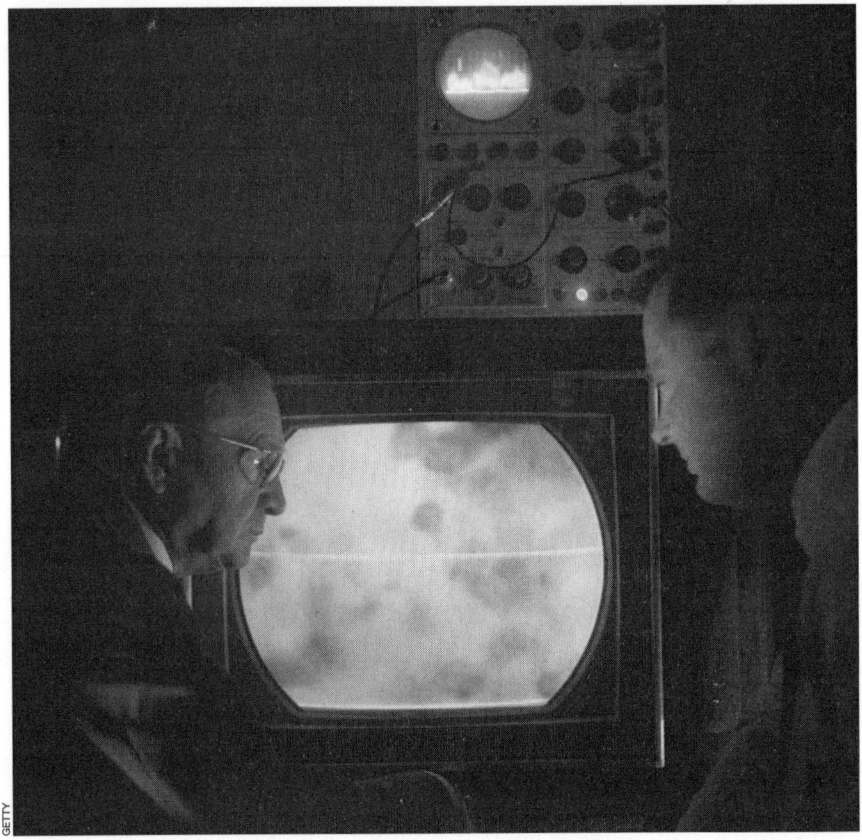

El televisor es mucho más que un mero entretenimiento. En la imagen, uno de los padres del invento, Vladimir Zworykin (izquierda), y el doctor John Biesele observan células cancerosas, magnificadas en una pantalla de televisión en color, en julio de 1958.

la cámara como iconoscopio. En junio de 1934, Zworykin y el licenciatario de la RCA, Telefunken, presentaron al mundo la televisión.

67. El satélite

Nacido durante la Guerra Fría, fue el *Sputnik 1* quien abrió el camino hacia el espacio y la exploración de nuestro sistema solar.

El 4 de octubre de 1957 el mundo entero se quedó con la boca abierta ante un acontecimiento asombroso: la Unión Soviética acababa de lanzar con éxito el primer satélite artificial de la historia, una esfera

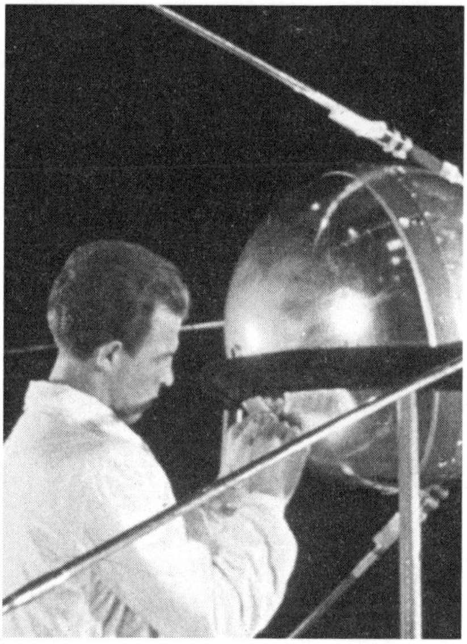

Técnico soviético trabajando en 1957 en el *Sputnik 1*, que situó a la URSS en una posición de ventaja respecto a EE. UU. en la carrera espacial. A la derecha, Wernher von Braun sosteniendo un modelo de su cohete V-2.

de aluminio brillante de algo más de medio metro de diámetro y unos ochenta kilos de peso y con cuatro antenas en forma de cola de casi tres metros de longitud. Era el Sputnik 1, palabra rusa que significa 'compañero de viaje'.

Los inicios de esta proeza se encuentran en China, hace unos mil años: fue entonces cuando se produjo la invención de la pólvora. Con ella se empezaron a fabricar los primeros cohetes y, unos siglos más tarde, Cyrano de Bergerac imaginó en su libro *Historia cómica de los estados e imperios de la Luna*, en torno a 1650, una carroza donde en los costados había sujeto un buen número de cohetes con el fin de elevarse y llegar hasta nuestro satélite natural.

Pero, si queremos ser más realistas, los cimientos del logro del Sputnik 1 hay que buscarlos en tres hombres que centraron sus esfuerzos e ilusiones en hallar un medio que permitiese al ser humano viajar al espacio. El primero es el ruso Konstantin Eduardovich Tsiolkovski, hacia 1883; el segundo, hacia 1909, el estadounidense Robert Hutchings Goddard; y finalmente, hacia 1923, el alemán Hermann Julius Oberth.

A ellos habría que añadir otros dos nombres: el de Wernher von Braun, seguidor de la escuela de Oberth, y Sergei Pavlovich Korolev,

La perrita Laika, en el Sputnik 2.

discípulo de Tsiolkovski. De hecho, fue Korolev el artífice de la victoria espacial rusa con el lanzamiento del Sputnik.

Por lo demás, es posible que hubiéramos llegado al espacio algo más tarde de 1957 si durante la II Guerra Mundial el alto mando alemán no se hubiera empeñado en crear un arma definitiva: un cohete capaz de destruir al enemigo. Para ello puso a disposición de Wernher von Braun todos los medios de que disponía. Con este fin construyeron la base de Peenemünde, en la costa báltica germana, de donde salieron los temibles V-2. El 3 de octubre de 1942 se lanzó el prototipo, una máquina de 13 toneladas de peso capaz de alcanzar una distancia de trescientos kilómetros volando a una velocidad de 5700 km/h. Al finalizar la guerra, rusos y estadounidenses, conscientes del valor militar de esta nueva arma, intentaron hacerse con todos los conocimientos y medios de los alemanes, tanto humanos como técnicos.

La Unión Soviética ganó la primera batalla. El lugar fue Baikonur, situado en la hoy República de Kazajistán, al sur de los Urales y al oeste de Mongolia. Ubicarlo entonces resultaba muy complicado. Hasta 1975 la localización oficial ofrecida por el Gobierno soviético era la de un antiguo pueblo minero del mismo nombre y ubicado a casi 400 km al nordeste del verdadero puerto espacial. Este se encuentra cerca de la pequeña población de Tyuratam y de la ciudad de Zarya, rebautizada Leninsk en 1958 y vuelta a renombrar como Baikonur en 1996. Una ciudad que fue construida exclusivamente para albergar al personal del cosmódromo.

El lanzamiento del Sputnik 1 fue un mazazo para el orgullo estadounidense. Tres años antes, el presidente Eisenhower había anunciado que esperaban lanzar un satélite artificial, y todo el mundo seguía sus progresos tecnológicos sin prestar atención a los soviéticos.

El segundo golpe llegó el 3 de noviembre, cuando en el Sputnik 2, un satélite de forma cónica, viajó como pasajera una perrita llamada Laika. Era el primer ser vivo ahí arriba, y se convirtió en el primer mártir de la era espacial: durante mucho tiempo se pensó que había muerto en órbita, siete días después del lanzamiento; sin embargo, hoy sabemos que falleció a las seis horas debido a problemas respiratorios y a que sufrió una parada cardiaca como consecuencia del sobrecalentamiento de la cabina y del estrés sufrido por el animal.

Ante semejante humillación pública, Estados Unidos apretó el acelerador. Sin embargo, el 6 de diciembre de 1957, el día previsto para su puesta de largo espacial, se ha convertido en la fecha maldita del programa espacial estadounidense: el satélite Vanguard cayó al suelo dos segundos después de haberse encendido los motores. La NASA, que entonces no existía, registraría más tarde que el punto de la órbita del satélite más alejado de la Tierra había sido de 60 centímetros.

EL PIONERO DE LOS COHETES

Konstantin Tsiolkovski –en la foto de la página siguiente–, un profesor de escuela ruso, fue el primero en establecer los fundamentos de la construcción moderna de cohetes. Y lo hizo antes de finales del siglo XIX. Con diez años enfermó de escarlatina, que lo dejó prácticamente sordo y lo convirtió, según confesó años después, en víctima del ridículo. «Esta discapacidad me hizo extraño a la gente y me indujo a leer, concentrarme y soñar. Tenía el deseo de hacer algo grande, heroico… Toda mi vida consistió en la meditación, los cálculos y el trabajo experimenta».

Curiosamente, su interés por los viajes espaciales fue alimentado por el místico Nikolái Fiódorov, que jugó un papel crucial en sus años de formación al sacarle de la cabeza sus ideas suicidas y enseñarle que el destino final de la humanidad pasaba por la conquista del espacio. Fiódorov creía en la unificación de la humanidad hacia un último estadio de «autocreación, inmortalidad y parecido divino, en la transformación de un universo mortal en un cosmos inmortal». Para ello había que controlar y dominar el universo, y eso pasaba por construir naves espaciales.

68. El reloj

Primero nos servimos de la naturaleza –el sol, el agua y la arena– para medir el paso de las horas; después, de la mecánica.

Durante siglos, el transcurrir del tiempo lo marcaba la sombra del sol. Y era una medida muy conveniente, ya que cualquiera podía medir el paso del tiempo sin necesidad de instrumentos especiales. Fueron los griegos quienes perfeccionaron los relojes de sol y los romanos los que los popularizaron: con ellos fijaban las horas de las comidas. Sin embargo, el agua permitió liberarnos de la tiranía del astro rey y así poder contabilizar incluso las ominosas horas de oscuridad. El principal problema con el que se enfrentaron los primitivos relojes de agua fue el de la calibración de las horas, sobre todo si tenemos en cuenta que su duración era variable, ya que el tiempo de luz se dividía en doce horas, lo que hacía que en verano estas fueran más largas que en invierno. Por este motivo, los griegos utilizaban el reloj de agua, que ellos llamaban clepsidra, para controlar la duración de los alegatos en los tribunales: los relojes que han sobrevivido nos descubren que el fluir del agua duraba unos seis minutos. En Roma la medida de la clepsidra era de unos veinte minutos, el tiempo asignado a los abogados de ambas partes para sus alegaciones. Un jurista podía pedir al juez hasta seis clepsidras adicionales –unas dos horas– para presentar sus argumentos. En cierta ocasión, un abogado llegó a pedir al juez dieciséis clepsidras, ¡cinco horas!, lo que demuestra que los letrados de entonces también tenían la verborrea de los de ahora.

El reloj de arena sustituyó al de agua. Los primeros de los que se tienen noticia datan del siglo VIII, cuando los vidrieros fueron capaces de cerrarlos herméticamente para impedir que entrara la humedad. Prácticos para medir intervalos de tiempo cortos, su uso se extendió en el siglo XVI a todos los ámbitos de la vida: los sacerdotes los empleaban para medir la longitud de sus sermones; los maestros, para sus lecciones; los cocineros, para sus recetas; los albañiles, para calcular sus horas de trabajo; y en el mar, para medir la velocidad de los barcos. Pero los primeros pasos hacia un reloj mecánico los dieron los monjes, que necesitaban conocer las horas señaladas para sus plegarias. Aquellos primeros instrumentos no marcaban la hora,

Reloj de sol antiguo en los muros del histórico castillo de St Michael's Mount, en Cornualles (Inglaterra).

SHUTTERSTOCK

GETTY

Retrato de John Harrison, pionero del cronómetro que fue vilipendiado por las élites científicas de su época por ser un *simple* artesano.

sino que la hacían sonar: fueron despertadores situados en la celda del religioso encargado de avisar a los demás de las horas canónicas.

La llegada del reloj mecánico trastocó el modo de ver el tiempo. Si los de sol, agua y arena mostraban el fluir de las horas, estos otros fueron creados para golpear una campana. Hacia el siglo XIV se instalaron en todos los pueblos y aldeas, de manera que las torres de las iglesias se convirtieron en la torre del reloj. Poco a poco se fueron anunciando fracciones de hora, como los cuartos, aunque la manecilla de los minutos tardaría en aparecer. Es más, el concepto moderno de hora, el producto de dividir el día en veinticuatro partes iguales, no apareció hasta bien entrado el siglo XIV, y los segundos empezaron a formar parte de la medición del tiempo a finales de ese siglo.

Pero hubo algo que disparó la elaboración de relojes mecánicos muy precisos, los cronómetros, el problema científico central de la denominada Era de la Exploración: determinar la longitud de un barco en alta mar. Resolver el problema se convirtió en cuestión de Estado en la Inglaterra de 1714: la supervivencia del comercio marítimo pasaba por el cálculo de rutas precisas, y esto era imposible si no se determinaba con exactitud la posición del barco. La latitud no ofrece problemas –para eso tenemos el sol–, pero la longitud sí los da debido a la rotación de la Tierra. Así que el 8 de julio la reina Ana promulgó el Decreto de la Longitud, donde se ofrecía un premio –20 000 libras– a quien resolviera el problema. Los astrónomos opinaban que la mejor manera era hacer mediciones precisas de la posición de la luna en el cielo, un método apuntado por el mismísimo Isaac Newton. Mientras, mecánicos y artesanos apostaban por la construcción de un cronómetro de precisión.

El neerlandés Christiaan Huygens abrió el camino a esta alternativa al publicar en 1673 *Horologium Oscillatorium*, el segundo libro más importante en toda la historia de la mecánica tras los *Principia Mathematica* de Newton. Pero, claro, el péndulo no responde muy bien a los vaivenes de un barco en el mar…

Mientras los grandes astrónomos y físicos ingleses se devanaban los sesos intentando poner a punto su inútil y complicadísimo método lunar, un carpintero sin estudios llamado John Harrison construía cronómetros cada vez más precisos. En 1764 su cuarto reloj, probado a bordo del *HMS Tartar* rumbo a Barbados, acumuló un error de solo 39 segundos. Pero el astrónomo real Nevil Maskelyne, miembro del Consejo de la Longitud, redactó un informe desfavorable: ¡cómo iba a ganar un simple artesano! Tras dos años de espera y sometido a una abierta animadversión por parte de la Comisión de la Longitud, el hijo de Harrison escribió una emotiva carta al rey Jorge III. Este, asombrado, decidió probar personalmente su quinto y último cronómetro, y descubrió que el error era de un tercio de segundo por día. Ante tal resultado, pidió al Parlamento que le concedieran la cuantía del premio, muy a pesar de Maskelyne y sus colegas científicos. Harrison recibió el dinero, pero no el premio oficial.

Ese mismo año, el Consejo elaboró unas nuevas condiciones tan estrictas para la obtención del galardón que Maskelyne, riendo, aseguró: «Les he dado a los mecánicos un hueso tan duro de roer que se les van a romper los dientes».

69. El telégrafo

Marcó el inicio de la era de la información al permitir comunicarse de forma inmediata a miles de kilómetros de distancia.

A lo largo del siglo XIX se produjo una segunda revolución industrial basada en la ciencia y no en la ingeniería. Se desarrolló en dos campos: uno fue el de la química, con la aparición de los tintes sintéticos; el otro, fruto de los experimentos de Alessandro Volta y Michael Faraday, el de la electricidad. Al principio, la producción de corriente eléctrica dependía de una larga hilera de baterías y únicamente resultaban de utilidad en los laboratorios.

SHUTTERSTOCK

Este antiguo dispositivo tecnológico, considerado el abuelo de internet, se empleó tanto para fines civiles como militares.

En el siglo XVIII la electricidad era el juguete de los científicos y muchos empezaron a buscarle aplicaciones prácticas, como transmitir información con ella. Así, en 1753 un lector de la revista *The Scots Magazine* –la más antigua del mundo, y que todavía hoy se sigue publicando– sugirió la idea de un telégrafo electrostático: utilizando un cable por cada letra del alfabeto, se podría enviar un mensaje a distancia. Sin embargo, la idea de un telégrafo de este estilo, en el que no interviene la corriente eléctrica, era totalmente impracticable.

Cuando Volta inventó la pila eléctrica en 1800, la cosa cambió. Previendo tal vez su importancia, Napoleón promovió la construcción de una enorme pila galvánica en la Escuela Politécnica en 1813. Pese a la evidente molestia que significaba tener una larga fila de pilas unidas entre sí, bastaba para producir la electricidad necesaria para que funcionara el telégrafo.

En 1809, el médico alemán Samuel Thomas von Sömmerring propuso un telégrafo electroquímico, que era una versión mejorada de la del médico español Francisco Salvá Campillo. Constaba de treinta y seis hilos, uno por cada letra y número. Cuando la corrien-

GETTY

Samuel Morse inventó el sistema de código que lleva su nombre, utilizado para enviar mensajes por telégrafo.

te eléctrica llegaba al receptor, el cable, que se encontraba sumergido en un recipiente con ácido, liberaba hidrógeno, que formaba unas burbujas: allá donde aparecía, era la letra correspondiente. El telégrafo de Von Sömmerring contaba con un alcance de varios kilómetros, aunque realmente tener treinta y seis botes con ácido no era nada práctico.

La invención del electroimán fue un impulso para la búsqueda del telégrafo, como demostró en 1828 Joseph Henry, que lo utilizó para desarrollar un aparato que resolvía uno de los grandes problemas de la telegrafía: superar la alta resistencia que tenían sus hilos y que hacían que la señal se debilitase rápidamente. Henry fue capaz de hacer sonar una campana situada a kilómetro y medio.

Pero el primer telégrafo realmente operativo fue inventado por Francis Ronalds en 1816 utilizando... sorpresa, sorpresa... ¡electricidad estática! En su casa instaló una compleja red telegráfica que se extendía a lo largo de 10 km. La línea estaba conectada a diales giratorios donde había impreso las letras del alfabeto y que se movían cuando los impulsos eléctricos llegaban a ellos. Ofreció su invento al Almirantazgo británico, pero este lo desestimó como «totalmente innecesario». Ronalds describió su invención y lo que significaría como revolución en las comunicaciones en un librito titulado *Descriptions of an electrical telegraph. And of some other electrical apparatus*. Se trata de la primera obra publicada sobre telegrafía eléctrica.

Ronalds era un adelantado a su tiempo: los componentes que describió se utilizaron veinte años más tarde, cuando el telégrafo entró en la sociedad. Los años 1830 fueron una sucesión de desarrollos en diferentes países y con diferente grado de éxito. En 1837, William Fothergill Cooke y Charles Wheatstone desarrollaron un exitoso sis-

El telégrafo de cinco agujas, de Charles Wheatstone y William Fothergill Cooke, fue un exitoso dispositivo de telecomunicaciones eléctrico.

tema telegráfico que, como receptor, utilizaba una serie de agujas sobre un panel que usaban para señalar las letras del alfabeto. En su patente de mayo recomendaban un sistema de cinco agujas para codificar veinte de las veintiséis letras. Fueron ellos los que tendieron la primera línea telegráfica de la historia, entre Euston y Camden, en Londres.

Pero el telégrafo tal como lo conocemos fue patentado ese mismo 1837 por el estadounidense Samuel Morse junto con su ayudante Alfred Vail, que fue el inventor del instrumento que recogía los mensajes y tantas veces hemos visto en las películas del oeste: una tira de papel que iba imprimiendo puntos y rayas a medida que avanzaba el mensaje. Porque, además del aparato, Morse tuvo la idea de sustituir las letras y los números por un nuevo lenguaje, el código Morse. El primer telegrama se envió el 11 de enero de 1838 a una distancia de 3 km. En 1844 mandó el primero a larga distancia, entre Washington y Baltimore, separadas por 71 kilómetros.

En 1847, en Alemania, Werner von Siemens y Johann Georg Halske fundaron una compañía que construyó la red de telégrafos en Rusia y luego tendió un cable desde Londres, a través de Berlín, hasta Calcuta.

70. El teléfono

En ocasiones, los grandes inventos salen de varias mentes brillantes a la vez, y eso es lo que sucedió con este artefacto.

Una vez que el telégrafo empezó a extenderse, lo que cambió radicalmente el mundo de las comunicaciones, el siguiente paso era obvio: la búsqueda del telégrafo parlante. Eso significaba hallar un modo de convertir en sonidos los impulsos eléctricos.

Sucedió en 1876. Aunque todos tenemos en mente el nombre del escocés Alexander Graham Bell, la historia no es tan sencilla. El 14 de febrero de 1876, el estadounidense Elisha Gray presentaba la documentación de su invento en la oficina de patentes de Washington a la vez que Bell hacía lo propio en Boston. La solicitud de Gray llegó unas horas antes que la del británico, pero los abogados de este insistieron en pagar la tarifa de solicitud de inmediato: como resultado, la oficina registró primero la solicitud de Bell, que fue aprobada oficialmente el 7 de marzo. Tres días después, el escocés hizo la famosa llamada a su ayudante con la que demostró la viabilidad de su invento: «Señor Watson, venga aquí. Quiero verle».

La puesta de largo del teléfono la celebró en la Exposición Universal de Filadelfia, en junio de 1876. Entre los asistentes se encontraba el físico William Thomson –más tarde sería conocido como lord Kelvin–, que había amasado rápidamente una pequeña fortuna gracias a unas patentes en el campo de la telegrafía y que, como buen vividor que era, se la había pulido durante una breve estancia en París. Fue él quien llevó el teléfono de Bell a Inglaterra.

El teléfono usado por el escocés en la demostración de su invento a la reina Victoria en 1878, en Osborne House (isla de Wight).

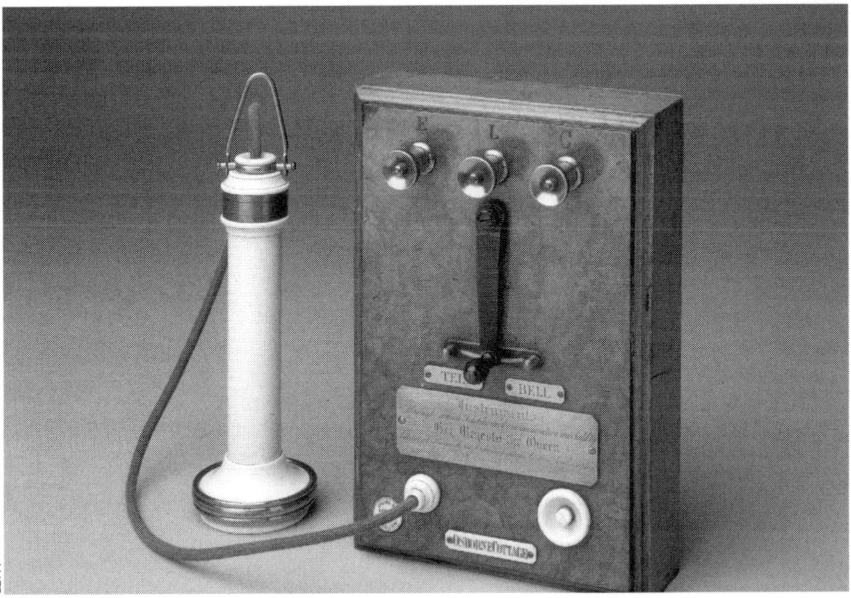

GETTY

Bell, en Nueva York, realizando la primera llamada telefónica de larga distancia a Chicago, en 1892.

Sin embargo, el aparato que aparecía descrito en la patente no era práctico. Solo tras una profunda reconstrucción de la idea original, se diseñó uno que podía producirse a gran escala. La Bell Telephone Company comenzó a funcionar el 11 de julio de 1877, y ese mismo mes el primer teléfono comercial llegó a Europa, presentado en Plymouth (Inglaterra) por el ingeniero jefe de la Oficina General de Correos británica, William H. Preece, en presencia del propio Bell.

En 1878 se desplegó la primera línea y se puso en marcha la primera central telefónica. Tres años después, había en funcionamiento casi 49 000 teléfonos. En 1885 se creó la American Telephone and Telegraph Company (AT&T), que dominó las comunicaciones telefónicas durante el siglo siguiente. En un momento dado, los empleados de Bell System denigraron deliberadamente el sistema telefónico de Estados Unidos para reducir los precios de las acciones de todas las compañías del sector y, por lo tanto, facilitar al escocés la adquisición de sus competidores más pequeños. En 1900 había casi 600 000 teléfonos en el sistema de Bell, que se disparó a 2,2 millones en 1905, y a 5,8 millones en 1910. Cinco años más tarde, la primera línea telefónica transcontinental entró en funcionamiento.

Pero hay una parte oscura en toda esta historia. En 1854, un italiano afincado en Nueva York, Antonio Meucci, había desarrollado un primitivo teléfono –el *telettrofono*– con el que había hecho una primera prueba en Staten Island. En 1871 presentó una patente provisional en la Oficina de Patentes de Estados Unidos. Más de un siglo después, en junio de 2002, una resolución de la Cámara de Representantes de este país dejó claro que a Meucci había que reconocerle su pionero trabajo en el desarrollo del teléfono y que si «hubiera podido pagar la tarifa de 10 dólares para mantener la patente provisional en 1874 no se le habría podido conceder a Bell ninguna patente». Incluso hay quien apunta que el escocés no fue muy honesto y pudo haber usado el *telettrofono* como punto de partida. Curiosamente, parte del material de Meucci desapareció sin dejar rastro del mismo laboratorio en el que Bell llevaba a cabo sus experimentos. Y las acusaciones de juego sucio no se detienen aquí: también hay indicios de que sus abogados adquirieron ciertos detalles técnicos del invento de Gray, que se agregaron a la patente de Bell después de haberla presentado y que usaron en el prototipo que sirvió para hacer la primera llamada telefónica de la historia.

La historia del detector de metales de Graham Bell

Después del teléfono, Bell comenzó una escalada de inventos entre los que destacan un prototipo de pulmón de acero artificial, el fotófono y el grafófono. Pero uno de los más curiosos de este escocés nacido en Edimburgo fue un localizador de objetos metálicos en el interior del cuerpo humano. Y además tuvo que fabricarlo contrarreloj. Todo sucedió en julio de 1881, cuando desde la Casa Blanca se le encargó que desarrollara una máquina capaz de localizar la bala del disparo que recibió el presidente, James Abram Garfield, mientras estaba en una estación de tren de Washington.

Su «detector de metales» era teóricamente perfecto, pero no funcionó. Mejor dicho, no fue eficaz, ya que no localizó el lugar donde se encontraba el proyectil. En parte, porque el médico responsable de la vida del presidente lo usó para buscarla donde él creía que estaba. Tras el fracaso, los médicos decidieron realizar una exploración quirúrgica. Y entonces, tras varios intentos de sacarle la bala –que llevaron a cabo sin esterilizar el instrumental ni lavarse las manos–, una infección que se extendió por su organismo acabó llevando a la tumba al vigésimo presidente de Estados Unidos.

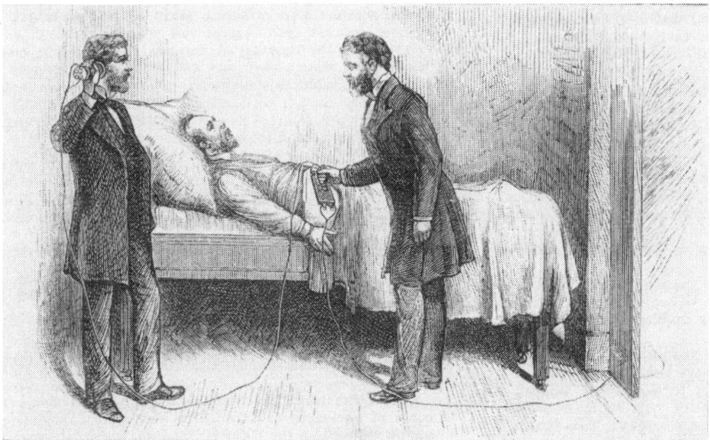

AGE

Bell desarrolló un dispositivo para intentar localizar la bala alojada en el cuerpo del presidente J. A. Garfield.

71. El transistor

Si el desarrollo en el siglo XIX se basó en la máquina de vapor, la era de las comunicaciones lo ha hecho en este dispositivo electrónico.

La electrónica primitiva empezó a desarrollarse entre finales del siglo XIX y principios del XX, y fue posible gracias a dos avances. El primero se produjo en 1874, cuando el físico alemán Karl Ferdinand Braun descubrió un fenómeno que tiempo después sería utilizado como detector de señal en los receptores: los contactos de un metal con ciertos cristales pueden conducir la corriente en una sola dirección; tal fenómeno recibe el nombre de rectificación. El segundo resolvió uno de los problemas más importantes de las emisiones de radio: la atenuación que, con la distancia, sufre la señal emitida, lo que hace necesario incrementar su amplitud una vez detectada, esto es, disponer de un sistema amplificador. La primera solución satisfactoria la propuso John Ambrose Fleming en 1904, lo que significó el pistoletazo de salida para el desarrollo de las válvulas de vacío, esas cosas parecidas a unas bombillas que aparecen en las películas de ciencia ficción de los años 50 cuando quieren mostrar un ordenador funcionando. A pesar de sus inherentes limitaciones, permitieron el diseño de los primeros equipos propiamente electrónicos.

Al finalizar la Segunda Guerra Mundial, en los laboratorios de investigación en electrónica estaban dándole vueltas a la idea de diseñar un dispositivo capaz de sustituir las costosas, enormes y extremadamente frágiles válvulas de vacío. Los científicos tenían claro que debían buscar algo radicalmente distinto si deseaban conseguir equipos electrónicos fiables en el campo de las comunicaciones, que había conocido la gran revolución con el descubrimiento de la radio.

Los Laboratorios Bell, un centro de investigación creado en 1924, orientó sus trabajos en este sentido, y en 1945 estableció un grupo dedicado a comprender la física de unos materiales llamados semiconductores. Fue el director de los laboratorios, Mervin J. Kelly, quien tomó dos decisiones que resultaron trascendentales para el futuro de la investigación: limitarse a estudiar el germanio y el silicio y retomar una idea propuesta en 1930 sobre el control de la intensidad de la corriente eléctrica en semiconductores. Lo acertado de este planteamiento, junto con la cuidada y detallada planificación de Kelly, rápidamente dio sus frutos. El 23 de diciembre de 1947, John Bardeen y Walter Brattain pusieron a punto el primer tipo de amplificador de estado sólido, bautizado como «transistor de puntas de contacto». Pocas semanas después, William Shockley desarrollaba en solitario la teoría de la conducción de corriente en semiconductores y proponía el diseño del transistor de germanio. Unos meses más tarde, los Laboratorios Bell desarrollaron la tecnología necesaria para su fabricación comercial.

Sin embargo, nadie hizo caso a la propuesta surgida en los Laboratorios Bell. Para promocionar su transistor, estos liberaron la patente y enseñaron a la industria pública y privada el proceso de fabricación. A los pocos años se reconoció la importancia de este descubrimiento y Shockley, Bardeen y Brattain recibieron en 1956 el Premio Nobel de Física por sus trabajos sobre el transistor.

De izquierda a derecha, los ganadores del Premio Nobel de Física de 1956 John Bardeen, William Shockley y Walter Brattain, por sus investigaciones sobre semiconductores y el descubrimiento del transistor. La imagen es de 1948.

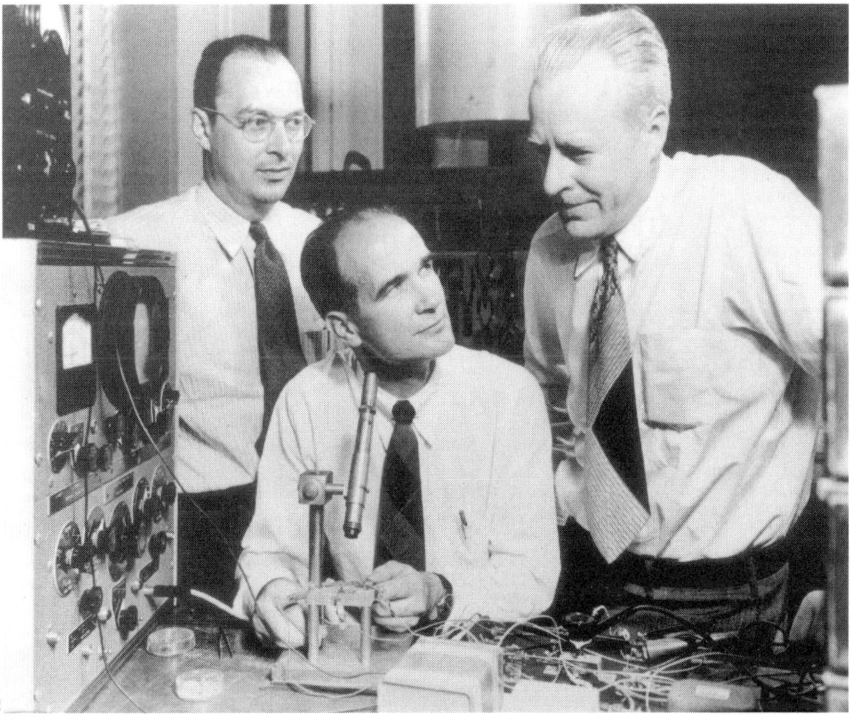

GETTY

GETTY

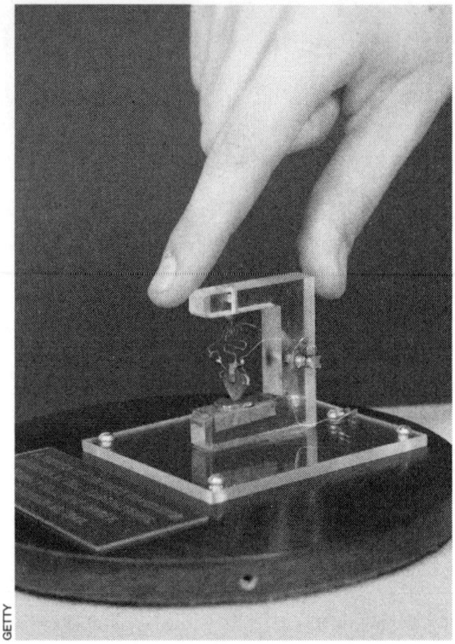
GETTY

Este diodo electrónico fue una de las válvulas o tubos de vacío propios del ingeniero británico John Ambrose Fleming. A la derecha, Réplica del primer transistor en funcionamiento, inventado por físicos estadounidenses de los Laboratorios Bell.

De forma paralela, diferentes empresas se dedicaron a mejorar los procesos de fabricación y así, en 1954, Texas Instruments presentó los primeros transistores de silicio. La producción en masa había comenzado y la era de la electrónica acababa de nacer.

La parte más amarga de esta historia es que hoy en día pocos reconocen la decisiva intervención de Mervin Kelly, el director de los Laboratorios Bell, cuyo nombre ha quedado injustamente relegado al olvido.

72. Los tintes

El primer tinte sintético se descubrió por casualidad, fue un derivado del alquitrán de hulla y revolucionó la industria textil.

¿Quién no ha visto en las películas medievales a doncellas, caballeros y nobles vistiendo ropas de vistosos colores? Estamos acostumbrados a un mundo de la moda en color y parece imposible que alguna vez haya estado sumido en una gris monocromía. Pero así ha sido; el mundo no era tan colorido antes del siglo XIX.

La costumbre de teñir la ropa se remonta al Neolítico, como atestigua el textil encontrado en el asentamiento de Çatalhöyük, en el sur de Anatolia. Allí se hallaron rastros de tintes rojos, posibles de ocre –pigmentos de óxido de hierro de arcilla–, que, junto con los marrones y naranjas, fueron los primeros colores que usamos para tintar la ropa. Les siguieron los azules, amarillos y, finalmente, los verdes.

Los tejidos policromados o multicolores aparecieron en el tercer o segundo milenio antes de nuestra era: se han encontrado telas con una urdimbre rojo-marrón y una trama de color amarillo ocre en las pirámides egipcias de la sexta dinastía (2345–2180 a. C.) en Saqqara.

El mundo de los tintes se mantuvo más o menos igual, buscando nuevas fuentes de colores naturales, hasta mediados del siglo XIX. Entonces la diosa fortuna sonrió a William Henry Perkin, un adolescente que trabajaba como ayudante del entonces famoso químico alemán August Wilhelm von Hofmann, profesor en el Royal College en Londres.

Perkin obtuvo un tinte púrpura brillante mientras intentaba, en 1856, sintetizar quinina para tratar la malaria. A la derecha, vestido de seda de 1862 teñido con el tinte malva de sir William Henry Perkin.

GETTY

GETTY

Hofmann estaba fascinado con los derivados químicos del alquitrán de hulla, una sustancia negra y pegajosa que se obtiene destilando ese tipo de carbón en ausencia de aire; así se extraían la mayor parte de los compuestos volátiles atrapados en su interior y la convertía en coque. Mediante este proceso se obtenía el gas necesario para el alumbrado. La llama del gas de hulla, de color amarillo, iluminó las calles de Londres en 1812, permitió conciertos vespertinos en el Brighton Pavilion a partir de 1821 y leer el periódico en casa en 1829. Pero la destilación de la hulla también tenía sus inconvenientes. El principal era un residuo negro, maloliente y fangoso generado durante el proceso: el alquitrán. Completamente inútil, las destilerías lo arrojaban al río o el estanque más próximos. A mediados del siglo XIX, el Támesis estaba tan contaminado que el Parlamento tuvo que cerrar a causa del hedor. El problema era grave: no podía dejar de producirse el gas necesario para el alumbrado y no se podía seguir envenenando el agua. Tras diversos intentos por resolverlo, un grupo de químicos alemanes dio con la solución: destilar también el alquitrán. Gracias a ello obtuvieron un cierto número de productos útiles, como el queroseno para las lámparas de aceite o el fenol, de donde se podía obtener fácilmente antisépticos o la propia aspirina, el ácido acetilsalicílico.

Un día Hofmann se preguntó si podría sintetizar quinina a partir de alguno de los derivados del alquitrán. Si lo conseguía, los beneficios que obtendría serían enormes, pues el Imperio británico estaba embarcado en una serie de guerras tanto en América como en Asia y la malaria estaba diezmando sus tropas: el general Anopheles –mosquito que transmite esta enfermedad– iba ganando la batalla.

Durante las vacaciones de Semana Santa de 1856, el joven Perkin decidió emplear su tiempo libre buscando una forma de producir quinina en el minilaboratorio que tenía montado en el pequeño apartamento de su casa. Pensó que tal vez la obtendría oxidando una molécula orgánica extraída del alquitrán de hulla, la anilina –un compuesto que huele a pescado podrido–. Fracasó en su intento, pero, en compensación, sus avispados ojos descubrieron algo tremendamente interesante: al limpiar con alcohol el frasco con el que había estado trabajando, cuyo resultado era una extraña sustancia negra, el agua se había teñido de morado. Perkin tenía tan solo dieciocho años.

Depósitos y cubas de tinte de diversos colores en una curtiduría tradicional de la ciudad de Fez (Marruecos).

Siguiendo el consejo de un amigo, envió una muestra de su colorante a una empresa textil escocesa: la respuesta fue que servía bien para teñir la seda, pero no para el algodón. Por entonces los dos colorantes principales que se empleaban eran el azul índigo y el rojo alizarina, ambos extraídos de sendas plantas. Perkin decidió patentar su descubrimiento y, con los ahorros de su padre y de su hermano, lo convirtió en un proceso industrial. El nuevo tinte, la púrpura de anilina, recordaba al color de los pétalos de la malva silvestre.

El descubrimiento de Perkin fascinó a los modistos franceses y rápidamente se descubrió que podía aplicarse al algodón si este era tratado de forma previa. Siendo París el centro de la moda mundial, muy pronto el malva de Perkin hizo furor en todo el mundo. Incluso la reina Victoria se apuntó a esta tendencia cuando, en 1862, apareció en un acto público –la Exposición Real– con una larga prenda teñida con este tinte.

Y lo más importante: algo aparentemente tan frívolo como el mundo de la moda fue lo que impulsó la aparición de un nuevo tipo de industria, la química.

73. El clavo

Es una pieza clave en todo tipo de construcciones desde hace miles de años. Con todo, los clavos se hicieron artesanalmente hasta el siglo XIX.

Si queremos sujetar o unir algo, necesitamos un clavo. Aunque no solo sirven para eso, como muy bien atestigua la Biblia: también se emplean para crucificar o, simplemente, asesinar. Este último uso fue el que sufrió el comandante cananeo Sísara a manos de su modélica esposa judía Jael, que con un martillo le hundió uno en la sien «hasta clavarlo en la tierra». Según los expertos, esta historia, recogida en el Libro de los Jueces, es una de las más antiguas del Antiguo Testamento –hacia 1200 a. C.–, lo que demuestra que los clavos, ya sean de madera o metal, son muy antiguos. De hecho, hay clavos de bronce encontrados en Egipto que datan del año 3400 a. C.

Fundamentales para cualquier sociedad –un ejército romano, por ejemplo, abandonó siete toneladas de clavos al evacuar la fortaleza de Inchtuthil en Perthshire (Britania) en el año 86 a. C.–, resulta sorprendente descubrir que no fue hasta principios del siglo XIX que supimos fabricarlos mecánicamente. Hasta entonces se hacían a mano: los artesanos recibían el nombre de clavadores, y los hacían a partir de barras de hierro oportunamente preparadas por los cortadores.

SHUTTERSTOCK

Clavos hechos a mano en Siberia a mediados del siglo XIX.

Antes de la Revolución de las Trece Colonias, Inglaterra era el mayor fabricante de clavos del mundo y, como cabía esperar cuando se alzaron en armas, era prácticamente imposible conseguir clavos en las colonias americanas. La escasez era tal que, cuando la gente cambiaba de casa, quemaba la antigua para recuperar los clavos. Por eso no era difícil encontrar familias que se dedicaran a fabricar clavos en sus hogares sentados alrededor de la chimenea los días de mal tiempo o por las noches. No era solo tarea de pobres; hasta Thomas Jefferson estaba muy orgulloso de sus clavos. En una carta escribió: «Yo mismo soy fabricante de clavos... Su fabricación fue una faceta importante de la vida».

El proceso de fabricación no se mecanizó hasta 1790-1820, cuando se inventaron distintas máquinas para automatizar su producción a partir de barras de hierro forjado: en este momento nació el clavo cortado o clavo para estampado, con la punta cuadrada y roma, que son mucho más fuertes, por lo que se utilizan en trabajos pesados.

En la actualidad contamos con 2200 variedades de clavos. Y una curiosidad: parece ser que el término centavo apareció en la Inglaterra medieval para describir el precio de cien clavos.

SHUTTERSTOCK

Transportes

JOHN O'NEILL / WIKIMEDIA

74. La rueda

Suele venirnos a la mente cuando hablamos de los primeros inventos fabricados por el hombre, pero, en realidad, es bastante reciente.

En 1920 sir Leonard Woolley excavó la tumba del monarca sumerio Abargi, de Ur –en el actual Irak–, que reinó hacia el 2500 a. C. Allí localizó, junto a los esqueletos de decenas de sirvientes asesinados para que asistieran al soberano en el otro mundo, los restos de dos carretas de cuatro ruedas, cada una tirada por tres bueyes sacrificados a la vez que los criados. También se encontraron carros de batalla junto a burros asiáticos –aún no se había domesticado a los caballos–. Las ruedas, sólidas, consistían en dos semicírculos unidos y protegidos por cuero y cubiertas de cobre o bronce.

Es curioso que la rueda sea el arquetipo de la tecnología primitiva cuando en realidad tardamos en inventarla. De hecho, estábamos obteniendo aleaciones de metal en hornos, construyendo canales y veleros o diseñando instrumentos musicales tan complejos como las arpas, cuando aún no disponíamos de carros ni carretas. Porque lo

Rueda de madera maciza.

PIERRE PERRIN / SYGMA VÍA GETTY

El arqueólogo Leonard Woolley (dcha.) con un bajorrelieve de Carchemish (Turquía).

difícil no fue inventar la rueda, sino saber cómo conectarla a una plataforma estable a través de un eje.

Diseñar un eje fijo con ruedas giratorias no resultó sencillo: lograrlo exigía una carpintería de precisión, capaz de trabajar la madera de forma que los extremos del eje fueran lisos y redondos, al igual que los agujeros en el centro de las ruedas, ya que, en caso contrario, se producía demasiada fricción. Además, debían ajustarse a la perfección dentro de los agujeros de las ruedas, pero no demasiado para poder girar libremente. Y eso sin olvidar el tamaño de este eje: uno grueso generaba una fricción excesiva, mientras que uno estrecho era demasiado débil para soportar una carga. En cuanto a la plataforma, necesitaban disponer de troncos de los que sacar planchas anchas de madera.

Todo esto hace pensar que la rueda se inventó en un único lugar y desde ahí se exportó al resto del mundo con tanta celeridad que resulta imposible señalar la zona donde apareció por primera vez. Sin embargo, hay pruebas de que, desde mediados del cuarto milenio antes de nuestra era, los vehículos con ruedas surgieron de forma casi simultánea en las cercanías del norte del mar Muerto, en las culturas

Maykop, Kurgan y Cucuteni-Trypillian. Al parecer, estaban unidas rígidamente al eje, que giraba con ellas. Un montaje que funciona bien si no fuera porque en ocasiones hay que tomar curvas; en este caso, como todo gira a la misma velocidad, la única forma de hacerlo es provocar que una de ellas patine. En los tiempos del rey Abargi, las ruedas ya giraban de forma separada del eje, aunque este se encontraba unido a la caja. El eje delantero pivotante tardó de veinte a treinta siglos en aparecer.

75. La brújula

Durante mucho tiempo se la consideró una invención de los chinos, pero otra civilización se les adelantó casi mil años.

Quizá porque hay pocas cosas tan fascinantes como observar el comportamiento de un par de imanes, el magnetismo siempre ha estado envuelto en un halo de misterio. Para los antiguos, era la prueba palpable de la existencia de fuerzas invisibles a nuestro alrededor. ¿Hay algo más sorprendente de contemplar que un trozo de hierro atraído misteriosamente por un imán? ¿O sentir una oposición invisible cuando intentamos acercar los polos norte de dos de ellos?

Como todo misterio, la historia del magnetismo comienza con una leyenda, la de un joven llamado Magnes que vivía en la antigua Grecia. Un día, mientras cuidaba de su rebaño, apoyó la punta metálica de su bastón sobre una gran roca. El cayado se quedó pegado a ella con tal fuerza que el pastorcillo no lo pudo recuperar. Un pequeño pago por pasar a la historia como el descubridor de una roca con propiedades mágicas, bautizada con el nombre de magnetita en su honor. Evidentemente, todo es una fábula. Lo más probable es que la palabra magnetismo provenga de la región griega Magnesia, donde se encontraron estas piedras por primera vez.

Los chinos también conocían este fenómeno. En el siglo II a. C. descubrieron que un trozo alargado de magnetita flotando en un cubo de agua se alineaba en dirección norte-sur. Aparentemente, este hallazgo fue un subproducto de la práctica supersticiosa conocida como adivinación geomántica, que consistía en arrojar objetos –como piedras o trozos de metal grabados– sobre una mesa con el

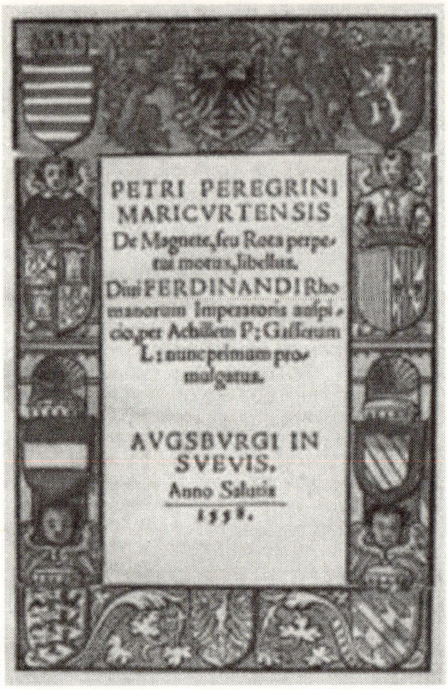
PETRI PEREGRINI
MARICVRTENSIS
De Magnete, seu Rota perpetui motus, libellus.
Divi FERDINANDI Romanorum Imperatoris auspicio, per Achillem P. Gasserum L. nunc primum promulgatus.
AVGSBVRGI IN SVEVIS.
Anno Salutis
1558.

CORDON

La *Epístola de Magnete*, de Maricourt, es el primer tratado científico acerca de las propiedades de los imanes.

objetivo de predecir acontecimientos futuros en función de la posición en la que quedaban. En el 376 a. C., el general Huang Ti utilizó esta curiosa propiedad para dirigir a su ejército, pero, sorprendentemente, los chinos no la aplicaron a la navegación marítima hasta novecientos años después. Al poco tiempo fue importada por los árabes y, con ellos, llegó a Europa.

En el siglo XIII, mientras se equipaban los barcos europeos con el nuevo instrumento, el francés Peter Peregrinus de Maricourt investigaba la naturaleza del magnetismo. Ignoramos cuándo nació y cómo fue su vida personal; de hecho solo sabemos de él por lo que escribió Roger Bacon en su *Opus Maius*. Únicamente conocemos su tratado *Epístola de Magnete*, que podemos fechar en 1269 porque en una de las pocas copias que han sobrevivido aparece al final: «Actum in castris in obsidione Luceriæ anno domini 1269 ° 8 ° filière Augusti» (Hecho en el campamento durante el asedio de Lucera, 8 de agosto de 1269). Esta carta pone de manifiesto una finura experimental impresionante: describe los detallados estudios que realizó con la brújula y revela cómo descubrió la existencia de las dos polaridades magnéticas, que designó polos norte y sur. En su opinión, las misteriosas fuerzas que obligaban al hierro a moverse hacia el imán eran parecidas a las que impulsaban a los planetas y al Sol a girar en torno a la Tierra.

Ahora bien, ¿fueron realmente los chinos los inventores de la brújula? Lo más seguro es que no. En 1968 los arqueólogos Paula Krotser y Michael D. Coe, de la Universidad de Yale (EE. UU.), hallaron un curioso objeto durante el curso de una excavación en un asentamiento olmeca en San Lorenzo (Veracruz, México). Estaba hecho de hematita, un material que había sido usado con profusión en la construcción de algunos de los edificios de la ciudad, como el

Brújula de la antigua China, que consistía en un imán con forma de cuchara.
Esta giraba sobre una placa de bronce.

llamado Palacio Rojo. Fechado entre 1400 y 1000 a. C., a Coe le pareció una brújula. Dispuesto a comprobarlo, lo colocó sobre un corcho y lo puso a flotar en un bol con agua: enseguida se orientó al norte. En 1975 el astrónomo John Carlson planteó la hipótesis de que los olmecas podrían haberla usado como útil geomántico, igual que los chinos.

En cualquier caso, este objeto demuestra que el descubrimiento de la brújula hay que retrasarlo casi mil años y situarlo, además, en otro continente diferente.

76. Los mapas

Estas representaciones geográficas demuestran el interés humano por conocer, explicar y, en algunos casos, conquistar el mundo.

Saber cómo es el mundo y tener una guía que nos permita movernos por él es una de las empresas intelectuales más antiguas de la humanidad. Así, el primer mapa del mundo del que tenemos

BUYENLARGE / GETTY

La proyección de Mercator es un tipo de proyección cartográfica ideada por Gerardus Mercator en 1569 para representar la Tierra sobre un mapa plano. Este data de 1664.

noticia data del 700-500 a. C., y se localizó a finales del siglo XIX en el yacimiento de la ciudad iraquí de Sippar, en el noroeste de la antigua Babilonia. Se trata de una tablilla mesopotámica muy dañada que contiene inscripciones cuneiformes y una imagen del mundo tal y como lo veían los mesopotámicos: Babilonia aparece en el centro del mapa, y también menciona los imperios asirio, elamita... En el área central aparece un área circular bajo la leyenda «mar Salado». En su límite exterior está rodeado por lo que se calcula que eran ocho regiones triangulares y, al parecer, creían que las grandes bestias y sus héroes habitaban en esas zonas. Por ello, pese a que suele decirse que es el primer intento conocido de hacer cartografía –diferentes lugares aparecen en sus posiciones aproximadas–, el verdadero propósito de esta tablilla era, en realidad, explicar cómo veían el mundo desde una perspectiva mitológica. Tuvieron que pasar más de veinte siglos hasta la llegada de la obra del gran cartógrafo flamenco Gerard Kremer.

El problema de dibujar un mapa es puramente matemático: proyectar la superficie terrestre sobre una hoja de papel. La técnica habitual consiste en desplegar la superficie del sólido; justo el camino contrario al que recorríamos en nuestra época en la escuela, cuando recortábamos en un papel la superficie extendida de un cilindro y, después de unos cuantos dobleces y un poco de pegamento, aparecía construido sobre la mesa. Esto, que se puede hacer fácilmente con el cilindro o el cono, es imposible con la esfera. Dicho de otro modo: no se puede construir una esfera a partir de un trozo de papel. Por este motivo, resulta muy complicado dibujar mapas útiles que se acerquen mucho a la realidad. Sin embargo, un matemático del siglo XVI lo consiguió.

Su nombre verdadero era Gerard Kremer, pero, siguiendo con la tradición de latinizar los nombres, lo tradujo a Gerardus Mercator, ya que Kremer –en flamenco– y Mercator –en latín– significan 'comerciante'. Estudió Humanidades en la Universidad Católica de Lovaina, donde se graduó en 1532, y luego empezó a trabajar como matemático a las órdenes del astrónomo holandés Regnier Gemma Frisius, famoso por su habilidad para construir instrumentos de medida.

En pocos años, Mercator se ganó una excelente reputación como constructor de instrumentos y cartógrafo. Sin embargo, en 1544 lo acusaron de herejía –por simpatizar con los luteranos– y lo arrestaron y encerraron durante siete meses en una prisión. Finalmente fue liberado gracias a las presiones de sus compañeros de la universidad.

En 1552, Mercator se instaló en Duisburgo. Fue allí, bajo el mecenazgo del duque Guillermo de Jülich-Cléveris-Berg, donde desarrolló la proyección –método para representar la superficie de la Tierra sobre un plano– que lleva su nombre. El primer mapamundi que la usó se publicó en 1569, y estaba compuesto por dieciocho láminas. La técnica era simple y sencilla: considerar la Tierra no una esfera, sino un cilindro. Evidentemente, esta proyección introduce distorsiones, pero permitió trazar las rutas de navegación con más precisión que los mapas anteriores.

Ese mismo año, Mercator inició su plan más ambicioso: relatar la historia del mundo ilustrada con mapas. La llamó Atlas en honor al nombre del mítico titán griego que carga el mundo sobre sus hombros.

Cartas de navegación hechas con palos

En opinión de muchos, los habitantes de las islas Marshall, en la Micronesia, están entre los mejores navegantes del mundo, ya que poder moverse por el océano Pacífico sin perderse resulta toda una proeza. Más aún teniendo en cuenta que localizar las islas es muy complicado, pues, al carecer de elevaciones del terreno, únicamente pueden verse cuando se está bastante cerca de ellas.

Las Marshall han estado habitadas desde hace dos mil años y, para navegar entre ellas, los isleños han desarrollado cartas de navegación que se encuentran entre las más precisas conocidas. Otra proeza teniendo en cuenta que estas están hechas con pequeñas ramas y las venas centrales de las hojas de los cocoteros. En estos mapas se representa la posición exacta de las islas con conchas de cauri, al igual que los patrones de oleaje que deja el relieve del fondo marino –el llamado mar de fondo–, y cómo las diferentes islas lo distorsionan. Es un conocimiento que pasa de padres a hijos desde tiempos inmemoriales. Solo unos pocos isleños son capaces de diseñar y leer estas cartas de navegación, que no están hechas a escala: son una referencia nemotécnica destinada a que un marino experimentado pueda dirigir grupos de hasta quince canoas por el océano.

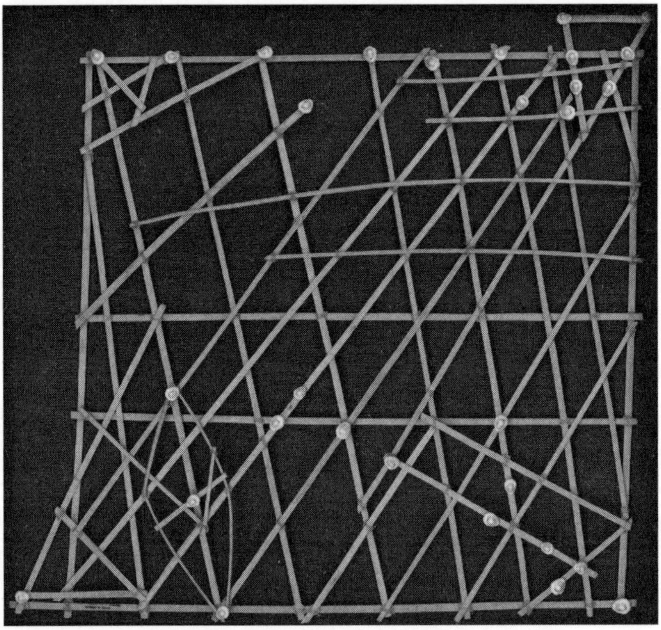

77. El faro

Indispensables para que los barcos puedan guiarse al acercarse a tierra firme, hallamos los orígenes de estas edificaciones en Egipto.

La navegación de cabotaje y la llegada a puerto no es tarea sencilla, sobre todo en la oscuridad de la noche o en medio de una tormenta. Por ello, desde el momento en que los seres humanos nos lanzamos a navegar por el mar, tuvimos que inventar formas de avisar a los barcos de que su llegada a puerto estaba próxima, y la más obvia era encender hogueras en las colinas adyacentes. ¿Y si no había elevaciones cerca? Colocaban esos fuegos sobre plataformas. De ahí a levantar edificaciones permanentes que alojaran esas hogueras solo había un paso.

Y lo dieron los alejandrinos cuando construyeron el primer sistema de alerta permanente de la historia en Faros, una pequeña isla situada frente a Canopo –ciudad portuaria del antiguo Egipto cuyo sobrenombre, Kah Nub, significa 'suelo de oro'–. Erigido durante el

La Torre de Hércules, en La Coruña, es el faro más antiguo del mundo aún en funcionamiento. A su derecha, el construido por Winstanley en Eddystone Rocks en el s. XVII.

SHUTTERSTOCK

HULTON ARCHIVE / GETTY

reinado de Ptolomeo II hacia el siglo III a. C., no era muy diferente a nuestros faros actuales. De unos 100 metros de alto, todas las noches un vigilante se aseguraba de que el fuego se mantuviera encendido.

La utilidad de tales construcciones se extendió por todo el mundo y los romanos, conscientes de su valor, levantaron por la costa más de treinta faros, desde el mar Negro al océano Atlántico. De todos ellos, el más antiguo que se conserva es la Torre de Hércules, en La Coruña, del siglo I.

Los faros modernos empezaron a construirse a finales del siglo XVII. De todos ellos, el más importante –por lo complicado del lugar; su arrecife es uno de los más peligrosos del mundo para la navegación– fue el faro de Eddystone Rocks, en el canal de la Mancha, situado a 19 kilómetros del puerto de la bahía de Plymouth Sound, en Inglaterra, uno de los más importantes de Gran Bretaña.

Henry Winstanley fue el encargado de levantarlo, y lo hizo en madera y con forma octogonal. Se convirtió en el primer faro erigido en alta mar. La construcción, que se inició en 1696, fue difícil y peligrosa, no solo por el hecho de hacerlo a veinte kilómetros de la costa, sino por la guerra con Francia (la Guerra de los Nueve Años): un corsario galo tomó prisionero a Winstanley y destruyó todo lo que había edificado. Sin embargo, Luis XIV ordenó su inmediata liberación: «Francia está en guerra con Inglaterra, no con la humanidad», explicó el monarca galo.

Winstanley terminó su faro, que se encendió por primera vez el 14 de noviembre de 1698. La construcción sobrevivió a su primer invierno, aunque tuvieron que hacer reparaciones. Para protegerlo de los embates del mar, se revistió con un exterior de piedra dodecagonal y se mantuvo una sección superior en madera, que tenía 4,6 metros de alto y 3,4 m de diámetro. La luz la producían sesenta velas y una gran lámpara de aceite colgante. El faro avisó de los arrecifes a los marinos hasta la gran tormenta de 1703, ya que un ciclón extratropical que asoló el centro y sur de Inglaterra lo borró de la faz de la Tierra el 27 de noviembre. En ese momento Winstanley y otros cinco hombres estaban en el faro, revisándolo y poniéndolo a punto. No se volvió a saber de ellos.

78. El barco

Fue vital para la explotación de los recursos acuáticos, el desarrollo del comercio y el descubrimiento de nuevas tierras.

En 1955, cerca de la localidad neerlandesa de Pesse, un operario de grúa halló, durante las obras de construcción de la autopista A28, lo que parecía un tronco de unos dos metros de largo. Sin embargo, al darle la vuelta, vio que había sido vaciado. Un granjero local, Hendrik Wanders, lo llevó a la Universidad de Groninga, donde lo dataron entre los años 8040 y 7510 a. C. Parecía un bote, ¿pero lo era? Algunos historiadores apuntaron que era demasiado pequeño para navegar; y otros, que podía ser un abrevadero para bestias. El problema es que, en aquella época, aún no había animales domésticos en Europa.

Los primeros restos arqueológicos de transporte fluvial señalan a Egipto y Mesopotamia, en torno al cuarto milenio antes de nuestra era. En la tierra de los faraones, las canoas y balsas de juncos fueron evolucionando a barcos de mayor tamaño –existen representaciones de embarcaciones egipcias, usadas para transportar obeliscos en el Nilo,

El antiguo Egipto fue pionero en la construcción de barcos. También Mesopotamia, donde los *kuphars* –como los de la imagen sobre estas líneas– surcaban los ríos Tigris y Éufrates.

GETTY

GETTY

desde el Alto Egipto, que tenían hasta 100 metros de eslora–. En Mesopotamia, la balsa de cueros tensados sobre un armazón de madera y el kuphar, una barca ancha, corta y redonda construida con materiales impermeables y montados sobre una estructura de madera, dominaron el transporte por río. En este caso, lo que se buscaba era ligereza para que animales de carga, por tierra, pudieran arrastrarlas aguas arriba.

La civilización del valle del Indo –en el noroeste del subcontinente indio– también navegaba por aquellas fechas, habida cuenta de que en una de sus ciudades más sureñas, Lothal, se ha encontrado un muelle de mareas diseñado para permitir la entrada de barcos de 18 a 20 metros de eslora y de 4 a 6 metros de manga.

En la navegación marítima pocos pueblos han sido tan avezados como los orientales, tanto el chino como el hindú. La tecnología naviera de los primeros fue siempre varios siglos por delante de la occidental; y en la India, pese a que existía la extraña creencia de que cualquier hindú que cruzara los mares perdía la religión, su literatura contiene numerosas referencias a expediciones marítimas. Incluso existe un tratado sánscrito, *Yukti Kalpa Taru*, compilado por alguien llamado Bhoja Narapati, donde se enseña, además de cómo hacer barcos, cuáles son las mejores maderas.

Resulta imprescindible hablar también de los austronesios. Originarios de Taiwán, inventaron el catamarán, la canoa de balancín, la vela de pinza de cangrejo, etc., así como avanzadas técnicas de construcción de barcos y de navegación, con los que colonizaron rápidamente las islas del sudeste de Asia en torno a 3000-1500 a. C. Desde Filipinas y el este de Indonesia, se establecieron también en Micronesia entre 2200 y 1000 a. C. Por todo ello se les considera los mejores navegantes del mundo.

79. El ferrocarril

Su historia arrancó hace dos siglos, con la locomotora de vapor. Toda una revolución para la población y la economía de la época.

El ingeniero y químico escocés James Watt sabía que su máquina de vapor podía tener infinidad de usos, además de aquel para el que

IAN DAGNALL / CORDON

Locomotora de vapor en el National Railway Museum, en York (Inglaterra), uno de los más grandes del mundo.

la diseñó en un primer momento: bombear el agua de las minas. Ya se utilizaba en el batanado de algodón y por su cabeza rondaba emplearla para propulsar vehículos. El problema residía en que era muy grande debido a que trabajaba con vapor a baja presión y necesitaba, además de un cilindro, un condensador y una bomba de aire aparte. La única forma de reducir su tamaño era diseñar una que funcionara a altas presiones, lo que aumentaba el riesgo de explosión. Watt patentó la nueva máquina y su primer diseño de una locomotora de vapor en 1784. Ese mismo año, su ayudante William Murdoch construyó un modelo a escala de un carro de vapor autopropulsado.

Salvado ya el principal inconveniente, diversos ingenieros e inventores se lanzaron a buscar la forma de construir una locomotora económicamente rentable. Pero para eso debían esperar a que la patente de Watt de la máquina de vapor expirase. Eso ocurrió en 1800 y, justo al año siguiente, Richard Trevithick, en Inglaterra, y Oliver Evans, en Estados Unidos, diseñaron sendos motores que usaban vapor a alta presión. Dos años más tarde, la empresa dedicada al hierro Coalbrookdale construyó la primera locomotora de Trevithick, pero sabemos muy poco de ella:

solo se conserva un dibujo y una carta que el inventor escribió a un amigo; ignoramos incluso si llegó a funcionar. El inglés siguió perfeccionando su máquina, y el 21 de febrero de 1804 tuvo lugar el primer viaje en tren de la historia cuando una de sus locomotoras transportó cinco vagones, cargados con diez toneladas de hierro, y setenta pasajeros a una velocidad de casi 4 km/h a lo largo de los casi 16 km de vía férrea que unía las localidades galesas de Penydarren con Abercynon y que se usaba para transportar hierro y carbón.

Trevithick siguió construyendo locomotoras hasta 1808, pero el escaso interés que despertaban –eran caras y pesadas– le hizo desistir.

El relevo lo tomó en 1812 otro inglés, Matthew Murray, que construyó una locomotora de vapor de dos cilindros a la que llamó Salamanca en honor al duque de Wellington y su victoria en la batalla de los Arapiles. Murray introdujo dos mejoras: redujo el peso, para impedir que pudiera romper los raíles, y mejoró la adhesión a los mismos mediante una rueda dentada, de forma que también fue el primer tren de cremallera de la historia.

En 1813, también en Inglaterra, el supervisor de una mina de carbón llamado William Hedley, el maquinista Jonathan Forster y el mecánico Timothy Hackworth construyeron la locomotora Puffing Billy. Al contrario que la de Murray, funcionaba únicamente por adhesión

Las locomotoras Cornwall –sobre el puente–, de Francis Trevithick, y Pen-y-Darren, de Richard Trevithick.

SSPL / GETTY

rueda-raíl, sin cremallera; esto lo lograron distribuyendo el peso entre varias ruedas. Se usó para transportar el carbón desde la mina de Wylam hasta los muelles de Lemington-on-Tyne, en Northumberland, en la frontera con Escocia.

Un año más tarde, George Stephenson, inspirado por el trabajo de sus compatriotas Trevithick, Murray y Hedley, convenció al gerente de la mina de Killingworth –donde trabajaba– para que le permitiera construir una locomotora de vapor. El habilidoso Stephenson mejoró considerablemente los modelos de sus predecesores. El primero se basó en el diseño de Murray, y, tiempo después, la llamó Blücher en honor al general prusiano cuyo avance a marchas forzadas para auxiliar a Wellington en Waterloo fue decisivo para la victoria. Podía arrastrar un tren de 30 toneladas a 6,4 km/h. Se dice que a este modelo le siguieron otros quince, aunque no hay pruebas de la existencia de todos ellos.

Su gran éxito llegó con la Rocket, que construyó para las Pruebas de Rainhill. El concurso, celebrado en octubre de 1829, se convocó porque los directores de la línea de ferrocarril de Liverpool y Mánchester, que se estaba construyendo desde 1826, no tenían claro si el tren que tenían planeado que uniera esas dos ciudades debía ir tirado por una locomotora o por unos cables accionados por una máquina de

En 1829, la Rocket, de George Stephenson, se convirtió en una referencia para las locomotoras del futuro.

GETTY

vapor estacionaria. Para decidirse, organizaron un concurso de talentos. Se presentaron cinco locomotoras, que debían recorrer una milla y realizar una serie de pruebas. Estas se prolongaron durante seis días y contaron con unos quince mil espectadores. Solo una llegó hasta el final: la Rocket, que se embolsó las 500 libras del premio.

Desde ese momento, el vapor se convirtió en la fuente de energía dominante en los ferrocarriles de todo el mundo durante más de un siglo. El ancho de vía internacional de 1,435 m, el más extendido en el mundo, fue el escogido por Stephenson para su locomotora, ya que era el usado en la mina en la que él trabajaba.

De la lámpara de grisú a la locomotora

En 1813 se galardonó a Humphry Davy, el científico más extravagante de aquellos días, como el verdadero inventor de la lámpara de seguridad para las minas. Tras recibir la Legión de Honor concedida por Napoleón por sus trabajos sobre galvanismo y electroquímica, Davy diseñó la famosa lámpara que lleva su nombre para prevenir las explosiones de metano en las minas de carbón. Tras numerosos experimentos, encontró que, si rodeaba la llama de la lámpara con una fina gasa metálica, el calor desprendido no inflamaba el gas circundante, ya que se dedicaba a calentar el metal. Por este descubrimiento recibió un premio de 2000 libras esterlinas y las alabanzas de la Royal Society. Sin embargo, el premio debería haber sido compartido, o entregado por entero, a un guardafrenos de vagonetas e hijo de un minero llamado George Stephenson. Había inventado antes que Davy una lámpara basada en el mismo principio –una placa de metal agujereada rodeaba la llama–, y además estaba en uso en muchas minas inglesas.

Al enterarse del galardón, Stephenson se enfureció muchísimo, pero la elitista Royal Society no iba a corregir su error, así que le negaron el derecho a una patente y al premio. Sus defensores organizaron una colecta pública y recaudaron mil libras que le entregaron a modo de gratificación. El dinero no solo apaciguó a Stephenson, sino que le permitió iniciar el trabajo por el que sería recordado como uno de los más grandes inventores de la humanidad: la locomotora de vapor.

80. Las carreteras

Aunque las calzadas romanas son sus máximos exponentes, los primeros en pavimentar caminos fueron los mesopotámicos.

En el momento en que aparecieron los pueblos y aldeas, surgió la necesidad de unirlos mediante veredas; y en cuanto se inventó el transporte sobre ruedas, llegaron las carreteras, ya que los caminos

CORDON

La *Via Appia Antica* fue una de las calzadas más importantes del Imperio romano.

naturales no eran lo suficientemente resistentes, especialmente cuando estaban mojados. Por otro lado, a medida que crecían las ciudades, se vio que merecía la pena pavimentar las calles con piedras: la gran ciudad-Estado sumeria Ur fue la primera en hacerlo, hacia el año 4000 a. C. De la misma época data una calzada de madera descubierta durante la excavación de una turbera prehistórica adyacente a la prisión de Belmarsh en Plumstead, Greenwich (Inglaterra); es anterior a Stonehenge en más de quinientos años. Los humedales adyacentes a ríos como el Támesis eran una importante fuente de alimento y las plataformas de madera facilitaban cruzar esas zonas encharcadas, como atestiguan el Post Track y el Sweet Track, dos calzadas de madera que datan del 3800 a. C. y que fueron descubiertas en los Somerset Levels, una zona de humedales cerca de Glastonbury (Inglaterra).

En piedra, la calzada más antigua la encontramos en Egipto hacia el 2600 a. C.: cruzaba una zona desértica a casi 70 kilométros al suroeste de El Cairo actual y tenía una anchura de dos metros. Hasta 1993 no se tuvo conciencia de por qué se construyó: ese año dos arqueólogos británicos descubrieron los restos de una gran cantera de basalto en un extremo del camino. Dicha piedra volcánica oscura se usaba para pavimentar el interior de los templos mortuorios en Guiza, además de emplearse de base para los sarcófagos reales, ya que por su color simbolizaba el barro oscuro y vivificante del Nilo. El camino corría desde la cantera hasta la costa noroeste del antiguo lago mer-wer, que los griegos llamaban Moeris y hoy, con una décima parte de su superficie anterior, recibe el nombre de Birket Qarun. Así se transportaba el basalto desde la cantera al lago, y de allí, cada verano, cuando llegaba la época de las crecidas del Nilo, el lago conectaba con el río y el basalto llegaba a Guiza.

Las redes de carreteras nacieron con los grandes imperios. En el año 500 a. C., el monarca Darío I el Grande comenzó a construir un extenso sistema de carreteras, que incluía el famoso Camino Real, destinado a unir las principales ciudades del Imperio persa. Su calidad era tal que los correos podían recorrer sus 2700 kilómetros en siete días.

Pero fueron los romanos los verdaderos ingenieros de caminos: en el apogeo de su imperio, estaba conectado por veintinueve calzadas principales que salían de Roma y cubrían casi 80 000 kilómetros de carreteras pavimentadas. Lo hicieron principalmente por motivos militares: necesitaban que sus legiones pudieran viajar con rapidez de una zona a otra.

81. El sistema de posicionamiento global (GPS)

Desarrollado por el Ejército estadounidense, pronto se liberó su uso global a nivel civil.

El 4 de octubre de 1957 dos físicos estadounidenses, William Guier y George Weiffenbach, estaban ocupados monitorizando la señal de radio que transmitía el *Sputnik*. Era un simple bip, pero se dieron cuenta de que la frecuencia de la señal aumentaba a medida que se acercaba y disminuía si se alejaba: era el efecto Doppler en acción, lo mismo que sucede cuando un coche en movimiento toca el claxon. Este hecho les dio una idea: no solo se podía rastrear un satélite simplemente midiendo la frecuencia de las señales de radio, sino que era posible conocer la ubicación de los receptores en tierra por su distancia de los satélites. Esta es la base conceptual del GPS moderno: calcula la ubicación y velocidad midiendo el tiempo que tarda en recibir señales de radio de cuatro o más satélites.

Tres años más tarde, la Armada de Estados Unidos lanzó el primer sistema de navegación por satélite, Transit: utilizaba una constelación de cinco satélites y proporcionaba la posición de un barco una vez por hora. En 1963 Aerospace Corporation completó un estudio en el que proponía que un sistema de satélites que enviasen señales a receptores en tierra de manera continuada podría localizar cualquier vehículo moviéndose por el suelo o el aire a cualquier velocidad. Para ello era necesario instalar relojes muy precisos en esos satélites, como ocurrió con el Timation, que, en 1967, demostró que era posible poner un reloj atómico en el espacio.

En 1974 la Armada y la Fuerza Aérea se unieron para lanzar el primero de una constelación de veinticuatro satélites que compondrían el primer sistema GPS del mundo, Navstar. Todos ellos iban equipados con relojes atómicos y, desde 1980, también llevaron sensores para detectar lanzamientos de misiles y explosiones nucleares.

Su uso militar se extendió al ámbito civil tras producirse, el 1 de septiembre de 1983, uno de los incidentes más graves de la Guerra Fría: cazas soviéticos derribaron el vuelo comercial 007 de Korean Air, con 269 personas a bordo. El Boeing 747 entró en espacio aéreo soviético tras desviarse de su ruta habitual y fue abatido al pasar cerca de una base de submarinos atómicos en la península de Kamchatka. Debido a ello, el entonces presidente Ronald Reagan ofreció el sistema GPS a la aviación civil una vez estuviera completado, algo que ocurrió seis años más tarde.

Abajo, satélite del sistema de posicionamiento global (GPS) *Navstar Block 2R*.
A la izquierda, el Magellan NAV 1000.

CORDON

AGE / GE ASTRO SPACE / SPL

En 1989, la Fuerza Aérea lanzó el primer satélite GPS totalmente operativo. Lo iba a poner en órbita un transbordador espacial, pero el desastre del *Challenger* –que en 1986 se desintegró 73 segundos después de su lanzamiento– hizo que se decantaran por un cohete Delta II. Ese mismo año apareció el primer dispositivo de mano de navegación por GPS, el Magellan NAV 1000.

82. El coche

La fabricación de una fuerza motriz que sustituyó a los caballos revolucionó el XIX. Apellidos poco conocidos contribuyeron a ello.

Normalmente el ser humano crea cosas a resultas de una necesidad, pero eso no sucedió en el caso del coche. Cuando el alemán Nicolaus Otto, un vendedor ambulante de comestibles que había aprendido ingeniería por su cuenta, desarrolló el primer motor de combustión interna en 1866, los caballos y el ferrocarril desempeñaban un excelente papel a la hora de transportar a personas.

Un ingeniero, Carl Benz, estudió el trabajo de Otto y decidió mejorarlo. Construyó un motor de gasolina y lo instaló en un carro de tres ruedas que patentó en 1886: el Benz Patent-Motorwagen. Sin embargo, su invención pasó desapercibida hasta que el 5 de agosto de 1888 su mujer Bertha, acompañada de sus dos hijos adolescentes, hizo el primer viaje en automóvil de la historia. Sin decirle nada a su marido, tomó el coche y se fue a Pforzheim a visitar a su madre, que estaba a una distancia de 100 kilómetros de su casa, en Mannheim. Durante el trayecto tuvieron que parar a repostar –compraron el combustible (éter de petróleo) en una farmacia–, Bertha tuvo que limpiar el carburador con la pinza del sombrero y usar sus ligas para proteger un cable. Incluso pidió a un zapatero que colocara un poco de cuero en los frenos porque se estaban deteriorando.

Al mismo tiempo que Benz, Gottlieb Daimler y su colaborador Wilhelm Maybach hacían lo propio colocando un motor de su creación a una bicicleta: acababa de fabricarse el primer ciclomotor –los repartidores a domicilio tardarían un poco más en aparecer–. El 8 de marzo de 1886, Daimler montó su motor de 1,5 CV –al que llamaba

El ingeniero alemán Gottlieb Daimler en uno de sus automóviles de cuatro ruedas, conducido por su hijo Adolf.

«el reloj del abuelo» por su semejanza con un reloj de péndulo– en un carruaje, que alcanzó los 15 km/h. Al año siguiente lo instaló en una barca, y así creó la lancha motora, su gran éxito comercial. Siguiendo esta idea de colocarle un motor de explosión a todo lo que se movía, en 1896 Daimler construyó el primer camión.

Con todo, los vehículos a motor eran caros, y lo siguieron siendo hasta 1905: eran, más bien, el juguete de los ricos. Fue la Primera Guerra Mundial quien se ocupó de hacer ver a los militares que los camiones cumplían un papel muy importante: es más fácil destruir un tren que un camión y, además, estos llegan hasta donde quieras.

La historia ha tratado bien a Carl Benz y Gottlieb Daimler, pero no tanto a otros. Porque en realidad Benz y Daimler no fueron los primeros en fabricar un vehículo con motor de explosión. Un belga, Étienne Lenoir, y un austriaco, Siegfried Marcus, lo hicieron antes.

En la década de 1850, Lenoir encontró la forma de encender el gas de las farolas dentro de un contenedor mediante una chispa eléctrica: acababa de inventar la bujía. De ahí a desarrollar un motor

GETTY

El austriaco Siegfried Marcus fabricó este automóvil de gasolina que alcanzaba una velocidad máxima de 6 km/h.

solo había un paso, y Lenoir lo dio construyendo uno con una potencia de 1,5 CV. En 1863, se lo instaló a un carro de tres ruedas, y con él hizo un viaje de dieciocho kilómetros... en once horas. Sin embargo, aunque el gas era un combustible bastante más limpio que el carbón, resultaba muy peligroso y siempre existía el riesgo de que explotara. Por tanto, había que buscar otro tipo de combustible.

En 1864 Siegfried Marcus tuvo una idea brillante mientras meditaba acerca de cómo iluminar las casas con una mezcla de gasolina y aire que encendiera con una chispa. Comprobó que la reacción era tan violenta que pensó en usarla como fuente de energía para mover cosas. Poco después, instaló un motor de dos tiempos en las ruedas traseras de una carretilla que recorrió una distancia de 180 metros. Marcus siguió adelante y, en 1888, construyó un automóvil, aunque resulta difícil establecer la cronología exacta de su invento, ya que, al ser de origen judío, la Alemania nazi destruyó todos los documentos relacionados con él. Además lo borraron de la historia. Un memorándum del 4 de julio de 1940 decía: «El Instituto Bibliográfico y el editor F. A. Brockhaus han recibido la notificación de que en el futuro las enciclopedias se referirán a los dos ingenieros alemanes Gottlieb Daimler y Carl Benz como los creadores del automóvil moderno, no a Siegfried Marcus».

83. El autobús

Obra de un prolífico inventor inglés, las mentes conservadoras de la época fueron un obstáculo insalvable para su implantación.

El primer autobús –una diligencia de ocho asientos y seis ruedas que se movía gracias al vapor– fue inventado en 1830 por sir Goldsworthy Gurney, que era el prototipo del llamado *científico gentleman* de la era victoriana –un investigador que, gracias a su fortuna personal o a otro tipo de trabajo, podía hacer ciencia sin tener que estar afiliado a institución alguna–. En su caso, su labor como cirujano –primero en Cornualles, donde nació, y luego en Londres– le permitió dedicarse a su verdadera pasión: la ciencia.

Inventó todo tipo de aparatos, desde un soplete de oxihidrógeno hasta un instrumento musical compuesto por vasos que se tocaba como un piano. Incluso creó una peculiar luz, bautizada con el nombre de Bude Light –en honor a la localidad costera del mismo nombre donde vivía, y que era la localidad de veraneo de moda en la época victoriana–: al introducir oxígeno en medio de la llama de una típica lámpara de aceite estándar, produjo una intensa luz blanca. Gracias a una serie de lentes y prismas, Gurney iluminó todos los pasillos y estancias de su mansión con solo una de estas luces.

Tras probarlo en un faro en 1839, se confirmó que proporcionaba dos veces y media más luz que una lámpara de aceite similar. Luchó por que se instalara en los faros, pero el coste de hacerlo era muy alto y la Bude Light acabó en el cajón de los inventos olvidados.

En 1823 empezó a interesarse por las posibilidades prácticas del vapor, y, dos años más tarde, tras el rotundo éxito de la locomotora de George Stephenson, empezó a darle vueltas a la idea de un carro que se moviera con vapor. Ese mismo año presentó la patente para «un aparato que propulse carros en carreteras o ferrocarriles

GETTY

El inventor de las diligencias a vapor, el inglés Goldsworthy Gurney, era cirujano, químico, arquitecto, profesor y constructor.

comunes, sin la ayuda de caballos, con la velocidad suficiente para el transporte de pasajeros y mercancías». En 1826 compró un taller y se dispuso a mejorar el diseño: introdujo un tiro de escape de vapor para pasarlo de los cilindros a la caja de humos situada debajo de la chimenea y así aumentar el tiro y, por ende, obtener mayor potencia.

En 1829 ya tenía listo el prototipo que él mismo condujo desde Londres a Bath, unos 130 kilómetros. El éxito fue rotundo y, dos años después, había una línea operando entre Gloucester y Cheltenham que constaba de tres autobuses. Asimismo, el 22 de abril de 1833 apareció el primer autobús urbano en las calles de Londres. El invento de Gurney era superior a los carros tirados por caballos: mucho menos propenso a volcar, viajaba más rápido, su coste de operación era más barato y dañaba menos las carreteras y caminos al usar neumáticos anchos.

Sin embargo, la empresa fracasó por culpa del conservadurismo más recalcitrante. Los fideicomisos de las carreteras impusieron a los autobuses de vapor unos altísimos peajes que hicieron inviable cualquier empresa de transporte autopropulsado. Eso sí, los autobuses tirados por caballos podían circular libremente.

GETTY

Grabado que muestra el autobús que cubrió la ruta Londres-Bath.
Alcanzaba una velocidad media de 22 km/h, incluido el tiempo empleado para repostar.

Ante esta situación, la empresa de Gurney se quedó sin fondos en la primavera de 1832, y se vio obligado a subastar sus activos comerciales restantes, e incluso tuvo que cubrir sus pérdidas con gran parte de su fortuna personal.

La oposición del Gobierno inglés a la mecanización del transporte por carretera quedó patente con la Ley de Locomotores de 1861. Si al principio limitó la velocidad de las locomotoras de carretera a 8 km/h en pueblos y ciudades, y a 16 km/h en campo abierto, la reforma de 1865 –popularmente conocida como ley de la bandera roja– redujo esos límites a 6 km/h en el medio rural y 3 km/h en la urbe. Además, esta obligaba a que por delante caminara un hombre con una bandera roja –de ahí el apelativo que se le dio a la ley– para ir avisando de la llegada del vehículo a quienes fueran montados a caballo por las carreteras del país. Obviamente, eso obligaba al automóvil a moverse al paso de una persona, de ahí la limitación a 6 km/h. Con esta normativa, la Administración inglesa hizo desaparecer el transporte autopropulsado de sus caminos durante treinta años. ¿Por qué? Algunos historiadores apuntan que la razón estaba en que el Gobierno tenía fuertes intereses económicos vinculados con el ferrocarril.

84. El avión

Teniendo en cuenta el tráfico aéreo actual en el mundo, parece mentira que su despegue se produjera hace poco más de un siglo.

La historia ha premiado a los hermanos Wright como los verdaderos artífices del largo sueño de la humanidad de surcar los cielos. De hecho, la Federación Aeronáutica Internacional (FAI) reconoce que su vuelo del 17 de diciembre de 1903 en Kill Devil Hills (Carolina del Norte, EE. UU.) fue el primer vuelo tripulado sostenido, controlado y hecho en un aparato más pesado que el aire.

La última década del siglo XIX fue una verdadera carrera por ver quién era el primero en volar, empezando por el ingeniero francés Clément Ader, que en 1890 terminó de construir un avión con un motor a vapor, Éole: despegó, pero no pudo controlarlo y cayó tras volar cincuenta metros.

Dos eran los problemas principales que debían resolverse: la potencia del motor y la estabilidad en vuelo. La mayoría de los inventores empezaron por el segundo, entender la aerodinámica del vuelo, usando planeadores. Como hizo en 1884 el alemán Otto Lilienthal, conocido como el Rey Planeador. O, en 1896, el astrónomo estadounidense Samuel Pierpont Langley, quien, gracias a ello, recibió 50 000 dólares del Gobierno para construir un planeador de reconocimiento. Su siguiente paso fue acoplarle un motor; después de varios años, construyó uno con 52 caballos de potencia. Diciembre de 1903 fue un mes de infarto. El día 8, Langley intentó hacer volar por segunda vez su Aerodrome A. La financiación se le estaba acabando y no había conseguido más. Lanzado desde una catapulta, el avión acabó cayendo en el río Potomac. Nueve días más tarde, los hermanos Wright hacían volar su Flyer.

Wilbur y Orville Wright habían hecho de todo en la vida: regentado una imprenta, luego una editorial, un periódico y una tienda de venta y reparación de bicicletas. La muerte de Lilienthal en 1896 en un accidente con su avión los motivó para lanzarse en serio al mundo de la aviación. Al igual que sus predecesores, primero estudiaron la forma de controlar el avión en vuelo construyendo planeadores.

Arriba, el exitoso primer vuelo del Wright Flyer, en 1903.
Abajo, los artífices de la gesta: los hermanos Wright.

Después de dos fracasos y doscientos diseños ensayados en el túnel de viento que construyeron, el tercer planeador fue todo un éxito. Sin embargo, lo complicado estaba por venir: la construcción de un motor con la potencia suficiente y que no fuera muy pesado. Apostaron por uno de gasolina, pero ningún fabricante era capaz de construirlo. Entonces hablaron con Charlie Taylor, el mecánico de su tienda de bicicletas: en seis semanas construyó un motor de 12 caballos de potencia en un metal de lo menos habitual, aluminio, que lo hacía más ligero. Ya tenían su Flyer: les había costado menos de mil dólares, cincuenta veces menos que lo que había recibido Langley por desarrollar un planeador para el Gobierno. Con un peso de 274 kilogramos, estaba

GETTY

Fotografía de 1907 del pionero brasileño Alberto Santos Dumont sentado en su avión.

dispuesto para pasar a la historia. ¿Quién de los dos hermanos volaría? Una moneda al aire lo decidió: Orville. Solo unos pocos afortunados fueron testigos del vuelo, pues a los Wright no les interesaba hacerlo público.

No obstante, hay dos nubes oscuras que empañan este hito. La primera se llama Gustav Weißkopf, un alemán emigrado a Estados Unidos que se cambió el apellido por Whitehead. Empezó a realizar sus propios diseños de aviones en 1897 y, después de cuatro años, el 14 de agosto de 1901, afirmó haber hecho un vuelo controlado y propulsado con su monoplano, Número 21, en Fairfield (Connecticut). De ello informó un periódico local, el *Bridgeport Sunday Herald*, el 18 de agosto. De este aeroplano solo nos queda su descripción y algunas fotos publicadas en la revista *Scientific American* en junio de 1901, donde se comentaba que ya estaba terminado y «listo para las pruebas preliminares». El problema es la falta de información: no existe ninguna prueba gráfica del vuelo ni sabemos cómo se realizó.

La otra nube que oscurece el horizonte de los Wright es el brasileño Alberto Santos Dumont. El 23 de octubre de 1906 voló con su 14-bis sesenta metros junto al Sena, en el parque de Bagatelle en París, ante cientos de testigos. Su aparato, con estructura de bambú y madera, con juntas de aluminio y forrada con seda japonesa, tenía dos ruedas de bicicleta como tren de aterrizaje y un cesto de mimbre como cabina del piloto. Y para el vuelo, un motor de 50 caballos. Para algunos expertos en aviación, esta fue la primera vez que voló un avión de verdad: el 14-bis despegó sin ayuda de catapultas ni con la necesidad de esperar una corriente de viento apropiada, como había sucedido en el caso de los Wright.

Las aerolíneas modernas

La detonación de la primera bomba atómica rusa, en 1949, hizo que los estadounidenses diseñaran la primera cadena de radares de defensa controlada por ordenador. Este sistema de alerta temprana recibía el nombre de DEWLine. Un día de primavera de 1953, un ingeniero de IBM que trabajaba en ese proyecto voló con American Airlines. Por casualidad, iba sentado junto al presidente de la compañía y empezaron a hablar. El hombre de IBM explicó a su compañero de vuelo el principio subyacente del DEWLine, y rápidamente vio que sería una aplicación perfecta para reservar vuelos. American Airlines inauguró este sistema a principios de los sesenta con el nombre de SABRE, que unió a agencias, terminales de reservas y mostradores por todo Estados Unidos. Muy pronto se extendió a todo lo relacionado con el mantenimiento de los aviones, los cuadrantes de las tripulaciones, las necesidades de combustible y todo lo que una línea aérea necesitaba saber en tiempo real. SABRE, que procesaba gran cantidad de información en segundos, hizo posible la complejidad de los viajes en avión modernos.

Sistema de procesamiento de datos de IBM para American Airlines.

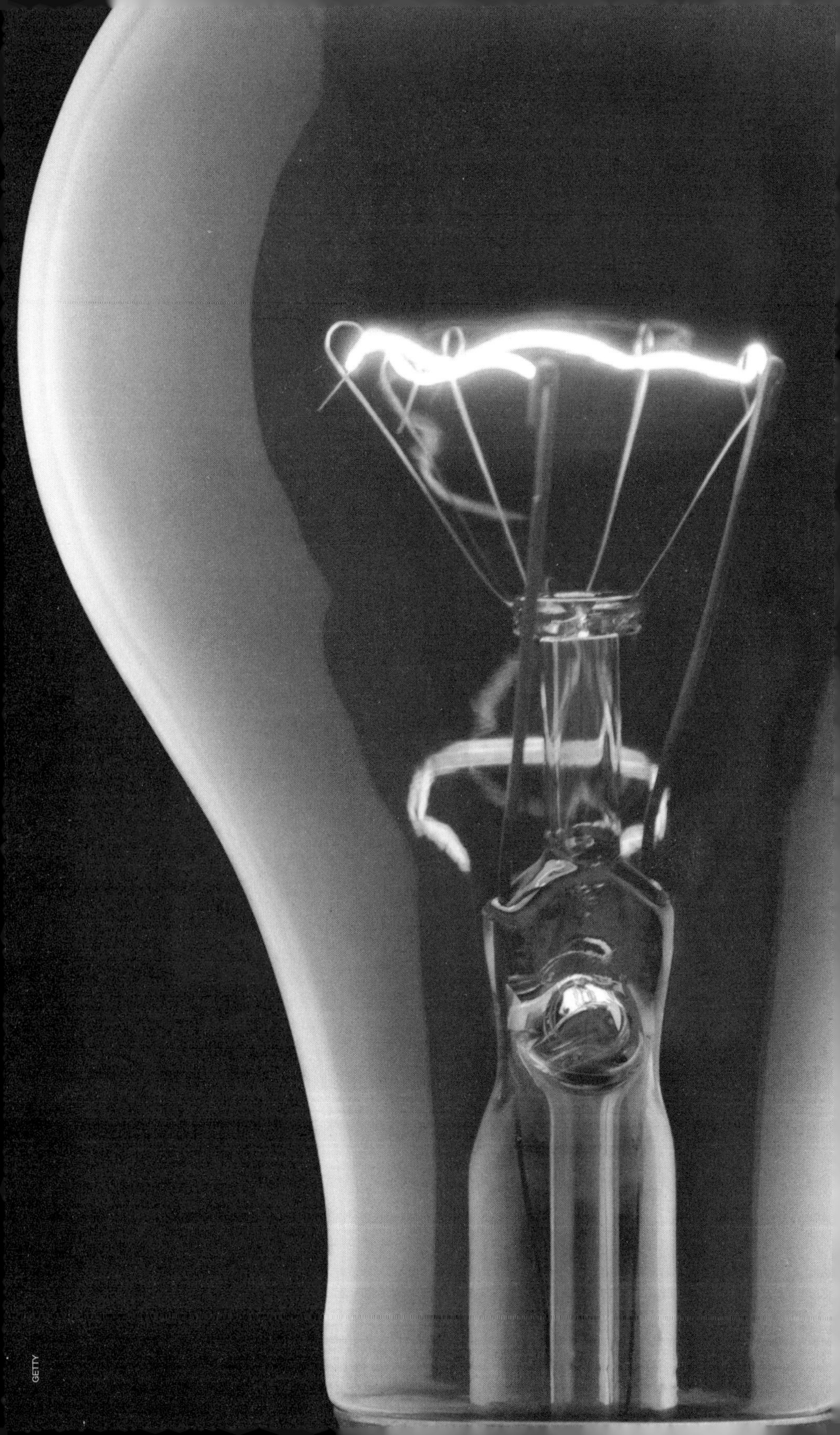
GETTY

Vida cotidiana

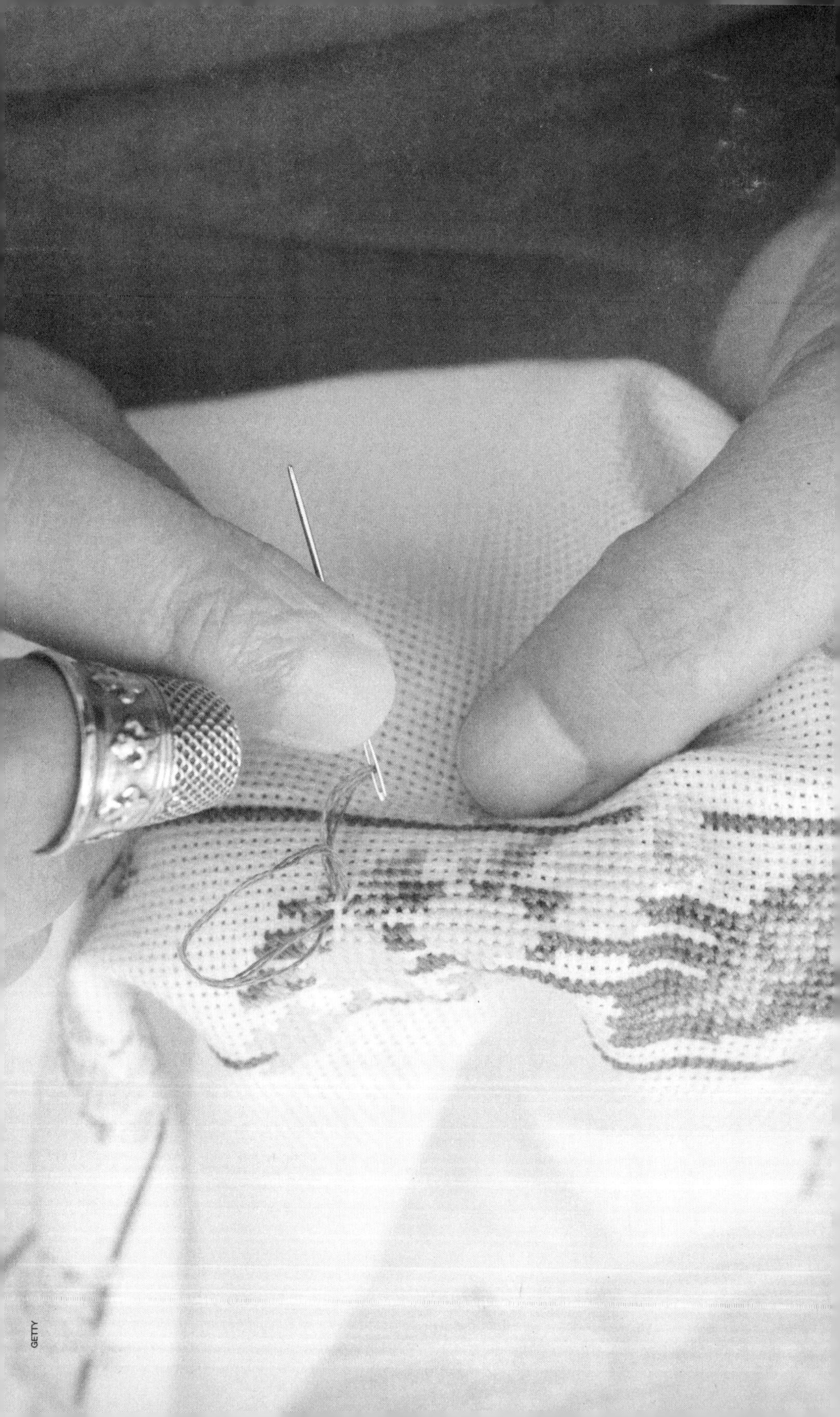

GETTY

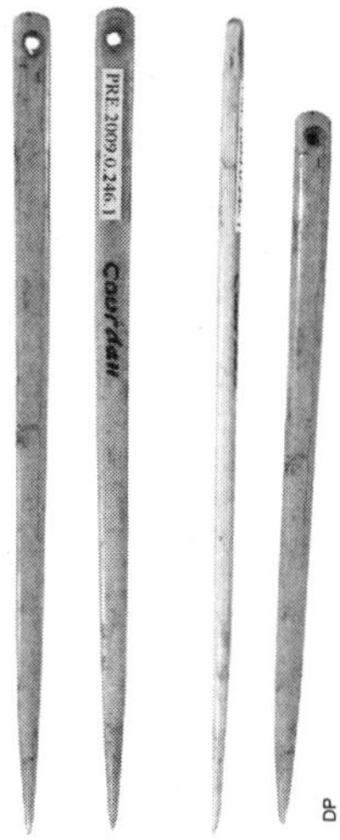

DP

85. La aguja de coser

Esta pequeña herramienta afilada, con un ojo para enhebrar el hilo, se emplea desde la prehistoria para tejer las prendas de vestir.

Coser un botón de una camisa, remendar un pantalón, zurcir un calcetín... La costura ha estado con nosotros desde que dedicamos parte de nuestro tiempo a vestirnos. Según la versión mitológica que se contaba en el Génesis, eso ocurrió cuando Dios arrojó a Adán y Eva fuera del paraíso por haber comido la fruta prohibida del árbol del conocimiento. Al probar la manzana, no se puede decir que nuestros ancestros aprendieran mucho, pero empezaron a sentir pudor de su propia desnudez. Desde entonces los humanos necesitamos de la ropa, hasta el punto de que pasó de ser una especie de maldición a un negocio. Y desde luego las prendas de vestir no serían nada sin el coser, una actividad que, por lo menos entre nuestras abuelas, es sinónimo de espabilarse. ¿O no nos decían aquello de «ese no sabe ni coserse un botón»?

Desde la prehistoria hasta el siglo XIX, las agujas con el agujero llamado ojo se fabricaban a mano. Inicialmente eran de hueso o de madera y luego se empezaron a hacer de metal. Las primeras agujas metálicas fabricadas en serie salieron a la venta en 1826.

Remendar la ropa ha estado presente desde siempre en la especie humana. En la cueva Sibudu, un refugio rocoso situado en un acantilado de arenisca frente al océano Índico, en Sudáfrica, se encontró lo que parece ser una aguja de hueso de hace 61 000 años. En el mismo lugar también se halló la punta de flecha más antigua, de parecida antigüedad que la aguja, y el primer pegamento compuesto (hecho de goma vegetal y ocre rojo), utilizado para colocar puntas de piedra en mangos de madera para fabricar lanzas, que ha sido fechado en unos 70 000 años.

Pero la prueba inequívoca de que el de sastre es el oficio más antiguo del mundo proviene de la cueva de Denisova, en Siberia. Ahí hay una aguja de unos 7 cm, con un agujero en el extremo para insertar el hilo, de hace 50 000 años. Pero lo peculiar de este descubrimiento no es el hallazgo de la aguja, sino que posiblemente perteneció a una especie del género Homo, el denisovano, cuyos restos se hallaron en esta zona de Siberia en 2010 y cuyo origen se encontraría en una salida de África diferente a la de los neandertales y los humanos modernos. Al parecer, coser no es un arte privativo de nostros, los *Homo sapiens*.

86. La máquina de coser

Este invento capaz de tejer rápido grandes cantidades de ropa revolucionó la industria textil en la segunda mitad del siglo XIX.

Con todo lo esencial que es la costura, no llegó a suscitar el interés de la moderna tecnología hasta 1755, cuando el médico e inventor alemán Charles Frederick Wiesenthal patentó el primer dispositivo mecánico para coser, una aguja de punta doble con un ojo en un extremo. Su patente no mostraba ningún mecanismo para accionarla pero suponía el uso de dos pares de dedos mecánicos, uno para pasar a través de la tela y otro para sujetarla por el otro lado. Treinta y cinco años más tarde, en 1790, Thomas Saint, un ebanista de Londres, registró otro mecanismo de costura destinado a ayudar en la elaboración de sillas de cuero, zapatos, bridas, velas náuticas, pero parece ser que no llegó a construirlo.

AGE

GETTY

El empresario estadounidense Isaac Merritt Singer (1811-1875) hizo notables mejoras en el diseño de la máquina de coser y fundó la Singer Sewing Machine Company. A la derecha, uno de los modelos más vendidos, con pedal y mueble.

Hubo que esperar a 1830 para ver en acción la primera máquina de coser. La construyó en París Barthélemy Thimonnier con el objetivo de hacer uniformes para el ejército francés. Pero, al año siguiente, unos doscientos sastres que temían que la invención arruinara sus negocios fueron a su fábrica y destruyeron las máquinas. El diseño de Thimonnier, en cualquier caso, no era una máquina de coser estrictamente hablando, sino simplemente una mecanización de la operación de costura manual.

Quienes introdujeron la máquina de coser que todos conocemos fueron Walter Hunt en 1832 y Elias Howe –sin saber nada de la máquina fabricada por el primero– en 1845. Hunt era un ingeniero estadounidense, prolífico inventor de artilugios cotidianos como el imperdible. Hunt nunca patentó su aparato por miedo a que quitara el trabajo a los sastres y costureras. Sí lo hizo su compatriota Howe, un humilde mecánico de veintiún años que diseñó una máquina de costura en la pobre buhardilla donde vivía. Pero la suerte no estaba de su lado porque no encontraba inversores para poner en marcha su invento. Así que hizo el petate y se marchó con su hermano y su mujer a Inglaterra. En Londres consiguió vender la máquina por 250 libras, pero una serie de disputas con su socio inglés le obligaron a regresar a Estados Unidos en 1848 sin un penique en el bolsillo. Por entonces otros empresarios habían empezado a construir sus propias máquinas de coser, lo que obligó a Howe a defender su patente ante los tribunales. Uno de esos emprendedores fue Isaac Merrit Singer.

Antes de que se convirtiera en el millonario constructor de las máquinas que llevan su nombre, Singer trabajaba de mecánico en un taller de Boston, la misma ciudad donde Howe había inventado su aparato. Justo encima del modesto apartamento donde vivía residía un hombre llamado Phelps que se dedicaba a construir máquinas de coser. Singer se interesó por ellas porque vio que allí había dinero y empezó a trabajar en un modo de mejorar las que ya había en el mercado. Se asoció con dos amigos, que le prestaron 40 dólares para que pudiera llevar su trabajo a buen puerto. Cuando por fin terminó su máquina, llegó la hora del ensayo ¡y no funcionó! Sus amigos le dejaron y él se quedó pensando qué es lo que podía haber fallado. Como no se le ocurría, regresó a su casa mohíno y avergonzado. Pero cuando iba por la calle, de repente, tuvo una idea, volvió corriendo al taller, ajustó el tornillo de tensión y la máquina funcionó.

Claro que una cosa es tener un invento que funcione y otra muy distinta es hacerse millonario con él. Howe es un claro ejemplo. En 1851 Singer se asoció con Edward C. Clark, quien le había defendido dos años antes de una demanda interpuesta por Howe contra su patente. Clark fue quien introdujo unas estrategias de ventas que no han abandonado el mundo de los negocios desde entonces. Entre otras cosas, pensó que sería una buena idea lanzar la revista Singer Gazette, que se distribuiría gratuitamente a los compradores de la máquina, donde se publicarían nuevos usos y productos de sus máquinas de coser. De igual forma, Clark introdujo el pago a plazos: las Singer se vendían dando una entrada de 5 dólares y después unos cómodos plazos mensuales con intereses. También fue Clark quien inventó lo de recoger las máquinas de coser viejas y ofrecer un descuento por ellas al comprar una Singer. Por si no fuera poco, se ganó las bendiciones de las iglesias americanas ofreciendo máquinas de costura a bajo precio para sus grupos y convenció a los maridos de que gracias a ellas sus esposas tendrían más tiempo libre. Con estas técnicas de ventas, en 1861 Singer vendía más máquinas de coser que nadie y seis años después Singer Corporation se convertía en la primera empresa multinacional de la historia.

87. La bombilla

Este pequeño dispositivo llevó la luz a los hogares y las calles y cambió para siempre la civilización a finales del siglo XIX.

Una de las experiencias más fascinantes que nuestra civilización tecnológica ha dejado atrás es la sensación de oscuridad. Cuando la humanidad vivía alrededor de un fuego, la sensación de abandono y de temor hacia lo que se mueve en la negrura de la noche, se encontraba arraigada en la parte más profunda de la cultura. Con la llegada del alumbrado de gas y sobre todo, después, con el eléctrico, la oscuridad perdió parte de su significado, pues ya no era inevitable. El principal artífice de este cambio fue Thomas Alva Edison. Por entonces ya existía la luz de gas, pero no iluminaba lo suficiente y el peligro de incendios y explosiones siempre estaba presente. Los científicos sabían que si se hacía circular corriente eléctrica por un hilo conductor este se calentaba, pero ¿podría llevarse hasta la incandescencia y hacerlo brillar? Durante los primeros setenta y cinco años del siglo XIX, una treintena de inventores lo intentaron y fracasaron. La teoría era sencilla y elemental, pero las dificultades prácticas parecían insuperables.

En 1878 Edison tenía treinta y un años y estaba considerado como el mayor y más genial inventor de la época moderna. Cuando ese año anunció su intención de resolver el problema, la alegría fue general. Todo el mundo estaba convencido de que Edison podía conseguir cualquier cosa. Era un genio, sin duda, pero el genio, como él mismo decía, consiste en un 1 % de inspiración y un 99 % de transpiración. Inventar exigía trabajar duro y firme. Fabricar la bombilla eléctrica le exigió mucho, pues había subestimado las dificultades. Empeñado en utilizar hilos de platino, le costó un año y 50 000 dólares descubrir que este metal no era el más adecuado para el filamento incandescente. Cientos de experimentos después, encontró algo que se ponía al rojo sin fundirse ni romperse. Paradójicamente no se trataba de un metal, sino de un frágil filamento de algodón quemado, o lo que es lo mismo, un fino hilo de carbono. El 21 de octubre de 1879 montó uno de esos filamentos en una bombilla y esta lució ininterrumpidamente durante cuarenta horas. El 31 de diciembre, Edison soltó la traca

Thomas Alva Edison en su laboratorio de Menlo Park (Nueva Jersey).
Allí descubrió el efecto Edison o emisión termoiónica, que es el flujo de partículas cargadas causado por una fuerza electrostática que empuja a los electrones hacia la superficie.

final: la última noche del año 1879, la calle principal de su ciudad, Menlo Park, en Nueva Jersey, fue iluminada con corriente eléctrica.

Después de haber conseguido idear un modo de encender una bombilla, Edison trabajó duramente para mejorar su eficiencia. Quería encontrar un filamento que durase más tiempo antes de romperse. Como era habitual, probó con todo lo que se le ocurrió. Entre otras cosas, tuvo la idea aparentemente tonta de fijar un cable metálico en la bombilla donde había hecho el vacío. Colocó este cable cerca del filamento, pero sin tocarlo. Es decir, que ambos elementos, filamento y cable, estaban separados por un pequeño espacio vacío. Edison encendió la bombilla para ver si la presencia del cable metálico preservaba de algún modo el filamento e impedía su ruptura. Eso no sucedió, pero observó algo muy curioso: una débil corriente eléctrica fluía del filamento al cable a través del vacío.

Entre todo el vasto conocimiento práctico que el famoso inventor tenía sobre la electricidad, nada había que pudiera explicar tan extraordinario descubrimiento. Él lo anotó en su cuaderno y en 1884 su mentalidad empresarial le animó a patentarlo. El fenómeno fue llamado efecto Edison.

Sin embargo, el genio de Menlo Park se olvidó de este curioso fenómeno y no volvió a pensar en el asunto. Hoy sabemos que es producto de un débil flujo de electrones entre el filamento de la bombilla y el de metal. Tiempo después, cuando los científicos supieron manipular y amplificar esta lluvia de electrones en el vacío y, de paso, controlar con mucha mayor precisión la conducta de la corriente eléctrica, el efecto Edison fue la llave que abrió la puerta al desarrollo de la primera válvula de vacío. Con ella, la era de la electrónica había empezado.

88. El fonógrafo

El primer aparato capaz de grabar y reproducir sonidos abrió la puerta al tocadiscos y los dispositivos musicales que le siguieron.

La historia hubiera sido otra si en 1857 un francés llamado Édouard-Léon Scott de Martinville no hubiera arrojado la toalla. El 25 de marzo de ese año patentó el fonoautógrafo, un aparato capaz de convertir la voz humana en trazos en un papel. Este impresor y librero parisino estaba fascinado con la fotografía, desde que su compatriota Joseph Nicéphore Niépce había sido capaz de capturar el paisaje que se veía

El fonógrafo, inventado por Thomas Alva Edison y registrado en 1878, es sometido a una sesión de pruebas antes de ser comercializado.

AGE

AGE

GETTY

Edison fue uno de los inventores más prolíficos de la historia, sobre todo en el sector de telecomunicaciones. Registró 1093 patentes a su nombre. A la derecha, el fonógrafo tuvo un precedente en el fonoautógrafo, patentado en 1857 por el francés Scott de Martinville.

por una ventana de su casa en una placa de peltre (una aleación de estaño, cobre, antimonio y plomo) untada con betún de Judea y aceite de lavanda. Esta primera fotografía de la historia, tomada en 1826, necesitó ocho horas de sol para llegar a plasmarse.

Entonces Scott se preguntó si se podría llegar a hacer algo similar con el sonido, y se fijó en los dibujos de un libro que estaba imprimiendo sobre la anatomía del oído. ¿Habría alguna forma de montar un equivalente mecánico de nuestro aparato auditivo?

Bastaba con construir una membrana que moviera unas palanquitas al estilo de los huesecillos del oído de forma que dejaran una marca en un papel, como los surcos de un arado. Presentó su fonoautógrafo a la Academia de Ciencias Francesa el 26 de enero de 1857. El sonido hacía vibrar un trozo de pergamino unido a una fina cerda que, a su vez, iba trazando una línea ondulante en una hoja de papel envuelta en un cilindro rotatorio y cubierta por una fina capa de hollín. De este modo la voz humana quedaba registrada en forma de ondulaciones trazadas en un papel al igual que el latido del corazón tras un electro.

El aparato pasó totalmente desapercibido y solo entusiasmó a unos pocos científicos. La razón era obvia: Scott no se planteó el proceso inverso, o sea, el de convertir ese trazo en sonido. Pero en

2008 un equipo de científicos logró reproducir acústicamente una de las tiras de papel que Scott había grabado el 9 de abril de 1860. Era un trozo de la canción tradicional francesa Au clair de la lune, cantada por él mismo. Es la grabación más antigua que se conserva de la voz humana,que hoy tiene más de siglo y medio de antigüedad.

Quien primero resolvió lo que se le había pasado a Scott fue su compatriota Charles Cros, un poeta y científico aficionado con ideas peculiares. En 1874 había propuesto que la mejor forma para conectar con los habitantes de Marte era construir un gigantesco espejo capaz de focalizar los rayos del Sol en la superficie del planeta y quemarla pero dejando un mensaje. Para dejar constancia de la prioridad de su nuevo invento, el 30 de abril de 1877 entregó dentro de un sobre sellado a la Academia de Ciencias un informe con sus ideas. Su propuesta era grabar la fonoautografía en planchas metálicas en lugar de papel. Para reproducir el sonido bastaba con hacer el proceso inverso: hacer girar la plancha de metal a la misma velocidad con la que fue grabada y colocar una aguja conectada a un diafragma que, al vibrar, produjese ese sonido. Lo llamó paleófono.

Pero entonces llegaron noticias de que al otro lado del Atlántico un prolífico inventor y empresario llamado Thomas Alva Edison acababa de presentar en sociedad el fonógrafo. El aparato estaba basado en el mismo principio pero utilizaba una fina hoja de aluminio enrollado en un cilindro acanalado. La calidad del sonido era baja y solo podía reproducirse unas pocas veces antes de que el papel se rompiera, pero el invento lanzó a Edison a la estratosfera. En abril de 1878, viajó a Washington desde su laboratorio de las ideas en Menlo Park (Nueva Jersey) para hacer una demostración de su fonógrafo ante científicos, congresistas, senadores y el propio presidente. En la prestigiosa Academia Nacional de Ciencias de Estados Unidos se dijo que Edison era «el inventor más ingenioso en este país... o en cualquier otro». El *Washington Post* describió su presentación como «una escena que vivirá en la historia». Así fue cómo el famoso personaje se convirtió de golpe y porrazo en el Mago de Menlo Park. Curiosamente, aunque patentó su fonógrafo en 1878, hizo poco por mejorarlo hasta que años más tarde otros inventores como Graham Bell lanzaran los suyos.

89. La máquina de escribir

Desde finales del XIX hasta que surgieron los ordenadores, ha sido la herramienta indispensable en las oficinas de todo el mundo.

En 1865, el reverendo Rasmus Malling-Hansen fue nombrado director del Instituto Real para Sordomudos de Copenhague e inventó la primera máquina mecanógrafa, que llamó *skrivekugle* (bola de escribir) por su forma. En su trabajo se dio cuenta de que mientras la mayoría de la gente solo podía escribir cuatro caracteres por segundo, con el lenguaje de sordos se llegaba a doce. ¿Podría diseñarse un aparato que lo imitara? Había que resolver la parte mecánica, lo que no era complicado porque ya existía algo similar: el piano. Lo más costoso sería averiguar la mejor disposición de las letras en el teclado para obtener la velocidad de escritura rápida.

Malling-Hansen fabricó un modelo de porcelana semiesférico, dibujó las letras sobre él y se puso a estudiar con paciencia los tiempos de escritura para diferentes configuraciones de teclado. Al final colocó las letras más usadas al alcance de los dedos más rápidos, con las vocales a la izquierda y las consonantes a la derecha. Logró 800 pulsaciones por minuto. Con esta base diseñó la skrivekugle, parecida a un gran alfiletero.

La patentó y no dejó de mejorarla. La bola triunfó en Copenhague y en las exposiciones universales de Viena (1873) y París (1878). Recibía pedidos de todo el mundo y se convirtió en la primera máquina de escribir que se produjo a escala comercial, pero tenía un fallo: no se veía el papel ni lo que se escribía en él a medida que pasaba el dispositivo.

Mientras, en Estados Unidos, el editor Christopher Latham Sholes y el impresor Samuel W. Soulé patentaron en 1866 una máquina para numerar páginas de libros y tiques, y se la mostraron a Carlos Glidden, un abogado e inventor aficionado que estaba trabajando en un arado mecánico. Este les preguntó si la máquina no podría imprimir letras además de números, así que los tres unieron fuerzas y se pusieron a diseñar una. Su primer modelo tenía un teclado con dos filas con teclas de marfil para letras mayúsculas y teclas de ébano para números. No incluyeron ni el 1 ni el 0 porque pensaron que bas-

GETTY

La hija de Christopher Latham Sholes, inventor del teclado QWERTY, prueba una máquina experimental en EE. UU. en 1939.

taba con la O y la I, que cumplirían doble función. La máquina era una más de tantas que había en circulación y eso dificultaba la búsqueda de un socio financiero. Lo encontraron en James Densmore, que cuando vio la máquina no quedó muy convencido y propuso al trío mejorarla. Soulé y Glidden abandonaron el proyecto y dejaron solos a Sholes y Densmore.

Pensaron que entre sus posibles clientes estarían los taquígrafos, así que decidieron pedir ayuda a algunos. Entre los que aceptaron, hubo uno en Washington, James O. Clephane, que se tomó el trabajo con más ganas. Probaba los prototipos con tal intensidad que destrozó varios, pero sus comentarios, que solían ser cáusticos, fueron muy útiles y les ayudaron a afinar su máquina y a mejorar la calidad. Quedó claro que, antes de lanzar un producto al mercado, convenía buscar el consejo de quien vaya a ser el usuario principal. Como dijo Densmore, «es mejor descubrir un defecto ahora que después de que hayamos empezado a fabricar».

Uno de los aspectos claves seguía siendo el teclado. Densmore sugirió separar las combinaciones de letras más habituales para impedir los atascos, pues el tiempo de recuperación de una tecla una vez pulsada era lento: así nació por idea de Sholes el teclado QWERTY.

GETTY AGE

A la derecha, la primera Remington con tabulador. A la izquierda, la *skrivekugle* (bola de escribir) fue patentada por el danés Rasmus Malling-Hansen en 1872.

Sin embargo, Sholes estaba cada vez más harto de su invento, al que consideraba «un cruce entre un piano y una mesa de cocina». Al final vendió a Densmore la parte de su patente por 12 000 dólares. Entonces el único socio que quedaba en pie se puso a buscar un fabricante a gran escala y lo encontró en una empresa de armamento de la guerra de Secesión: E. Remington and Sons, que al terminar la contienda se había puesto a diversificar su oferta y además de armas construía máquinas de coser y maquinaria agrícola. El 1 de marzo de 1873 Remington entró en el juego y se comprometió a fabricar mil máquinas de escribir con opción de producir otras 24 000. Densmore se quedó con la exclusiva de la venta y distribución. Para ambas partes fue un negocio redondo.

90. La fotografía moderna

Una pequeña cámara oscura capaz de albergar un soporte que fijaba la luz –la película de celuloide– revolucionó el mundo de la imagen.

En mayo de 1861 la Royal Institution de Londres invitó al físico James Clerk Maxwell, padre del electromagnetismo, a dar una charla sobre su teoría de los colores. En lugar de hablar de los principios teóricos, Maxwell hizo un ejercicio práctico para demostrar que

GETTY

Imagen estereoscópica de 1910 de un hombre suspendido de una viga sobre las calles de Manhattan. La foto sirvió de publicidad para las cámaras Eastman de Kodak.

cualquier color podía generarse a partir de los tres primarios. Pensó que si tomaba tres fotografías del mismo objeto usando un filtro verde, otro rojo y otro azul y las proyectaba simultáneamente y superpuestas usando los mismos filtros lograría algo nunca visto. Solo había un problema: las placas fotográficas de la época eran sensibles al azul pero muy poco al rojo. En toco caso, era cuestión de probar. En el King's College tenía un colega, Thomas Sutton, que era un experto fotógrafo y le dijo que le echaría una mano. Tomaron tres imágenes de una cinta de tela escocesa, las superpusieron y la cinta se vio maravillosamente. La audiencia que asistió ese día a la Royal Institution contempló así la primera fotografía en color de la historia. Lo más sorprendente es que se tardaron muchos años en repetir el resultado.

De hecho, los expertos de Laboratorios Kodak no resolvieron el enigma hasta un siglo más tarde. Según ellos, el experimento de Maxwell nunca debió funcionar porque la placa fotográfica era totalmente insensible a la luz roja. Si tuvo éxito fue por una serie encadenada de coincidencias. Por un lado, el tinte rojo de la cinta, reflejaba, además de ese color, algo de luz ultravioleta y la solución de Sutton para el filtro rojo tenía un pasabanda en la misma región del espectro ultravioleta. No solo eso, sino que la emulsión usada en las placas no era sensible al encarnado sino al ultravioleta. Luego lo que realmente había pasado en la Royal Institution es que la fotografía obtenida

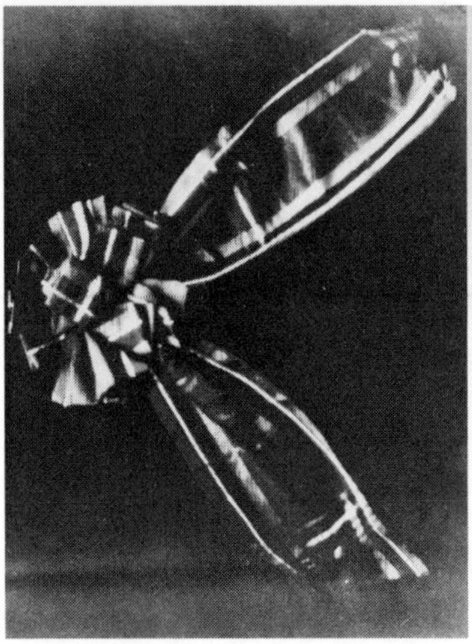

Sobre estas líneas, la primera foto en color de la historia, de una cinta de tela escocesa, fue tomada en Londres en 1861 por el físico James Clerk Maxwell. A su derecha, el éxito de la cámara Kodak inventada por George Eastman radicaba no solo en el aparato en sí, sino en el soporte de película que le permitía hacer más de cien fotografías.

con el color rojo, en realidad, había sido producida en un rango del espectro invisible al ojo humano.

Por todo lo dicho, se aprecia que a mediados del siglo XIX hacer fotografías era algo caro, cargante y largo. Los negativos eran placas de cristal, las cámaras eran monstruosas cajas de madera y se usaban baldes y baldes de productos químicos. Pero ese mundo iba a cambiar unos años más tarde. Un día de 1870, George Eastman se despidió del banco donde trabajaba desde los catorce años porque no le concedieron el ascenso que esperaba. Decidido a establecerse por su cuenta, utilizó todos sus ahorros para convertirse en fabricante y comerciante de suministros fotográficos. Eastman estaba dispuesto a revolucionar el mercado fotográfico a base de acercarlo a todos los hogares y publicitó el nuevo proceso de revelado con el eslogan: «Usted apriete el botón. Nosotros haremos el resto.»

George Eastman mejoró una técnica ya en uso que consistía en impregnar un rollo de papel con gelatina y bromuro de plata. Se metía el papel en la cámara, se tomaba la foto, se revelaba, se colocaba la parte impresionada sobre un cristal y se despegaba el papel. Este proceso tenía sus problemas: el papel se rasgaba, la emulsión fotográfica formaba grumos y la imagen solía salir borrosa. Entonces en 1884 llegó la solución. No se sabe si la idea original fue del propio

Eastman o de un oscuro ministro episcopaliano llamado Hannibal Goodwin. Algunos dicen que los abogados de la familia Eastman arreglaron un trato con el clérigo por la bonita suma de cinco millones de dólares. El nuevo invento utilizaba tiras de un material flexible, transparente y no inflamable, el celuloide. Era una base inerte perfecta para los productos químicos fotográficos. Acababa de nacer la película o carrete. En 1888 Eastman sacó al mercado una máquina lo suficientemente pequeña como para sostenerla con una sola mano. La bautizó con el nombre de Kodak y puso la fotografía al alcance de todos.

91. El agua carbonatada

Hicieron falta importantes hallazgos químicos para conseguir esta cosquilleante bebida apreciada por sus propiedades digestivas.

El temible grisú y los aires inflamables de minas y pantanos empezaron a llamar la atención de los científicos del siglo XVIII, que los almacenaban en vejigas para luego quemarlos. William Brownrigg, un médico inglés preocupado por la salud de los mineros que los respiraban, era uno de ellos. Para estudiarlos in situ hizo construir un laboratorio que alimentó con los gases de una mina de carbón de Whitehaven a través de tuberías de plomo. Para recogerlos del agua utilizaba un método inventado en 1727 por Stephen Hales, que había demostrado que los gases podían ser fijados a líquidos o sólidos. Por entonces se pensaba que lo que hoy llamamos dióxido de carbono no era más que el aire vulgar infectado por humos y vapores extraños. Al fijar estos aires mineros, Brownrigg hizo agua carbonatada hacia 1740. El problema es que nadie sabía lo que era.

El primer paso para identificar estos vapores como sustancias diferentes al aire lo dio el médico escocés Joseph Black en 1756. Su trabajo Experimentos con magnesia alba, cal viva y otras sustancias alcalinas es uno de los pocos ensayos de la historia de la química que introduce numerosos conceptos y resultados novedosos.

Lo curioso es que su investigación partió con un objetivo bien diferente: buscar una explicación a un conocido remedio para elimi-

AGE

El médico y químico escocés Joseph Black, descubridor del dióxido de carbono, hace un experimento con calor en la Universidad de Glasgow.

nar los cálculos renales, enfermedad habitual entre los grandes bebedores del siglo XVIII. La Cámara de los Comunes había dado 5000 libras a una mujer llamada Joanna Stephens por haber encontrado un tratamiento válido que consistía en ingerir conchas de caracol calcinadas y mezcladas con miel. Black estudió y pesó el gas liberado por las conchas, la caliza y la magnesia al ser calentadas, y lo llamó aire fijo, porque era absorbido por agua con cal. Había descubierto el dióxido de carbono. Aunque no llegó a aislarlo ni pudo describir todas sus características, demostró que se podía encontrar libre en la naturaleza y ser transferido de un cuerpo a otro.

También descubrió dos cosas que cambiaron todo lo que se creía hasta entonces: que era diferente al aire producido al disolver un metal con ácidos; y que se parecía al aire que había sido ensuciado por la combustión. Lo que Black había probado es que podía existir un aire distinto al vulgar y que este tomaba parte activa en ciertos procesos químicos.

Sus investigaciones fueron continuadas por Henry Cavendish, un científico excéntrico y despistado pero meticuloso en su trabajo. Cavendish vivió siempre como un recluso, detestaba la compañía de otros hombres y le aterrorizaba la de las mujeres hasta el punto de que tenía

Un vaso de agua carbonatada con sus características burbujas. A esta popular bebida se la conoce también como agua con gas, agua de seltz o sifón. Normalmente se toma sola y algunas veces combinada con ciertas bebidas alcohólicas.

prohibido a sus sirvientas cruzarse con él por los pasillos de casa. En 1766, a los 35 años, envió el primero de una serie de artículos a la Royal Society con el título de Sobre el aire facticio.

Entre otras cosas, Cavendish descubrió que si disolvía mármol en ácido clorhídrico obtenía el aire fijo de Black y si disolvía cinc, hierro y estaño en ese mismo ácido y aceite de vitriolo se producía un gas concreto, peculiar y altamente combustible que llamó aire inflamable; un gas que se obtenía siempre al hacer reaccionar un metal con cualquier ácido. Había descubierto el hidrógeno. Cavendish acabó con esa vaga sensación de que los gases no eran más que aire más o menos enrarecido. Si podía obtener el mismo tipo de gas por procedimientos diferentes y siempre con las mismas características es que no era producto de mezclas arbitrarias de aire con distintos tipos de impurezas.

Aquí entró en juego el clérigo disidente (se llamaban así a los que se oponían al anglicanismo) Joseph Priestley, ejemplo del tipo de científico radical y liberal que floreció en Francia e Inglaterra en la segunda mitad del siglo XVIII. En 1771 el famoso capitán Cook le ofreció el puesto de astrónomo en su segunda expedición, pues le habían impresionado los primeros trabajos de Priestley en óptica y astronomía. Por desgracia, sus ideas religiosas y políticas le costaron el empleo. Pero Priestley no se desanimó y decidió contribuir al éxito de la expedición. Su interés por investigar las características de todos los gases que caían en sus manos le había llevado a una fábrica de cerveza cerca de su casa en Leeds. Allí descubrió una interesante propiedad del aire fijo de Black, que era liberado durante la fermentación de la rubia bebida. Si dejaba un plato con agua encima de la tinaja, esta adquiría un sabor agradable y acídulo que recordaba al agua de seltz. Después descubrió que podía obtener el mismo resultado pasando el agua de un vaso a otro encima de la tinaja durante tres minutos. Los experimentos le convencieron de que sus cualidades medicinales se debían al gas disuelto en ella y en 1772 patentó un mecanismo que impregnaba el agua con aire fijo. El capitán Cook lo instaló en el *Resolution* y en el *Adventure* a tiempo para el viaje. El aparato triunfó y Priestley obtuvo la medalla Copley, el mayor honor de la Royal Society. El agua de soda se convirtió en el primer éxito comercial de la nueva química.

92. La lavadora

Este aparato electromecánico que revolucionó la vida doméstica tardó tiempo en desarrollarse hasta alcanzar el automatismo actual.

Lavar puede ser una tortura, casi tanto como querer deshilvanar la historia de la invención de la lavadora, en la que hubo muchas manos trabajando. La primera máquina de la que se conserva registro fue diseñada por el teólogo y naturalista alemán Jacob Christian Gottlieb Schäffer, que además de publicar textos de botánica, ornitología o entomología, fabricaba excelentes prismas y lentes. Su lavadora la describió en un libro de 1767 que tituló *Die bequeme und höchstvortheilhafte Waschmaschine* (La conveniente y altamente ventajosa lavadora).

Durante más de un siglo, diferentes inventores norteamericanos, ingleses y alemanes fueron introduciendo cambios y mejoras a un diseño que acabó desembocando en el que hoy conocemos. El primero elemento fue el tambor, que fue inventado en 1782 y que podía ser de carga horizontal o superior. Pero además había que escurrir la ropa, proceso con el que se sacaba el agua de las prendas y con ella, la suciedad. El canadiense John E. Turnbull aceptó el reto y patentaba en 1843 una «lavadora de ropa con rollos para escurrir».

También había cosas curiosas. En 1871 Wiliam Clark registraba la primera lavadora transportable, tirada por caballos, para hacer la colada en la segunda residencia. Y en 1885 Sarah Sewell, consciente del esfuerzo físico que se necesitaba para accionar la máquina de lavar

GETTY

La lavadora eléctrica fue creada en 1908 por Alva J Fisher, pero no se hizo omnipresente en los hogares estadounidenses hasta los años 50. Este modelo, 3324, es de 1961.

y de la inmensa energía que desarrollaban sus hijos durante el día, patentó una extraña lavadora que funcionaba gracias a un columpio acoplado donde los niños podían jugar.

La llegada del siglo XX trajo la electricidad a las casas y no pasó mucho tiempo hasta que alguien colocó un motor eléctrico en la máquina de lavar la ropa. No sabemos quién fue el primero que tuvo éxito, pero en 1904 ya aparecían anuncios en periódicos y revistas. Por fin, en 1909 empezó a comercializarse la primera lavadora eléctrica en Estados Unidos, que fue llamada Thor. Construida por la empresa Hurley Electric Laundry Equipment Company de Chicago, había sido diseñada por el ingeniero Alva J. Fisher en 1908. Según la patente tenía un «cilindro perforado montado de forma que pudiera girar dentro de la bañera que contiene el agua de lavado». Una serie de palas levantaban la ropa al tiempo que giraba el cilindro, el cual, después de ocho rotaciones, cambiaba de dirección para evitar que las telas se enrollaran en una masa compacta.

93. El sujetador

También llamado sostén, este elemento de lencería liberó a la mujer de las ataduras de los antiguos corsés, cotillas y corpiños.

Hasta 1913, los sostenes eran meros apéndices de los insufribles corsés de ballenas y cordaje, casi tan incómodos como las armaduras de los caballeros medievales. Pero ese año, la joven aristócrata neoyorquina Mary Phelps Jacobs cambió la historia. Se había comprado

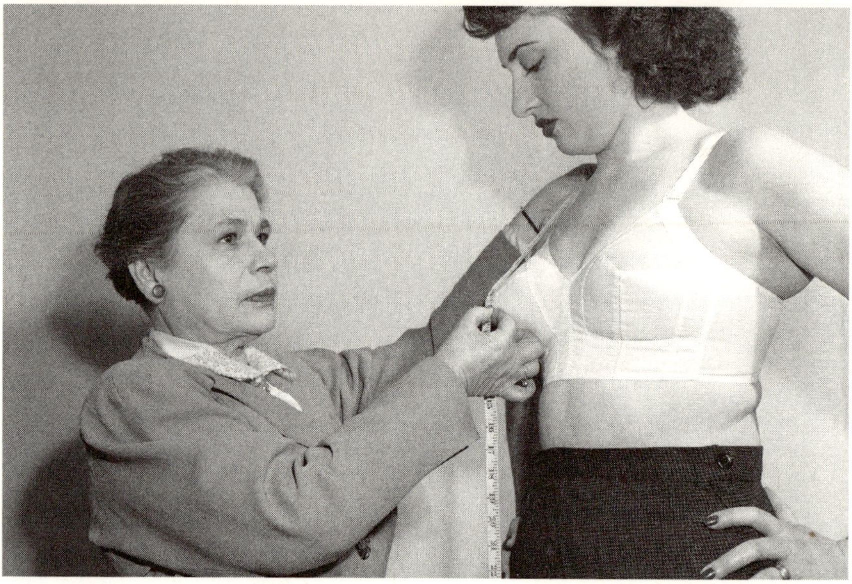

AP

TKM ARCHIVE

El sujetador, a la izquierda, fue patentado por Mary Phelps Jacob en 1914. Años después, la modista Ida Rosenthal –arriba–, mejoró y desarrolló el diseño e inventó el tallaje que aún hoy sigue vigente.

un carísimo vestido de noche para una fiesta y estaba encantada con él, pero dejaba traslucir el contorno del corsé y pensó que eso era imperdonable. Entonces se le ocurrió la solución. Con ayuda de su doncella confeccionó un improvisado sujetador con un par de pañuelos blancos, una cinta y un cordón. Sus amigas se dieron cuenta enseguida de que Phelps llevaba una ropa interior original, ligera y práctica, y ella les hizo a cada una un sostén de regalo. Después de que una desconocida le enviara un dólar junto con el pedido de un modelo, se decidió a presentar su creación a la oficina de patentes.

En 1914 obtuvo la patente del sujetador sin espalda, y con algunas amigas empezó a producirlo artesanalmente. Pero las buenas ideas no prosperan sin una campaña publicitaria, así que el negocio de la que pasó a llamarse Caresse Crosby fracasó. Un tiempo después, conoció a una diseñadora de la Warner Brothers Corset Company y le explicó su invento. A los pocos días recibió una oferta de 1 500 dólares por su patente. Ella aceptó encantada. Fue un negocio redondo para la Warner, porque el valor real de la patente se estima en más de quince millones de dólares.

En los años locos del charlestón, cuando el ideal de belleza femenina era la mujer de pecho plano y aspecto aniñado, Ida Rosenthal consiguió cambiarlo al promover unos sujetadores que realzaban el busto. Esta modista de origen bielorruso clasificó a las mujeres norteamericanas por el tamaño del pecho, y desarrolló una línea de moda dirigida a realzar la figura femenina en función de la edad. Y triunfó. Cuentan que en los años sesenta, cuando las jóvenes quemaban sus sujetadores como símbolo de la liberación de la mujer, muchos vieron en este hecho el fin del sostén. Rosenthal replicó: «Somos una democracia. Toda persona tiene derecho a vestirse o desvestirse. Pero cumplidos los 35, la mujer ya no tiene una figura que le permita prescindir del sujetador. El tiempo juega a mi favor».

94. El váter

El retrete, excusado o inodoro permitió evacuar los desechos corporales en la intimidad, y así impulsar la higiene y combatir el hedor.

Durante la Edad Media cada cual hacía sus necesidades donde le parecía. Con el tiempo, la situación empeoró tanto que en 1589 la corte inglesa tuvo que colgar la siguiente advertencia en palacio: «No se permite a nadie, quienquiera que sea, antes, durante o después de las comidas, ya sea tarde o temprano, ensuciar las escaleras, los pasillos o los armarios con orina u otras porquerías». El hedor que desprendían las calles, las casas y las personas era insoportable. Ciudades como París eran inmensas cloacas donde al doblar cualquier esquina te podías encontrar a alguien defecando. No está de más recordar que la construcción inicial del palacio de Versalles, en el siglo XVII, incluía grandiosas fuentes y ningún retrete. No es de extrañar que Erasmo de Róterdam hubiera opinado en 1530 que «es descortés saludar a alguien mientras esté orinando o defecando». Tampoco sorprende que un manual de buenas maneras de 1700 recomendara entre sus páginas este prudente consejo:

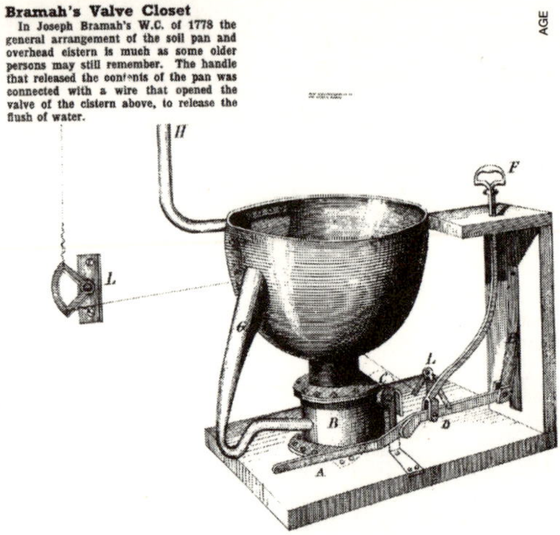

Ilustración del váter de 1778 de Joseph Bramah (1749-1814). Este inventor inglés (arriba) mejoró las ideas de John Harington y Alexander Cumming y patentó su propio diseño, que ya incluía válvula, como se ve en la imagen. Además, Bramah fue autor de numerosos inventos, como un dispensador de cerveza para los bares y una cerradura de seguridad.

«Si pasas junto a una persona que se está aliviando, deberás hacer como si no la estás viendo».

Y eso que en el siglo XVI ya hubo intentos de crear un predecesor del váter. Fue sir John Harington quien diseñó el primer retrete con válvula; la reina Isabel I de Inglaterra encargó instalar uno en su palacio de Richmond. Harington, que era poeta, escribió un libro sobre el inodoro, A *New Discourse of a Stale Subject Called the Metamorphosis of Ajax*, pero su tono humorístico no gustó a la soberana y el inventor y su ingenio cayeron en el olvido.

Doscientos años después, el matemático y relojero escocés Alexander Cumming patentaba su propia versión del váter. Funcionaba con una palanca que al tirar de ella dejaba escapar el agua de un depósito, abría una compuerta en el fondo del retrete y vaciaba su contenido en el desagüe. Algo parecido a lo que tenemos en los trenes actuales. Además, un sifón –el característico tubo en forma de S– aislaba el inodoro del colector principal.

Entonces entró en escena Joseph Bramah, un inventor y cerrajero inglés que se dedicaba a instalar los retretes de Cumming en los hogares y que vio que tan útil accesorio podía mejorarse. En 1778 patentó su propio modelo, un váter de válvula muy mejorado en el que cambió la válvula deslizante por una trampilla con bisagras para evitar que se congelara en los meses de frío. A lo largo del siglo XVIII, el Bramah, como se conocía a su invento, verdadero predecesor del wc moderno, se impuso, aunque no siempre conseguía un perfecto aislamiento de los desagradables gases que se formaban en los colectores y pozos ciegos poco ventilados.

Pero es que hasta el siglo XIX no se tomó en serio la ingeniería del alcantarillado. La iniciativa se debió a que la epidemia de cólera que asoló Europa entre 1827 y 1835, propagada por un insalubre sistema de colectores, obligó a que las autoridades adoptaran como una prioridad absoluta sanear las ciudades de inmundicias y malos olores. Por fin, hacia la segunda mitad del siglo XIX el retrete de Bramah evolucionó hacia el modelo de una pieza que hoy conocemos, con la taza y el sifón unidos.

95. El salón de belleza

Los conceptos de moda, refinamiento, belleza y cuidado corporal llegaron a Occidente de la mano de un poeta de Bagdad del siglo IX.

Hoy estar al tanto de las nuevas tendencias en cualquier ámbito es muy fácil, para eso están los llamados influencers, pero esta profesión no es nueva. En el siglo IX, la ciudad considerada la meca de la música y la poesía, la que marcaba el paso en perfumes y moda, buenas maneras y estilo de vida refinado era Bagdad. Fue allí donde un joven kurdo de piel morena y melodiosa voz, Abu l-Hasan Ali ibn Nafi', apodado Ziryab –'mirlo', en árabe–, se convirtió en uno de los primeros influencers de la historia. Su mentor fue Ishaq al-Mawsili, músico de la corte de Harún al-Rashid. Ante él, Ziryab ofreció una actuación que impresionó al califa y puso celoso a su mentor, que le recomendó por su bien que se marchara de la ciudad.

Ziryab le hizo caso y viajó primero a Siria y luego a Túnez, donde estuvo vagando hasta que ofreció sus servicios al emir de Córdoba, Al-Hákam I. Este aceptó y Ziryab puso rumbo a al-Ándalus. Cuando llegó, el emir había muerto y gobernaba su hijo, Abderramán II, a quien presentó sus ideas pioneras en el arte del buen vivir.

Muchos de los actuales conceptos de refinamiento y belleza –maquillaje, peinado, higiene, ropa– fueron desarrollados en los salones de la Córdoba musulmana del siglo IX por el músico y poeta kurdo Zyriab. Este puede ser considerado como el primer *influencer*.

Ziryab compartió con los cordobeses su saber y su delicadeza. Abrió en la ciudad el primer instituto de belleza del mundo, donde daba consejos sobre higiene, maquillaje o cuidado del cabello. Introdujo el uso del desodorante, de una primitiva pasta de dientes funcional y de sabor agradable cuya composición desconocemos, y del champú y los perfumes, sin olvidar la manicura. Saber maquillarse era fundamental, así como depilarse, pues para Ziryab la piel siempre debía estar limpia y suave. Innovó en el peinado e introdujo el corte de pelo con forma, de manera que quedaran a la vista la frente y las orejas.

Por supuesto, el estilo de la ropa y sus colores debían cambiar según la época del año. De junio a septiembre lo mejor era el blanco; en primavera, los tonos vivos junto con la seda y las telas ligeras; y en invierno, los acolchados y las pieles. También recomendaba un código de vestir distinto para la mañana, la tarde o la noche. Por todo esto y por su forma de entender la comida y las maneras en la mesa, Ziryab revolucionó Córdoba y la convirtió en la ciudad europea de referencia hacia donde debía mirar cualquiera que quisiera pasar por elegante, fino y educado.

96. El velcro

Este sistema de cierre mecánico de tejidos a base de ganchos y bucles está inspirado en el mecanismo de agarre de algunas semillas.

Un día de 1955 el ingeniero electricista George de Mestral había salido de caza con su perro por los verdes campos de su Suiza natal. Al regresar a casa se dio cuenta de que tanto su chaqueta como su can estaban cubiertos de abrojos. Intrigado, decidió utilizar el microscopio para descubrir por qué se agarraban a la ropa y vio que estas semillas estaban plagadas de ganchos que se aferraban tenazmente a los rizos del tejido. Este era el plan de la naturaleza. Los abrojos se agarran al pelo de los animales que se rozan con la planta. De esta forma, las semillas pueden dispersarse y germinar en otros lugares. De Mestral se preguntó si podría diseñarse un sistema artificial que copiase este invento de origen natural, y así nació el cierre velcro, cuyo nombre se deriva de los términos franceses *velours*, 'terciopelo', y *crochet*, 'enganche'.

Los primeros cierres se fabricaron en Lyon (Francia), de forma manual y desesperadamente lenta. Hacer los lazos era sencillo, pero la cinta con los ganchos resultó ser un problema formidable. La idea

El ingeniero suizo George de Mestral inventó el velcro tras fijarse en la forma en que las semillas de los abrojos se enganchaban a la ropa. En 1951 patentó su producto, que fue un gran éxito en todo el mundo.

TKM ARCHIVE

era producir los rizos y cortarlos cerca de sus finales para obtener un gancho por cada rizo. Al principio se utilizaba el nailon, pero ganchos y rizos se enmarañaban y no había forma de obtener un buen cierre. El problema se solucionó utilizando una mezcla de nailon y poliéster, que hizo al invento mucho más resistente a la luz ultravioleta, los productos químicos y el calor.

Mecanizar el proceso para conseguir los ganchos le llevó a De Mestral ocho años de trabajo, y uno más para crear el telar que recortaba los lazos después de tejerlos. En total, invirtió diez años en la creación de un proceso mecanizado y eficaz. En 1951 presentó en Suiza la patente, que le fue concedida cuatro años más tarde. En poco tiempo, De Mestral abrió tiendas en Alemania, Suiza, el Reino Unido, Suecia, Italia, los Países Bajos, Bélgica y Canadá. La patente expiró en 1978 a pesar de los esfuerzos de su poseedor para renovarla.

Hoy también se utiliza el acero y los tejidos sintéticos de los trajes espaciales para fabricar este cierre que ha revolucionado la vida cotidiana. Y todo gracias al lampazo menor (*Arctium minus*), planta que un buen día decidió aferrarse a la chaqueta de un suizo inquisitivo y curioso.

97. La buena mesa

Antes de Zyriab, reinaba el desorden en las comidas. El poeta kurdo introdujo las buenas maneras culinarias y la gastronomía.

Ziryab introdujo en Europa en el siglo IX el arte de la buena vida, que empezaba por la mesa. Esta debía cubrirse con manteles de cuero muy fino y exquisitamente trabajado; los de lino resultaban ser muy bastos, según el kurdo. Debían cambiarse las copas y los vasos de plata o de oro por la delicadas y elegantes copas de cristal, pues permitían apreciar los diferentes colores de su contenido. A la vista de la escasez del menaje que recomendaba, Ziryab impulsó la construcción de una fábrica de vidrio en Córdoba, que disfrutó de gran fama durante años.

ALBUM

La colocación de los cubiertos, el uso de vasos y copas de cristal y de platos refinados –arriba, uno de la dinastía omeya– y otras costumbres surgieron en la sofisticada España musulmana.

En cuanto a la presentación de los alimentos, la revolución fue total. La comida no debía amontonarse en un único plato y sin orden ni concierto, como era habitual en su época. Ziryab estableció nuestro actual orden al comer: primero se empezaba por las sopas; luego le seguían los platos de carnes, aves o pescados: y se terminaba con los dulces: pasteles con miel, frutos secos, como nueces y almendras, y dulces rellenos de avellanas o pistachos o frutas aromatizadas. De remate, una copita de licor.

Ziryab trajo a al-Ándalus, y de ahí a Europa, recetas que había aprendido en sus viajes, además de un buen número de preparaciones propias. Entre ellas estaba el ziriabí, un asado de habas saladas que todavía se prepara en Córdoba, e introdujo nuevos alimentos, como los espárragos, que hasta entonces eran considerados como un vegetal incomestible.

Pero Ziryab también fue un gran músico cuya fama le precedía. Cuando llegó a Córdoba, Abderramán II, antes siquiera de haberle oído cantar, le ofreció un palacio y un salario de doscientos dinares de oro. Ziryab abrió una escuela de música en el que debemos considerar que fue el primer conservatorio de Europa, que por otra parte estaba abierto a todo el mundo independientemente de su extracción social. Allí se perfeccionaron técnicas poéticas, como la moaxaja, y musicales, como el zéjel, que solía tocarse con laúd, flautas, tambor y adufes o castañuelas. Ziryab creó cerca de mil poemas melódicos que acabaron sonando en Andalucía y por toda la cuenca mediterránea.

Fue él quien hizo popular en la corte el *nubah*, base de la tradición musical andaluza que significa 'esperar su turno'. Ziryab introdujo en los coros de *nubah* a «los cantantes que no han cambiado», los famosos *castrati*. En los siglos venideros sus voces enamorarían hasta tal punto a los melómanos que en 1589 el papa Sixto V redactó la bula *Cum pro nostri temporali munere*, para poder incluir a algunos cantantes castrados en el coro de la basílica de San Pedro, en Roma.

98. El vino, el pan y la cerveza

Los tres productos alimenticios más antiguos y extendidos deben su desarrollo a la primitiva biotecnología.

En 2018 un grupo de arqueólogos españoles encontró en el sitio de Shubayqa 1, un asentamiento de cazadores-recolectores natufienses en Jordania, los restos carbonizados de un pan plano cocido de hace 14400 años. O sea, que antes de la aparición de la agricultura ya existía la producción de pan a partir de cereales silvestres. Y sabemos que los natufienses también hacían cerveza: se han encontrado restos en la cueva Raqefet, en el Monte Carmelo, cerca de Haifa (Israel). Su uso no estaba ligado al esparcimiento, sino a motivos rituales y religiosos.

El descubrimiento de la fermentación del cereal para producir la bebida fue accidental, por observación del proceso natural. Luego, aquellos humanos desarrollaron su propio método: hacían germinar los granos en agua y luego los drenaban, secaban y almacenaban. Después convertían el almidón del trigo o de la cebada en malta para, al final, calentarla y dejarla fermentar con levadura silvestre. Fue la levadura *Saccharomyces cerevisiae*, un hongo unicelular, la responsable de que podamos disfrutar de un bocata, una copa de vino o una caña. Por supuesto, la cerveza de antaño no se parecía en nada a la actual, aunque también se usaba para brindar por los muertos, lo que sabemos por los restos hallados en un cementerio natufiense. Más importante es lo que implican estos descubrimientos: si cazadores-recolectores fabricaban pan y cerveza a partir de cereales silvestres, es posible que acabaran cultivándolos ellos mismos y provocaran la revolución agrícola del Neolítico.

Si bien el pan y la cerveza nacieron en Oriente Próximo, el vino apareció en la zona de la actual Georgia, cerca del mar Negro. Los restos arqueológicos y arqueobotánicos datan en el 6000 a. C. la vinicultura, que se extendió a Irán alrededor de 5000 a. C. y llegó

SHUTTERSTOCK GETTY

Arriba, ánforas de vino encontradas en Sicilia. A su derecha, frescos en la tumba de Ken-Amún, supervisor de los archivos reales durante la XIX Dinastía del antiguo Egipto en Tebas. Muestran el proceso de preparar la masa y elaborar el pan.

a Sicilia en el 4 000 a. C. De esa época son también los restos de la primera bodega conocida en la cueva Areni-1, en el sur de Armenia. Allí se han encontrado depósitos de fermentación, una prensa de vino y jarras. Pero si la cerveza se consumía en ritos religiosos, no pasó lo mismo con el vino. En Asia, las cosas tampoco fueron muy diferentes: el vino de arroz, que se elabora de forma parecida a la cerveza, apareció en China en el año 7 000 a. C., lo que demuestra que el consumo de alcohol por sus efectos embriagadores va muy unido a la civilización.

99. El té y el café

China y Oriente Próximo parecen estar en el origen del consumo de estas bebidas estimulantes hoy omnipresentes en todo el mundo.

Los chinos han consumido té durante miles de años. La primera prueba física conocida, registrada en 2016, proviene del mausoleo del emperador Jing de Han en Xi'an, mundialmente conocida porque allí se encontraron los famosos guerreros de terracota. Los restos de té que aparecieron pertenecían al género Camellia (no

El té se obtiene de la infusión de las hojas y brotes de la planta del té (*Camellia sinensis*). Es la bebida más consumida en todo el planeta después del agua, por su sabor fresco, ligeramente amargo y astringente. Le sigue en popularidad el café que, acompañado de leche, constituye el elemento principal del desayuno en numerosos países.

se pudo determinar la especie) e indica que los emperadores de la dinastía Han bebían esta infusión en el siglo II a. C. Aunque probablemente se tomara desde mucho antes: hay indicios que retrotraen el consumo de té al siglo X a. C. Se sabe que usaban la bebida como medicina, pero no conocemos cuándo empezó a emplearse como estimulante.

Trazar la historia del té resulta complicado. Dejando a un lado las pruebas arqueológicas, solo quedan los registros escritos, y aquí nos encontramos con un problema: la palabra actual china para llamar al té apareció en el siglo VIII, y no está claro si otras voces más antiguas empleadas para designar plantas cuyo uso era similar realmente se refrían a esta planta. Por ejemplo, hay un término que aparece en textos antiguos y que significa 'verdura amarga'. ¿Se refiere al té o a otras plantas distintas también amargas, como ocurre con la achicoria?

El origen del café es aún más oscuro. Sabemos que la planta es originaria del sur de la península arábiga –el cafeto (*Coffea arabica*) es un arbusto de hoja perenne autóctono de Etiopía y Yemen–, pero no existen pruebas directas del cultivo y consumo de café anteriores al siglo XV. Lo que sí tenemos son leyendas, como la de Kaldi, el cabrero etíope del siglo IX que descubrió este producto cuando notó lo excitadas que estaban sus cabras después de comer los granos de una planta. O la del jeque Omar, famoso por curar a los enfermos a través de la oración, que descubrió el café al exiliarse a Yemen, a una cueva del desierto cerca de Wusab. Para comer solo encontró unas bayas amargas. Lo intentó todo para cocinarlas, hasta que un día se le ocurrió hervirlas.

Algunos historiadores sospechan que la primera mención a la planta puede ser una pequeña referencia a las semillas en las obras del médico persa del siglo IX al-Razi, pero no es hasta 1587 cuando Abd al-Qadir al-Jazairi compiló un trabajo sobre la historia y las controversias legales de este producto titulado *Umdat al safwa fî hill al-qahwa* (Defensa de la quintaesencia del café). Al-Qadir cuenta que el jeque Jamal-al-Din al-Dhabhani fue el primero en adoptar la costumbre de tomar café hacia 1454, que después se extendió entre los místicos islámicos, los sufíes, por su capacidad para «alejar el sueño».

Los líderes religiosos musulmanes pronto desaprobaron su consumo, porque las nuevas cafeterías eran lugares donde los hombres se reunían para cantar, bailar y tocar música. Para algunos, el café era similar al vino y, por lo tanto, tenía que prohibirse. De hecho, en 1524 esta bebida fue suprimida por un tiempo en La Meca, y en El Cairo hubo disturbios religiosos contra las cafeterías en 1534. El primer establecimiento para tomar café en Estambul se abrió en 1554 y, como en El Cairo, se produjeron estallidos de celo religioso contra su consumo entre 1570 y 1580. Es en este momento cuando empiezan a aparecer las primeras referencia europeas sobre tan peligroso bebedizo.

La cafeína, compuesto clave de las infusiones

Esta sustancia psicoactiva está presente en el café, el té y el cacao. Es un poderoso estimulante del sistema nervioso y una de las drogas más estudiadas. La cafeína bloquea el efecto en el cerebro de la adenosina, un nucleósido que ralentiza la liberación de otros neuromoduladores y puede inducir el sueño. No se puede afirmar que la cafeína produzca insomnio, aunque lo sintamos así. Lo que hace es dificultar la acción de la adenosina.

En todo caso, cuando experimentamos el subidón de esta sustancia estimulante, aumenta el ritmo cardíaco, algunos vasos sanguíneos se dilatan y ciertos músculos se contraen con más facilidad. Pero esto deja de suceder si nos convertimos en consumidores habituales: nuestro organismo se adapta a la cafeína y el efecto desaparece. Al hígado, que se encarga de metabolizarla, le cuesta medio día eliminar el 90 % de la cafeína consumida. Por otro lado, esta sustancia se usa para prevenir el asma, tratar las migrañas, subir la tensión y como diurético. Con todo, la cafeína es tóxica: 10 gramos administrados oralmente bastan para matar a un adulto, lo que implica que para ingerir una dosis fatal es necesario tomar entre 55 y 125 tazas de café o té de una sola vez. Se estima que el consumo mundial de cafeína es aproximadamente de 120.000 toneladas anuales.

100. La tarjeta de crédito

Este pequeño objeto de plástico con una banda magnética que identifica a su propietario revolucionó el consumo en el siglo XX.

En el Código de Hammurabi, el primer conjunto de leyes de la historia, que fueron dictadas por el homónimo rey de Babilonia en el año 1760 a. C, encontramos la primera referencia escrita a un sistema de crédito, con normas sobre préstamos, devolución e intereses, lo que prueba que la compra a plazos es tan antigua como la civilización. De hecho, nunca ha dejado de ser popular.

A finales del siglo XIX, los comerciantes del oeste norteamericano ofrecían a sus clientes monedas de cambio, una forma de crédito que les permitía pagar sus facturas una vez hubieran recogido su cosecha o vendido su ganado. En 1914, la Western Union dio un paso más y entregaba unas placas de metal a los clientes escogidos: quien la tuviera podía retrasar sus pagos hasta una fecha concreta. Diez años después, compañías como la General Petroleum Corporation hicieron lo mismo. Esas primitivas tarjetas de crédito solo se podían utilizar en el comercio que las emitía y tenían por objetivo principal fidelizar al cliente.

La crisis de 1929 detuvo el proceso, pero tras la II Guerra Mundial el mundo del dinero de plástico volvió a la carga. En 1946 un banquero de Brooklyn, John Biggins, lanzó la tarjeta Charg-It, muy similar a las de crédito modernas: el cliente podía utilizarla para pagar un producto a un minorista al cual el banco emisor le reembolsaba la cantidad que fuera, y que luego solicitaba al cliente. Era un buen sistema, pero solo unos pocos comerciantes, que eran los que tenían su tienda cerca del banco de Biggins, aceptaron la tarjeta Charg-It.

GETTY

Alfred Bloomingdale, vicepresidente del Diner's Club, fue un visionario que ayudó a la rápida propagación de la tarjeta de crédito, primero en Nueva York, después en el resto de los Estados Unidos y finalmente en todo el mundo. Ya en los años cincuenta vaticinó que el dinero físico, los billetes, iría desapareciendo a medida que se extendieran las famosas tarjetas.

El concepto evolucionó en 1950 cuando surgió la Diner's Club Card, primera tarjeta de crédito moderna. Estaba diseñada para que se pudiera emplear en todos los restaurantes de Nueva York y, más adelante, en todos los de Estados Unidos. Según cuenta la propia Diner's Club, la idea le llegó al empresario Frank McNamara en 1949 mientras cenaba con unos clientes en el Majors Cabin Grill de Manhattan. Cuando llegó el momento de pagar la factura, McNamara se dio cuenta de que había se olvidado la cartera en casa. De lo que pasó a continuación tenemos varias versiones. Según algunas, McNamara se libró de la habitual humillación de lavar los platos firmando un papel donde se comprometía a pagar la cena. Según otras, llamó a su mujer para que le trajera el dinero. Sea como fuere, Diner se refiere a esta anécdota com *The First Supper*, la primera cena.

La filosofía en que se basaba el Diner's Club era «firma ahora, paga después», como hacían los miembros de este club de comensales. McNamara, junto con su socio Ralph Schneider, emprendieron la creación del club con veintisiete restaurantes y doscientas membresías a razón de 3 dólares, que colocó a amigos y conocidos.

Alfred Bloomingdale, nieto del fundador de los famosos grandes almacenes Bloomingdale de Nueva York, fue nombrado vicepresidente del Diner's Club. Fue un hombre adelantado a su tiempo, que predijo que el dinero iría desapareciendo y que aumentaría el uso de la tarjeta de crédito: «Llegará el día en que la tarjeta de plástico hará que los billetes queden obsoletos», afirmó.

El Código de Hammurabi (1760 a.C.) no solo es el más antiguo conjunto de leyes de la historia, sino el primer documento en el que aparecen referencias concretas a los préstamos crediticios. En él se estipulan las normas sobre pagos aplazados, intereses y otros aspectos financieros.

El negocio de Diner's era doble: cobraba un 7 % a las tiendas en todas las compras y por otro exigía a los poseedores de la tarjeta una cuota anual de 3 dólares. Este sistema se hizo popular muy rápido, y el primer año ya alcanzó los 20 000 usuarios. Poco tardaron en subirse al carro otras empresas. Ocho años después de la fundación del Diner's Club, American Express y Carte Blanche empezaron a emitir tarjetas, y el Bank of America hizo lo propio con su BankAmericard, hoy más conocida como Visa.

Este libro se acabó de imprimir en el mes de abril de 2022
en QP Quality Print Gestion y Produccion Grafica, S.L.
Molins de Rei (Barcelona)